ARARIBÁ PLUS
Geografia
8

Organizadora: Editora Moderna
Obra coletiva concebida, desenvolvida
e produzida pela Editora Moderna.

Editor Executivo:
Cesar Brumini Dellore

5ª edição

© Editora Moderna, 2018

Elaboração de originais:

Aline Lima Santos
Doutora em Ciências pela Universidade de São Paulo, área de concentração: Geografia Humana. Pesquisadora acadêmica.

Ana Lúcia Barreto de Lucena
Bacharel em Ciências Sociais pela Universidade Federal de Minas Gerais. Editora.

André dos Santos Araújo
Licenciado em Geografia pela Universidade Cruzeiro do Sul. Editor.

Andrea de Marco Leite de Barros
Mestre em Ciências pela Universidade de São Paulo, área de concentração: Geografia Humana. Editora.

Carlos Vinicius Xavier
Mestre em Ciências pela Universidade de São Paulo, área de concentração: Geografia Humana. Editor.

Cesar Brumini Dellore
Bacharel em Geografia pela Universidade de São Paulo. Editor.

Cintia Fontes
Mestra em Educação pela Universidade de São Paulo, área de concentração: Educação, opção: Ensino de Ciências e Matemática. Licenciada em Geografia pela Universidade de São Paulo. Professora em escolas particulares de São Paulo.

Fernando Carlo Vedovate
Mestre em Ciências pela Universidade de São Paulo, área de concentração: Geografia Humana. Editor e professor da rede pública de ensino e de escolas particulares de São Paulo.

Jonatas Mendonça dos Santos
Mestre em Ciências pela Universidade de São Paulo, área de concentração: Geografia Humana. Professor de escolas particulares de São Paulo.

Maíra Fernandes
Mestra em Arquitetura e Urbanismo pela Universidade de São Paulo, área de concentração: Planejamento Urbano e Regional. Bacharel e licenciada em Geografia pela Universidade de São Paulo. Professora em escolas particulares de São Paulo.

Marina Silveira Lopes
Mestre em Ciências da Religião, área de concentração: Religião e Campo Simbólico. Bacharel em Geografia pela Pontifícia Universidade Católica de São Paulo. Professora de Geografia Humana do Brasil e Antropologia Cultural das Faculdades do Vale do Juruena.

Marinez da Silva Mazzochin
Mestre em Geografia pela Universidade Estadual do Oeste do Paraná, área de concentração: Produção do Espaço e Meio Ambiente. Agente universitário na Universidade Estadual do Oeste do Paraná.

Silvia Ricardo
Doutora em Ciências pela Universidade de São Paulo, área de concentração: História Econômica. Editora.

Imagem de capa
Veículo de transporte coletivo movido a eletricidade na cidade do Rio de Janeiro (RJ) e painel solar: uso de fontes de energia sustentáveis em ambiente urbano.

Coordenação editorial: Cesar Brumini Dellore
Edição de texto: André dos Santos Araújo, Andrea de Marco Leite de Barros, Carlos Vinicius Xavier, Maria Carolina Aguilera Maccagnini, Silvia Ricardo
Assistência editorial: Mirna Acras Abed Moraes Imperatore
Gerência de *design* e produção gráfica: Sandra Botelho de Carvalho Homma
Coordenação de produção: Everson de Paula, Patricia Costa
Suporte administrativo editorial: Maria de Lourdes Rodrigues
Coordenação de *design* e projetos visuais: Marta Cerqueira Leite
Projeto gráfico e capa: Daniel Messias, Otávio dos Santos
Pesquisa iconográfica para capa: Daniel Messias, Otávio dos Santos, Bruno Tonel
    Fotos: Quang Ho/Shutterstock, Andre Luiz Moreira/Shutterstock, Ken StockPhoto/Shutterstock
Coordenação de arte: Carolina de Oliveira
Edição de arte: Arleth Rodrigues, Cristiane Cabral
Editoração eletrônica: Casa de Ideias
Edição de infografia: Luiz Iria, Priscilla Boffo, Giselle Hirata
Coordenação de revisão: Elaine C. del Nero, Maristela S. Carrasco
Revisão: Cárita Negromonte, Denise Ceron, Érika Kurihara, Mônica Assurrage, Nancy H. Dias, Rita de Cássia Pereira, Renata Palermo, Renato Carlos da Rocha, Salete Brentan
Coordenação de pesquisa iconográfica: Luciano Baneza Gabarron
Pesquisa iconográfica: Camila Soufer
Coordenação de *bureau*: Rubens M. Rodrigues
Tratamento de imagens: Fernando Bertolo, Joel Aparecido, Luiz Carlos Costa, Marina M. Buzzinaro
Pré-impressão: Alexandre Petreca, Everton L. de Oliveira, Marcio H. Kamoto, Vitória Sousa
Coordenação de produção industrial: Wendell Monteiro
Impressão e acabamento: PlenaPrint
Lote: 775728
Código: 12112189

Dados Internacionais de Catalogação na Publicação (CIP)
(Câmara Brasileira do Livro, SP, Brasil)

Araribá plus : geografia / organizadora Editora Moderna ; obra coletiva concebida, desenvolvida e produzida pela Editora Moderna ; editor executivo Cesar Brumini Dellore. – 5. ed. – São Paulo : Moderna, 2018.

Obra em 4 v. para alunos do 6º ao 9º ano.
Bibliografia.

11. Geografia (Ensino fundamental) I. Dellore, Cesar Brumini.

18-16964   CDD-372.891

Índices para catálogo sistemático:
1. Geografia : Ensino fundamental 372.891
Maria Alice Ferreira - Bibliotecária - CRB-8/7964

ISBN 978-85-16-11218-9 (LA)
ISBN 978-85-16-11219-6 (LP)

Reprodução proibida. Art. 184 do Código Penal e Lei 9.610 de 19 de fevereiro de 1998.
Todos os direitos reservados
EDITORA MODERNA LTDA.
Rua Padre Adelino, 758 – Belenzinho
São Paulo – SP – Brasil – CEP 03303-904
Vendas e Atendimento. Tel. (0_ _11) 2602-5510
Fax (0_ _11) 2790-1501
www.moderna.com.br
2023
Impresso no Brasil

1 3 5 7 9 10 8 6 4 2

APRESENTAÇÃO

A Terra abriga múltiplas relações e, por isso, pode ser vista por meio de diferentes lentes – a Geografia é uma delas. Ao estudar com os livros da coleção **Araribá Plus Geografia**, você vai exercitar a interpretação do mundo com base no olhar geográfico, isto é, pela maneira como materializamos no espaço nossos projetos e nossas necessidades.

A todo momento, os seres humanos se relacionam entre si e com o meio em que vivem, construindo novas paisagens e novas relações sociais. Ao longo do estudo, você vai conhecer as características de alguns continentes, como seu território, sua população e sua economia, e perceber que em todos eles existem problemas parecidos com os que enfrentamos no Brasil. Também vai conhecer a diversidade de povos e culturas e entender como as diferenças podem ser o ponto de partida para melhorarmos o mundo em que vivemos.

Com o professor, você e seus colegas vão realizar um trabalho colaborativo em que a opinião de todos será muito importante na construção do conhecimento. Para isso, contaremos também com a prática das chamadas **Atitudes para a vida**, que ajudam a lidar com situações desafiadoras de maneira criativa e inteligente. Esse é o primeiro passo para alcançar uma postura consciente e crítica diante de nossa realidade.

Ótimo estudo!

ATITUDES PARA A VIDA

11 ATITUDES MUITO ÚTEIS PARA O SEU DIA A DIA!

As Atitudes para a vida trabalham competências socioemocionais e nos ajudam a resolver situações e desafios em todas as áreas, inclusive no estudo de Geografia.

1. Persistir
Se a primeira tentativa para encontrar a resposta não der certo, **não desista**, busque outra estratégia para resolver a questão.

2. Controlar a impulsividade
Pense antes de agir. Reflita sobre os caminhos que pode escolher para resolver uma situação.

3. Escutar os outros com atenção e empatia
Dar atenção e escutar os outros são ações importantes para se relacionar bem com as pessoas.

4. Pensar com flexibilidade
Considere diferentes possibilidades para chegar à solução. Use os recursos disponíveis e dê asas à imaginação!

5. Esforçar-se por exatidão e precisão
Confira os dados do seu trabalho. Informação incorreta ou apresentação desleixada podem prejudicar a sua credibilidade e comprometer todo o seu esforço.

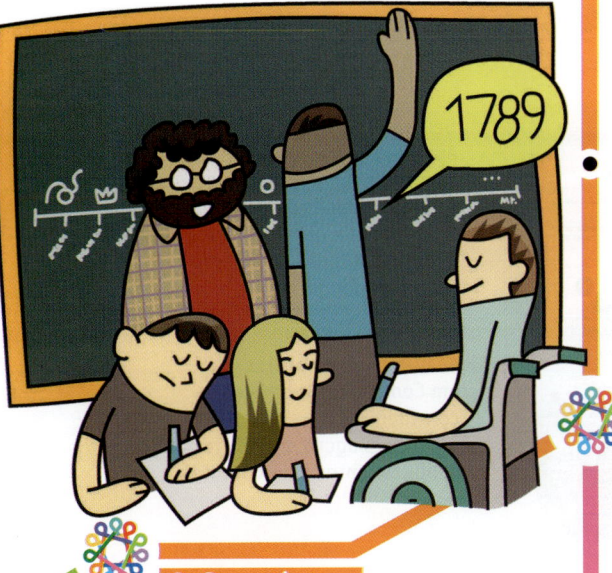

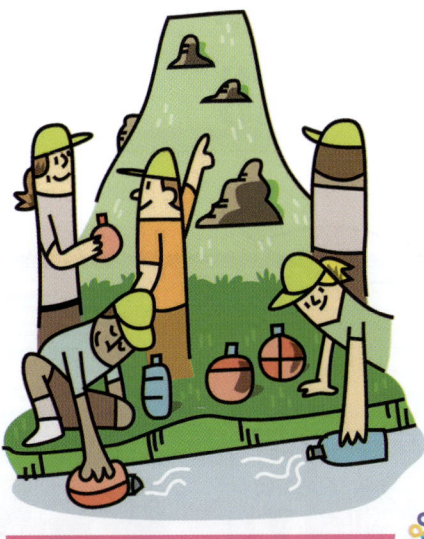

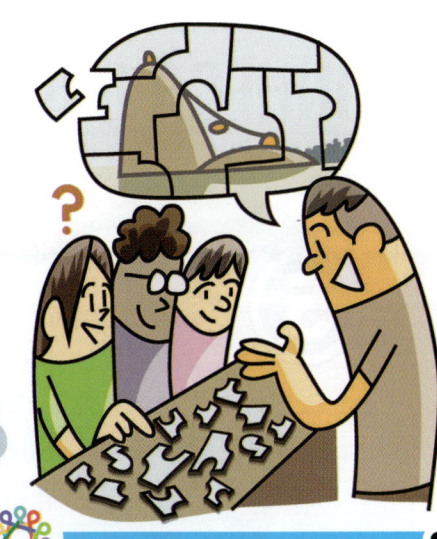

6. Questionar e levantar problemas

Fazer as perguntas certas pode ser determinante para esclarecer suas dúvidas. Esteja alerta: indague, questione e levante problemas que possam ajudá-lo a compreender melhor o que está ao seu redor.

7. Aplicar conhecimentos prévios a novas situações

Use o que você já sabe! O que você já aprendeu pode ajudá-lo a entender o novo e a resolver até os maiores desafios.

8. Pensar e comunicar-se com clareza

Organize suas ideias e comunique-se com clareza. Quanto mais claro você for, mais fácil será estruturar um plano de ação para realizar seus trabalhos.

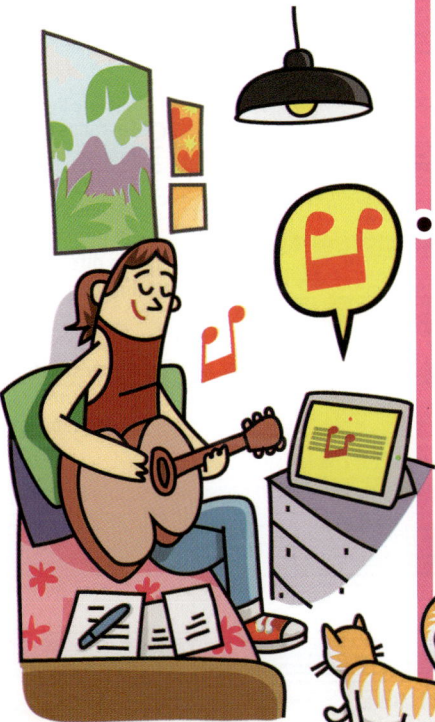

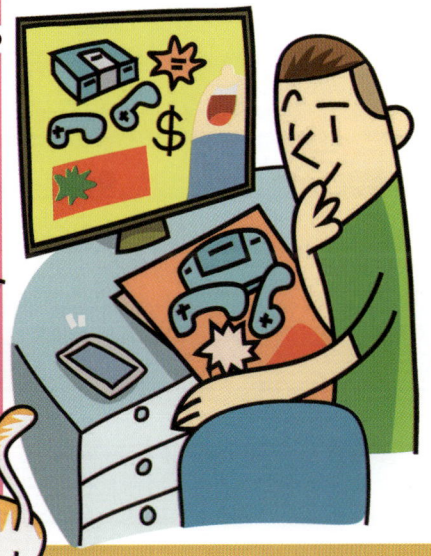

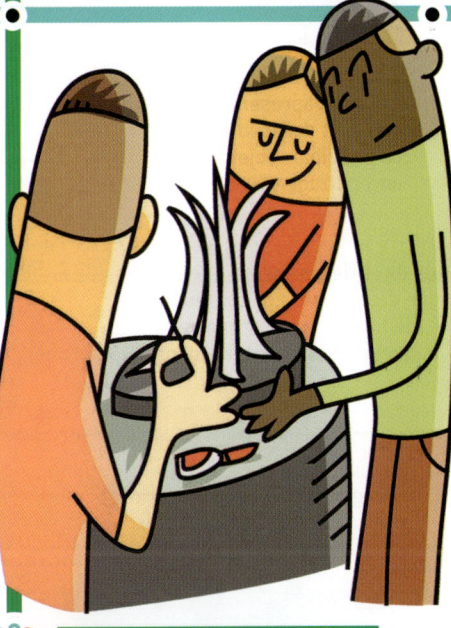

9. Imaginar, criar e inovar

Desenvolva a criatividade conhecendo outros pontos de vista, imaginando-se em outros papéis, melhorando continuamente suas criações.

10. Assumir riscos com responsabilidade

Explore suas capacidades! Estudar é uma aventura, não tenha medo de ousar. Busque informação sobre os resultados possíveis, e você se sentirá mais seguro para arriscar um palpite.

11. Pensar de maneira interdependente

Trabalhe em grupo, colabore. Juntando ideias e força com seus colegas, vocês podem criar e executar projetos que ninguém poderia fazer sozinho.

No Portal *Araribá Plus* e ao final do seu livro, você poderá saber mais sobre as *Atitudes para a vida*. Veja <www.moderna.com.br/araribaplus> em **Competências socioemocionais**.

ILUSTRAÇÃO: MILTON TRAJANO; INFOGRAFIA: FÁBIO BOSQUÊ E LAVÍNIA FÁVERO

CONHEÇA O SEU LIVRO

UM LIVRO ORGANIZADO

Seu livro tem 8 Unidades, que apresentam uma organização regular. Todas elas têm uma abertura, 4 Temas, páginas de atividades e, ao final, as seções *Representações gráficas*, *Atitudes para a vida* e *Compreender um texto*.

As questões propostas em *Começando a Unidade* convidam você a analisar uma ou mais imagens e a verificar conhecimentos preexistentes.

O boxe *Atitudes para a vida* indica as atitudes cujo desenvolvimento será priorizado na Unidade.

ABERTURA DE UNIDADE

Um texto apresenta o assunto que será desenvolvido e os principais objetivos de aprendizagem da Unidade.

TEMAS

Cada Unidade apresenta 4 Temas que desenvolvem os conteúdos de forma clara e organizada, mesclando texto e imagens.

No glossário, você encontra explicações sobre as palavras destacadas no texto.

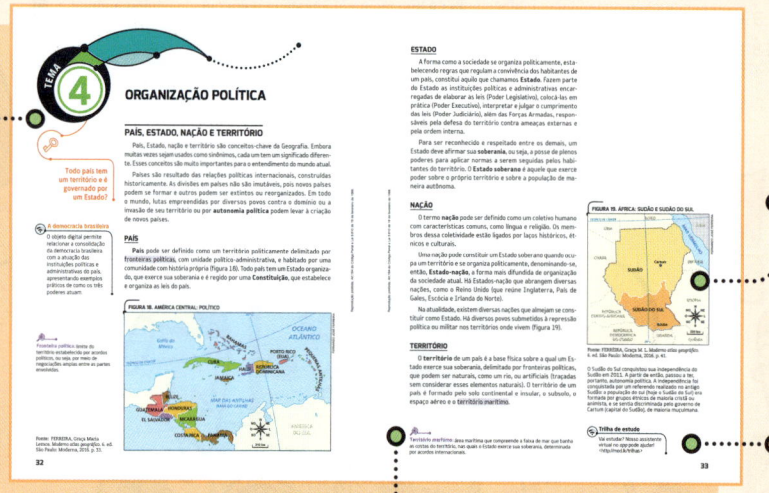

Gráficos, mapas, tabelas e infográficos estimulam a leitura de informações em diferentes linguagens.

Recursos digitais complementam os conteúdos do livro.

Atividades solicitam a leitura e a interpretação de fotos, mapas, gráficos, tabelas e ilustrações que complementam as informações do texto.

Elementos visuais, como ilustrações e fotos, exemplificam e complementam os conteúdos desenvolvidos.

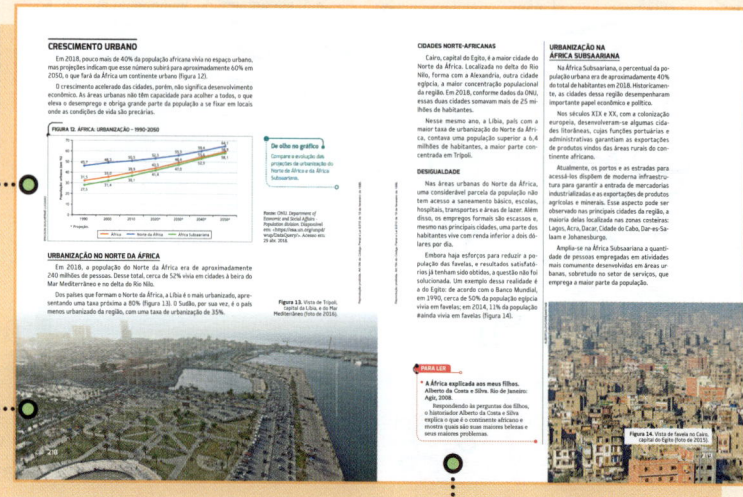

Sugestões de leituras, vídeos e *sites* dão suporte para você aprofundar seus conhecimentos.

SAIBA MAIS

Seção com informações adicionais sobre algum assunto abordado na Unidade e atividades que estimulam a análise geográfica com base em situações concretas.

TECNOLOGIA E GEOGRAFIA

Seção com exemplos de aplicação de tecnologia que interferem na maneira como a sociedade interpreta e interage com o espaço geográfico.

REPRESENTAÇÕES GRÁFICAS

Programa que desenvolve, em cada Unidade, técnicas e diferentes tipos de representação gráfica. Explica, com uma linguagem clara e direta, o que é e como é utilizado cada um dos instrumentos apresentados.

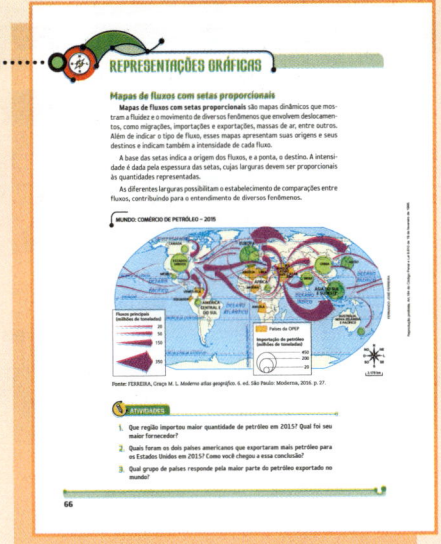

ATIVIDADES

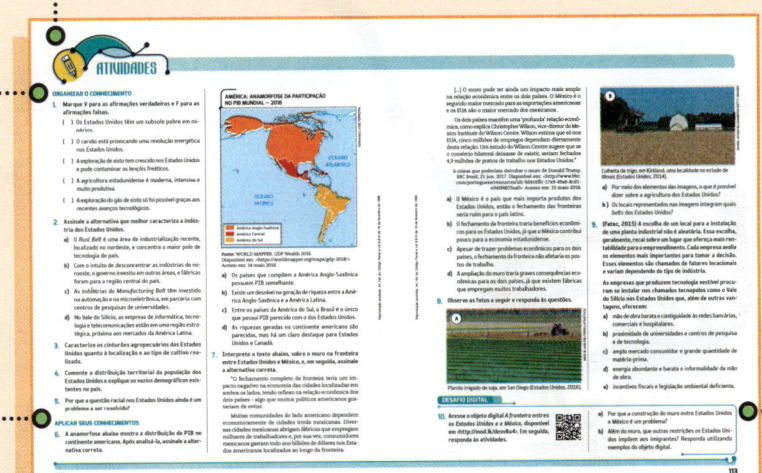

Organizar o conhecimento

Atividades de organização e sistematização do conteúdo.

Aplicar seus conhecimentos

Atividades de aplicação de conceitos em situações relativamente novas, que desenvolvem a leitura de textos e imagens.

Desafio digital

Atividades que integram o conteúdo estudado ao uso de recursos digitais.

7

CONHEÇA O SEU LIVRO

ATITUDES PARA A VIDA
Os textos desta seção apresentam situações em que atitudes selecionadas foram essenciais para a conquista de um objetivo. As atividades estimulam a compreensão das atitudes, ao mesmo tempo que levam à reflexão sobre a importância de colocá-las em prática.

ÍCONES DA COLEÇÃO

 Glossário

 Atitudes para a vida

 Indica que existem jogos, vídeos, atividades ou outros recursos no **livro digital** ou no **portal** da coleção.

COMPREENDER UM TEXTO
Seção com diferentes tipos de texto e atividades que desenvolvem a compreensão leitora.

Obter informações
Desenvolve a habilidade de identificar e fixar as principais ideias do texto.

Interpretar
Estimula a interpretação, a compreensão e a análise das informações do texto.

Pesquisar/Refletir/Usar a criatividade
Propõe a pesquisa de novas informações, a associação do que você leu com seus conhecimentos ou a elaboração de trabalhos que estimulam a criatividade.

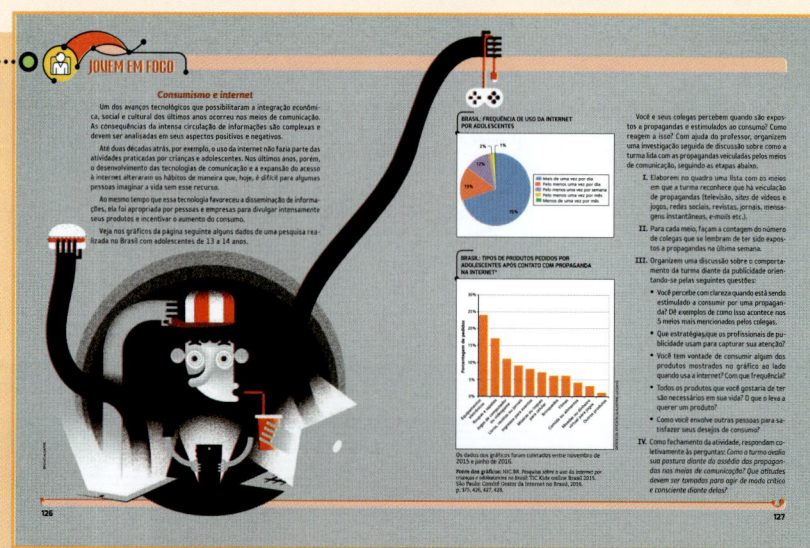

JOVEM EM FOCO
Proposta de debate que estimula a reflexão coletiva acerca de dados e informações ligados a uma temática do universo jovem.

CONTEÚDO DOS MATERIAIS DIGITAIS

O *Projeto Araribá Plus* apresenta um Portal exclusivo, com ferramentas diferenciadas e motivadoras para o seu estudo. Tudo integrado com o livro para tornar a experiência de aprendizagem mais intensa e significativa.

```
                    Portal Araribá Plus – Geografia
   ┌──────┬──────────────┬─────────────┬────────────┬──────────────┬──────────┐
Conteúdos  Competências   Guia virtual  Livro        Obras          Programas
           socioemocionais de estudos   digital      complementares de leitura
           – 11 Atitudes
           para a vida
   │           │
  OEDs     Atividades
               │
            Caderno
          11 Atitudes
           para a vida
```

Livro digital com tecnologia *HTML5* para garantir melhor usabilidade e ferramentas que possibilitam buscar termos, destacar trechos e fazer anotações para posterior consulta. O livro digital é enriquecido com objetos educacionais digitais (OEDs) integrados aos conteúdos. Você pode acessá-lo de diversas maneiras: no *smartphone*, no *tablet* (Android e iOS), no *desktop* e *on-line* no *site*:

http://mod.lk/livdig

CONTEÚDO DOS MATERIAIS DIGITAIS

ARARIBÁ PLUS APP

Aplicativo exclusivo para você com recursos educacionais na palma da mão!

Objetos educacionais digitais diretamente no seu *smartphone* para uso *on-line* e *off-line*.

Acesso rápido por meio do leitor de código *QR*.
http://mod.lk/app

Stryx, um guia virtual criado especialmente para você! Ele o ajudará a entender temas importantes e a achar videoaulas e outros conteúdos confiáveis, alinhados com o seu livro.

Eu sou o **Stryx** e serei seu guia virtual por trilhas de conhecimentos de um jeito muito legal de estudar!

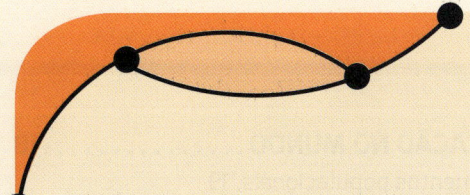

LISTA DOS OEDs DO 8º ANO

UNIDADE	TEMA	TÍTULO DO OBJETO DIGITAL
1	4	A democracia brasileira
1	4 (Atividades)	Três formas históricas do Estado Moderno
2	2 (Atividades)	A Guerra Fria no cinema
2	4	Encontro com Milton Santos: o mundo global visto do lado de cá
3	4 (Atividades)	Por dentro do Vale do Silício
4	2 (Atividades)	A fronteira entre os Estados Unidos e o México
5	4 (Atividades)	Cuba
6	2 (Atividades)	Impactos da mineração
7	4	Resistência e integração dos escravos africanos no Brasil
7	4 (Atividades)	As línguas africanas e o português do Brasil
8	2	Cidade de Lagos
8	4 (Atividades)	*Apartheid*

http://mod.lk/app

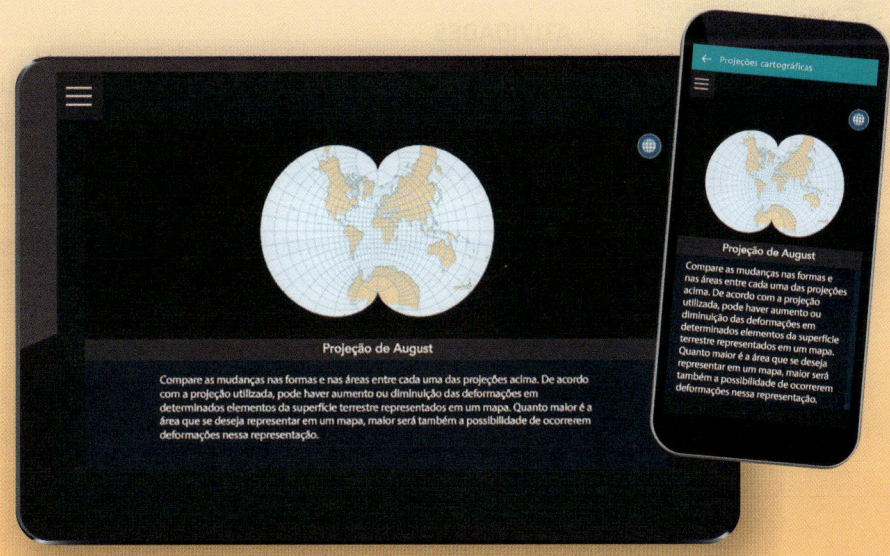

SUMÁRIO

UNIDADE 1 POPULAÇÃO 16

TEMA 1 – MOVIMENTOS DA POPULAÇÃO NO MUNDO 18
Da África para a América, 18; Deslocamentos populacionais, 19

TEMA 2 – MIGRAÇÕES NO BRASIL E NO MUNDO 20
Brasil: história de fluxos migratórios, 20; A diversidade étnico-
-cultural brasileira, 21

Saiba mais – A imigração no Brasil atual 22
Migrações atuais no mundo, 23

ATIVIDADES 24

TEMA 3 – ASPECTOS DEMOGRÁFICOS 26
População, 26; Dinâmica demográfica, 27; Migrações, 30

TEMA 4 – ORGANIZAÇÃO POLÍTICA 32
País, Estado, nação e território, 32

ATIVIDADES 34
REPRESENTAÇÕES GRÁFICAS – Mapas anamórficos 36
ATITUDES PARA A VIDA – O discurso de Malala 37
COMPREENDER UM TEXTO – Declaração Universal dos Direitos Humanos ... 38

UNIDADE 2 O MUNDO HOJE 40

TEMA 1 – SISTEMAS ECONÔMICOS 42
Capitalismo hoje, 42; Origem do capitalismo, 43; Sistema socialista, 44

TEMA 2 – DA GUERRA FRIA AO SÉCULO XXI 46
Disputa pelo controle do mundo, 46; A ordem bipolar, 46

ATIVIDADES 52

TEMA 3 – REGIONALIZAÇÃO DO MUNDO ATUAL 54
Países do norte e países do sul, 54; Os níveis de desenvolvimento, 55

TEMA 4 – PRODUÇÃO E COMÉRCIO MUNDIAIS 58
Integração global, 58; A revolução tecnológica, 58; Panorama atual
do comércio internacional, 59; Dispersão espacial da indústria, 61;
Aumento da produtividade, 62

Saiba mais – As cadeias produtivas globais 63

ATIVIDADES 64
REPRESENTAÇÕES GRÁFICAS – Mapas de fluxos com setas proporcionais ... 66
ATITUDES PARA A VIDA – Aula de computação sem computador ... 67
COMPREENDER UM TEXTO – O país da África que se tornou
um "cemitério de eletrônicos" 68

UNIDADE 3 — O CONTINENTE AMERICANO 70

TEMA 1 – REGIONALIZAÇÃO DA AMÉRICA 72
Característica gerais, 72; Povos nativos e colonização, 72; Regionalização, 73

TEMA 2 – ASPECTOS NATURAIS 76
Características gerais, 76; Relevo, 76; Clima, 80; Vegetação, 81

ATIVIDADES 82

TEMA 3 – POPULAÇÃO 84
Características demográficas, 84; Crescimento demográfico, 85; Desigualdade socioeconômica, 85; Estrutura etária, 87

TEMA 4 – ECONOMIA 88
Exploração dos recursos naturais, 88

ATIVIDADES 94

REPRESENTAÇÕES GRÁFICAS – Pirâmides etárias 96

ATITUDES PARA A VIDA – Escola Comum 97

COMPREENDER UM TEXTO – Carta da Organização dos Estados Americanos 98

UNIDADE 4 — ESTADOS UNIDOS E CANADÁ 100

TEMA 1 – ESTADOS UNIDOS: ECONOMIA 102
Características gerais, 102; Riquezas minerais e energéticas, 103; Atividades econômicas, 104

Tecnologia e Geografia - O uso de *drones* na agricultura 107

TEMA 2 – ESTADOS UNIDOS: POPULAÇÃO 108
Características gerais, 108; Distribuição da população, 108; Imigração, 110; Desigualdades sociais, 111

ATIVIDADES 112

TEMA 3 – ESTADOS UNIDOS: PRESENÇA MUNDIAL 114
Potência econômica e militar, 114; Estados Unidos e China, 116; Estados Unidos e América Latina, 117

TEMA 4 – CANADÁ 118
Território e população, 118; Economia, 119; Degelo do Ártico, 119

ATIVIDADES 120

REPRESENTAÇÕES GRÁFICAS – Mapas quantitativos e o método coroplético ... 122

ATITUDES PARA A VIDA – Discurso de Martin Luther King 123

COMPREENDER UM TEXTO – A polêmica das *fake news* 124

JOVEM EM FOCO – Consumismo e internet 126

SUMÁRIO

UNIDADE 5 — MÉXICO E AMÉRICA CENTRAL 128

TEMA 1 – MÉXICO: POPULAÇÃO 130
O território e sua ocupação, 130

TEMA 2 – MÉXICO: ECONOMIA 134
Economia diversificada, mas dependente, 134

ATIVIDADES 138

TEMA 3 – AMÉRICA CENTRAL CONTINENTAL 140
Território, 140; População, 140; Economia, 142; O Canal do Panamá, 143

TEMA 4 – AMÉRICA CENTRAL INSULAR 144
Território, 144; População, 145; Economia, 146

Saiba mais – Como Cuba consegue índices de países desenvolvidos na saúde? ... 147

ATIVIDADES 148

REPRESENTAÇÕES GRÁFICAS – Mapas qualitativos 150

ATITUDES PARA A VIDA – Projeto "Comelivros" 151

COMPREENDER UM TEXTO – Mudanças climáticas e o Mar do Caribe 152

UNIDADE 6 — AMÉRICA DO SUL 154

TEMA 1 – ASPECTOS GERAIS 156
O território da América do Sul, 156; Economia, 156; Desenvolvimento socioeconômico, 157; Os movimentos sociais, 159

TEMA 2 – APROVEITAMENTO DOS RECURSOS NATURAIS ... 160
Recursos minerais e energéticos, 160

ATIVIDADES 164

TEMA 3 – INTEGRAÇÃO DOS PAÍSES 166
Acordos de integração, 166; Tensões e conflitos na América Latina, 170

TEMA 4 – BRASIL: IMPORTÂNCIA REGIONAL 172
O Brasil entre os líderes mundiais, 172; O Brasil e a ONU, 173

ATIVIDADES 174

REPRESENTAÇÕES GRÁFICAS – Mapas ordenados 176

ATITUDES PARA A VIDA – Duas mulheres refugiadas e uma mesma luta 177

COMPREENDER UM TEXTO – O que é ser um latino-americano? 178

UNIDADE 7 — O CONTINENTE AFRICANO 180

TEMA 1 – ASPECTOS NATURAIS 182
Localização da África, 182; Relevo, 182; Hidrografia, 184; Clima e vegetação, 185; Questões ambientais, 186

Tecnologia e Geografia - Cientistas usam tecnologia nuclear para explorar o Sahel 187

TEMA 2 – O IMPERIALISMO E AS FRONTEIRAS DA ÁFRICA 188
O imperialismo europeu, 188

ATIVIDADES 192

TEMA 3 – REGIONALIZAÇÃO DA ÁFRICA 194
Estudos regionais, 194; Regionalização da África segundo a ONU, 196

TEMA 4 – POPULAÇÃO E CONDIÇÕES DE VIDA 198
População africana: distribuição e crescimento, 198; Diversidade cultural, 201; Condições de vida na África, 202; O problema da fome, 203

ATIVIDADES 204

REPRESENTAÇÕES GRÁFICAS – Mapa histórico 206

ATITUDES PARA A VIDA – Movimento do Cinturão Verde 207

COMPREENDER UM TEXTO – Neve no deserto africano 208

UNIDADE 8 — ÁFRICA: DESENVOLVIMENTO REGIONAL 210

TEMA 1 – ATIVIDADES ECONÔMICAS 212
A África na economia mundial, 212

TEMA 2 – ESPAÇO RURAL E ESPAÇO URBANO 216
O espaço rural, 216; Crescimento urbano, 218

Tecnologia e Geografia – Países africanos veem na inovação um meio de crescer 221

ATIVIDADES 222

TEMA 3 – QUESTÕES ATUAIS 224
Uma África conflituosa, 224; Democratização do continente, 228

TEMA 4 – INTEGRAÇÃO REGIONAL E MUNDIAL 230
Integração econômica no contexto global, 230; Integração regional, 232

ATIVIDADES 234

REPRESENTAÇÕES GRÁFICAS – Mapas quantitativos: pontos de contagem 236

ATITUDES PARA A VIDA – Fonio contra a fome 237

COMPREENDER UM TEXTO – Tecnologia digital e educação no continente africano 238

JOVEM EM FOCO – *Bullying* 240
REFERÊNCIAS BIBLIOGRÁFICAS 242
ATITUDES PARA A VIDA 249

UNIDADE 1

POPULAÇÃO

De acordo com os estudos realizados, a espécie humana levou milhares de anos para povoar todos os continentes. Nos dois últimos séculos, a população mundial passou por profundas mudanças, crescendo em número e modificando suas características. Os deslocamentos populacionais marcam a história humana, contribuindo para a diversidade étnica, cultural e social nas mais diferentes localidades.

Após o estudo desta Unidade, você será capaz de:

- comparar as principais teorias sobre o local de surgimento da espécie humana e sobre as possíveis rotas que percorreram para habitar os continentes;
- interpretar os principais motivos das migrações pelo mundo e conhecer os principais fluxos migratórios para o Brasil;
- reconhecer as principais características e tendências de crescimento da população mundial;
- aplicar os conceitos de Estado, nação, território e país no estudo do mundo atual.

Pessoas se deslocando em cruzamento de ruas em Tóquio, em um dos pontos mais movimentados da capital do Japão (2016).

ATITUDES PARA A VIDA

- Assumir riscos com responsabilidade.
- Pensar e comunicar-se com clareza.
- Imaginar, criar e inovar.
- Persistir.

COMEÇANDO A UNIDADE

1. A foto retrata um grande número de pessoas em Tóquio, capital do Japão. Em 2018, a população japonesa era de 126,2 milhões de habitantes – cerca de 37,8 milhões viviam na região metropolitana de Tóquio. Na atualidade, a maior parte da população mundial vive em áreas urbanas? Comente o que você sabe sobre o assunto.

2. Que aspectos da população do mundo e dos países costumam ser estudados?

3. Que características da população mundial chamam mais a sua atenção?

TEMA 1 — MOVIMENTOS DA POPULAÇÃO NO MUNDO

Onde surgiram os primeiros grupos de seres humanos e como a espécie humana povoou a América?

DA ÁFRICA PARA A AMÉRICA

Até os dias atuais, os fósseis mais antigos da espécie humana encontrados têm 130 mil anos e foram descobertos no leste do continente africano. Os pesquisadores do assunto sabem que os seres humanos migraram da África para os outros continentes, mas não têm certeza das rotas que eles percorreram.

A teoria mais tradicional defende que os ancestrais africanos, há cerca de 60 mil anos, se deslocaram da África na direção da Península Arábica, se espalhando pela Ásia e, em seguida, pela Oceania. Posteriormente, há quase 40 mil anos, houve uma migração na direção norte, para a Europa e o nordeste da Ásia, que atravessou o estreito de Bering e chegando à América há aproximadamente 18 mil anos.

Outras teorias, porém, sugerem que a chegada dos seres humanos no continente americano é mais antiga e que eles teriam se deslocado da atual Austrália para a América do Sul pelo Oceano Pacífico (figura 1).

> **De olho no mapa**
> Interprete a frase: "A África é a mãe de todos os povos".

FIGURA 1. MUNDO: ROTAS DA DISPERSÃO DA POPULAÇÃO HUMANA ANCESTRAL

→ Prováveis rotas do ser humano para a América

Fontes: DUBY, Georges. *Atlas histórico mundial*. Barcelona: Larousse, 2010. p. 14-15; VICENTINO, Claudio. *Atlas histórico*: geral e do Brasil. São Paulo: Scipione, 2011. p. 20-21.

A arqueóloga franco-brasileira Niède Guidon e seu grupo de pesquisa defendem que os primeiros seres humanos que habitaram áreas que hoje estão no atual estado do Piauí teriam chegado da África pelo Oceano Atlântico. Desde a década de 1970, Niède Guidon e sua equipe estudam centenas de pinturas rupestres encontradas nessa região, onde foi criado o Parque Nacional da Serra da Capivara (figura 2).

MOISES SABA/TYBA

Figura 2. Considera-se que a história humana iniciou-se com a invenção da escrita. Antes disso, no período chamado de Pré-história, humanos deixaram marcas de sua presença fazendo, entre outras coisas, desenhos em cavernas, as chamadas **pinturas rupestres**. Nessas pinturas eles representaram diferentes tipos de cenas do seu cotidiano. Na foto, pintura rupestre no Sítio Arqueológico Toca da Extrema II, no Parque Nacional da Serra da Capivara, no município de Coronel José Dias (PI, 2018).

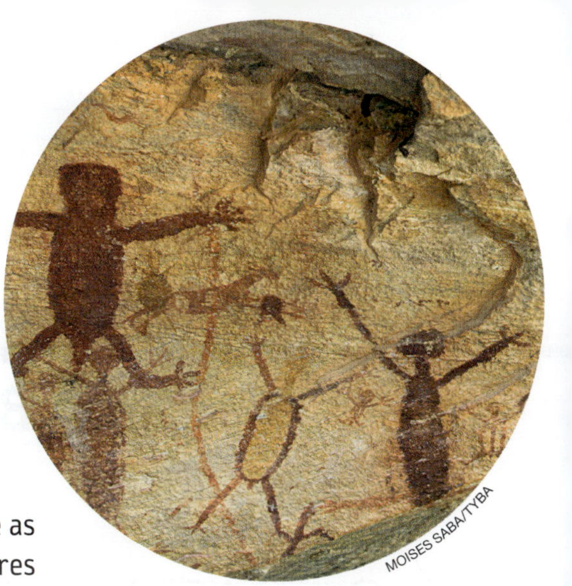

DESLOCAMENTOS POPULACIONAIS

A escassez de água, a busca por alimento e a variação de distância entre as terras emersas pela oscilação do nível dos oceanos certamente foram fatores que favoreceram os deslocamentos populacionais há dezenas de milhares de anos.

Ainda hoje os fluxos migratórios são promovidos ou afetados por condições naturais. A destruição causada pelo terremoto que atingiu o Haiti em 2010, por exemplo, fez com que milhares de haitianos saíssem do país.

Questões históricas, políticas e econômicas também ocasionam grandes deslocamentos populacionais pelo mundo. No século XVI, milhares de europeus deixaram o continente e criaram novas rotas de comércio, e também colonizaram terras em outros continentes. Os portugueses, por exemplo, ao empreenderem a colonização do território hoje pertencente ao Brasil, escravizaram um grande número de africanos para trabalharem na sua colônia americana.

No século XIX, por sua vez, alguns países da América, como Estados Unidos e Brasil, instituíram políticas de incentivo à imigração com o objetivo de receber pessoas para a ocupação de seus territórios (figura 3).

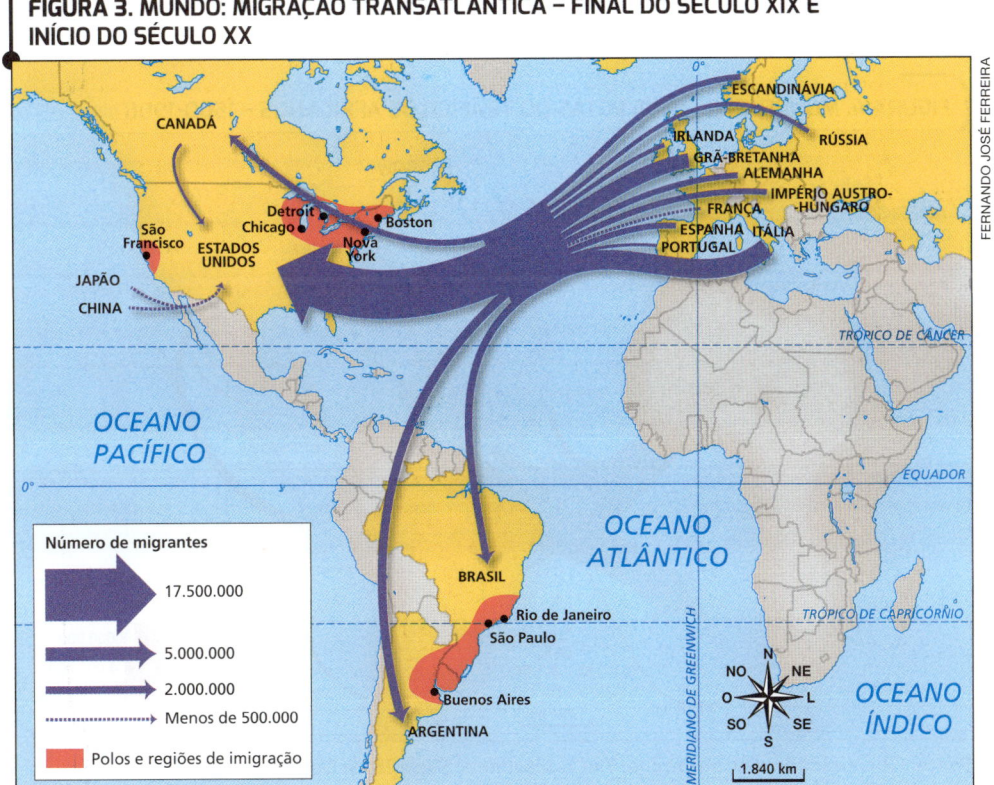

FIGURA 3. MUNDO: MIGRAÇÃO TRANSATLÂNTICA – FINAL DO SÉCULO XIX E INÍCIO DO SÉCULO XX

FERNANDO JOSÉ FERREIRA

De olho no mapa

1. Que país da América recebeu o maior número de imigrantes no fim do século XIX e início do século XX?
2. No Brasil, que regiões foram polos de imigração a partir de meados do século XIX?

Fonte: SCIENCES PO. *Atelier de cartographie*. Disponível em: <http://cartotheque.sciences-po.fr/media/A_grande_migracao_transatlantica_do_fim_do_sec_XIX_ao_inicio_do_sec_XX/360/>. Acesso em: 26 abr. 2018.

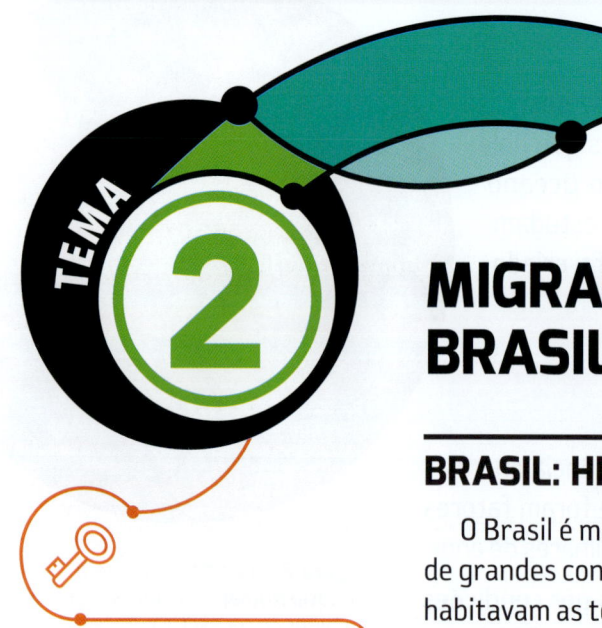

TEMA 2

MIGRAÇÕES NO BRASIL E NO MUNDO

BRASIL: HISTÓRIA DE FLUXOS MIGRATÓRIOS

Por que o Brasil é considerado um país de grande diversidade étnica e cultural?

O Brasil é marcado pela imigração, em diferentes momentos da sua história, de grandes contingentes populacionais. Inicialmente, inúmeros povos indígenas habitavam as terras hoje correspondentes ao Brasil e esses povos deslocavam-se constantemente pelo território. A partir do século XVI, com a chegada dos colonizadores portugueses, ocorreu uma grande redução do número de indígenas que habitavam áreas do litoral e uma parcela dos povos movimentou-se em direção ao interior do continente.

No decorrer do processo de colonização (século XVI ao século XIX), o deslocamento forçado de diferentes povos africanos para o Brasil foi muito significativo (figura 4). No período colonial, ocorreram diversas fases desse deslocamento para o trabalho sobretudo nas plantações de cana-de-açúcar (século XVI ao XVIII), nas minas de ouro e diamante (século XVIII) e nas plantações de café (século XIX).

No século XIX, com a Independência (1822) e o fim do tráfico negreiro (1850), o Estado brasileiro incentivou a vinda de povos europeus e asiáticos, como alemães, espanhóis, italianos, sírio-libaneses e japoneses, para o Brasil. Os imigrantes que vieram nesse período foram morar sobretudo nas regiões Sul e Sudeste.

PARA PESQUISAR

- **Museu da imigração <http://museudaimigracao.org.br>**

  No *site* do museu há diversas opções para que se conheça melhor a história da imigração no Brasil, que teve início no século XIX. Também há um *tour* e exposições virtuais sobre o tema.

De olho no mapa

Descreva as principais rotas do tráfico de africanos escravizados para o Brasil em relação às suas regiões de origem.

FIGURA 4. MUNDO: PRINCIPAIS ROTAS DO TRÁFICO DE AFRICANOS – 1500-1900

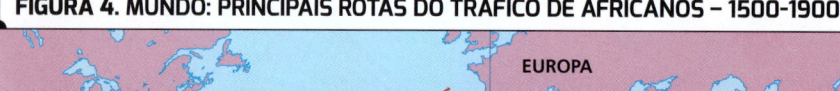

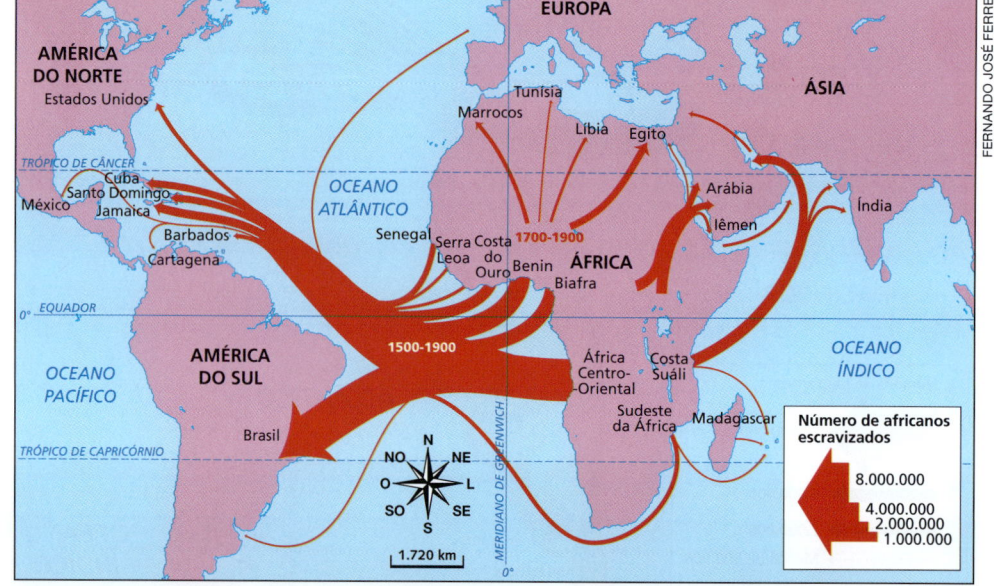

Fonte: Universidade de Cambridge. *The Transatlantic Slave Trade Database*. Disponível em: <http://www.slavevoyages.org/assessment/intro-maps>. Acesso em: 27 abr. 2018.

A DIVERSIDADE ÉTNICO-CULTURAL BRASILEIRA

Africanos, europeus e asiáticos vieram para o Brasil e trouxeram suas línguas, costumes, formas de vestir, maneiras de construir e produzir etc. Com o tempo, algumas dessas características foram abandonadas e outras foram incorporadas pela cultura local.

A sociedade brasileira atual é, portanto, resultado desse processo de encontro, conflito e mistura, sendo muito diversa étnica e culturalmente. Podemos observar essa heterogeneidade no lugar onde vivemos e em nosso dia a dia: no nome ou no sobrenome das pessoas, nos hábitos alimentares e nas palavras que utilizamos, por exemplo.

Festas regionais e manifestações religiosas também podem ser resultado da influência cultural de outros povos. A festa de lavagem das escadarias da Igreja do Senhor do Bonfim e a festa de Iemanjá, ambas presentes na cidade de Salvador, na Bahia, são expressões do sincretismo religioso entre o cristianismo, trazido pelos europeus, e o culto aos Orixás, adorados em diferentes partes do continente africano (figura 5).

As migrações também deixam marcas na paisagem. No município de Blumenau, em Santa Catarina, por exemplo, existem mais de duzentas casas construídas no estilo arquitetônico enxaimel, muito comum na Alemanha (figura 6). Blumenau recebeu no final do século XIX centenas de imigrantes alemães.

Sincretismo religioso: mistura de elementos de religiões diferentes que dá origem a uma religiosidade nova, com características das religiões originais. As religiões afro-latino-americanas, como a umbanda, são exemplos de sincretismo religioso.

Figura 5. A Festa de Iemanjá ocorre dia 2 de fevereiro em Salvador e manifesta o culto à divindade africana das águas, mãe de diversos outros Orixás. No Brasil, a festa também é realizada em outros lugares e datas (BA, 2016).

Figura 6. Construções em estilo arquitetônico enxaimel, em Blumenau (SC, 2017). Nesse estilo, uma estrutura de madeira é armada com junções verticais e horizontais, sendo posteriormente preenchidas com pedras ou tijolos. Os telhados geralmente são muito inclinados.

IMIGRAÇÕES NO BRASIL

No Brasil, indivíduos de diferentes idades, sozinhos ou acompanhados de suas famílias, chegam ao país para fixarem residência. Em 2015, o maior fluxo de imigrantes para o nosso país foi o de haitianos, com 14,5 mil pessoas. Milhares de haitianos têm chegado ao Brasil desde 2010. Nesse ano, um forte terremoto arrasou o pequeno país insular da América Central, deixando ainda piores as precárias condições de vida lá existentes, visto que o Haiti é o país mais pobre das Américas. A maior parte desses imigrantes dirige-se para São Paulo, e, muitos se fixaram nos estados do Sul.

No mesmo ano, o segundo maior fluxo migratório foi o de bolivianos. Os imigrantes da Bolívia, principalmente em São Paulo, formam um grupo expressivo (figura 7). A maioria deixa seu país de origem pela pobreza em determinadas áreas. Parte deles é contratada para trabalhar em confecções por encomenda de grandes marcas. Muitas vezes, as condições de trabalho são muito precárias e análogas à escravidão.

Predomina no Brasil a entrada de sul-americanos, sendo o número de colombianos o terceiro maior entre esses imigrantes. Além dos sul-americanos, destacam-se as correntes imigratórias de Portugal e dos Estados Unidos. Observe a tabela ao lado.

Os imigrantes trazem consigo sua cultura, contribuindo na formação uma sociedade cada vez mais diversificada.

BRASIL: IMIGRANTES POR PAÍS DE ORIGEM – 2015	
Haiti	14.535
Bolívia	8.407
Colômbia	7.653
Argentina	6.147
Chile	5.798
Portugal	4.861
Paraguai	4.841
Estados Unidos	4.747
Uruguai	4.598
Peru	4.403

Fonte: VELASCO, Clara; MANTOVANI, Flávia. Em 10 anos, número de imigrantes aumenta 160% no Brasil, diz PF. G1, 25 jun. 2016. Disponível em: <http://g1.globo.com/mundo/noticia/2016/06/em-10-anos-numero-de-imigrantes-aumenta-160-no-brasil-diz-pf.html>. Acesso em: 10 jul. 2018.

Figura 7. Imigrantes bolivianos se reúnem para comemorar o dia da Independência da Bolívia, no Memorial da América Latina, em São Paulo (SP, 2016). Segundo o consulado da Bolívia, são 340 mil bolivianos vivendo na capital paulista.

SAIBA MAIS

A imigração no Brasil atual

Leia a entrevista de Wager de Oliveira, da Diretoria de Análise de Políticas Públicas, da Fundação Getúlio Vargas, do Rio de Janeiro.

"Qual é o perfil das pessoas que migram para o Brasil hoje?

Wagner Oliveira – Podemos ver isto de diversas formas. Segundo dados da Polícia Federal, os principais países de origem de migrantes com registro permanente no Brasil são: Portugal, Haiti, Bolívia, Japão e Itália. À exceção do Haiti, explicado pelo crescente fluxo desde 2010, os demais países possuem uma longa tradição de migração para o Brasil. Em comparação com a população brasileira como um todo, os migrantes são, em geral mais jovens; quase 90% em idade ativa em comparação com 65% na população como

Haitianos em São Paulo em busca de regularização de documentos para que possam procurar trabalho (SP, 2014).

MIGRAÇÕES ATUAIS NO MUNDO

Atualmente, fatores econômicos, políticos, sociais e naturais continuam fazendo com que milhões de pessoas mudem de país anualmente (figura 8). Guerras e catástrofes naturais (como terremotos ou longos períodos de seca) são fatores que impulsionam grandes contingentes populacionais a migrarem.

Dificuldades econômicas, como falta de emprego, também provocam o deslocamento de pessoas e famílias para lugares que ofereçam melhores condições de vida. Existem também movimentos migratórios impulsionados por perseguições políticas e conflitos étnicos e religiosos.

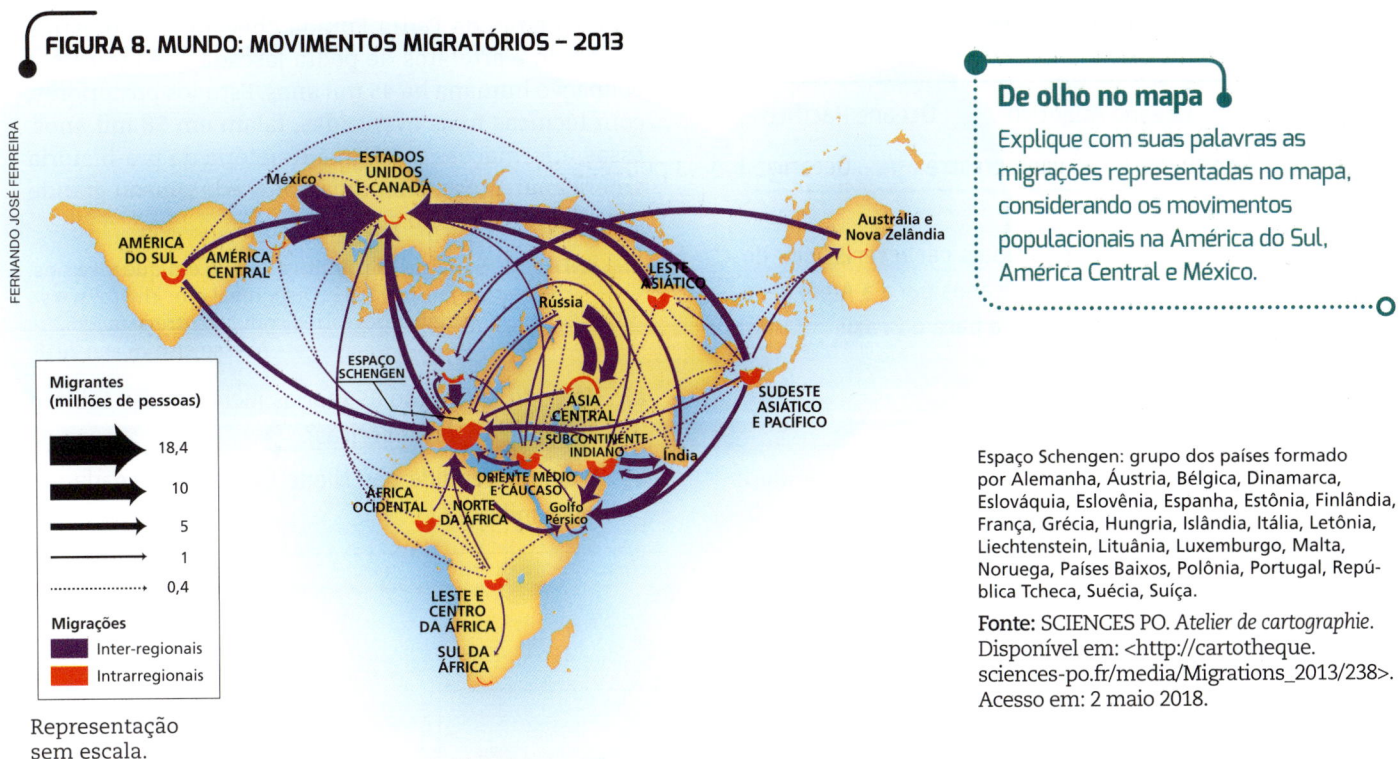

FIGURA 8. MUNDO: MOVIMENTOS MIGRATÓRIOS – 2013

De olho no mapa
Explique com suas palavras as migrações representadas no mapa, considerando os movimentos populacionais na América do Sul, América Central e México.

Espaço Schengen: grupo dos países formado por Alemanha, Áustria, Bélgica, Dinamarca, Eslováquia, Eslovênia, Espanha, Estônia, Finlândia, França, Grécia, Hungria, Islândia, Itália, Letônia, Liechtenstein, Lituânia, Luxemburgo, Malta, Noruega, Países Baixos, Polônia, Portugal, República Tcheca, Suécia, Suíça.

Fonte: SCIENCES PO. *Atelier de cartographie*. Disponível em: <http://cartotheque.sciences-po.fr/media/Migrations_2013/238>. Acesso em: 2 maio 2018.

Representação sem escala.

um todo. Além disso, em relação aos que estão no mercado de trabalho formal, há uma maior proporção de estrangeiros com ensino superior completo ou mais (33% contra 16% entre os brasileiros). [...]

Como esses imigrantes estão distribuídos hoje no Brasil, em termos territoriais?

Wagner Oliveira – Em geral, os migrantes estão concentrados nos grandes centros urbanos do país, em especial na Região Sudeste. Enquanto cerca de 40% da população brasileira encontra-se nessa região, mais de 65% da população migrante se concentra ali. Dado que a maior parte dos migrantes busca inserção no mercado de trabalho, é natural que estejam concentrados nos locais onde possivelmente haverá mais oportunidades. No caso específico dos haitianos, há uma forte concentração na Região Sul do país, devido a uma série de fatores, mas em especial a já mencionada demanda passada por mão de obra de baixa qualificação na região. Não há, no entanto, ações explícitas por parte do Estado de orientação da distribuição regional dos migrantes. Uma política estratégica de migração laboral pode criar mecanismos para orientar os migrantes para os locais onde de fato eles possam ter uma integração satisfatória."

CHARLEAUX, João Paulo. Qual o retrato da migração estrangeira hoje no Brasil, segundo este especialista. *Nexo*, 26 ago. 2017. Disponível em: <https://www.nexojornal.com.br/entrevista/2017/08/26/Qual-o-retrato-da-migra%C3%A7%C3%A3o-estrangeira-hoje-no-Brasil-segundo-este-especialista>. Acesso em: 2 maio 2018.

ATIVIDADES

ORGANIZAR O CONHECIMENTO

1. Os primeiros seres humanos surgiram na África há cerca de 130 mil anos. Os humanos que chegaram à América do Sul podem ter vindo de três continentes. Quais são esses continentes e que rotas seguiram? Utilize as palavras do quadro para responder.

| África | Oceano Atlântico | Oceano Pacífico |
| América do Norte | via terrestre | Oceania |

2. No caderno, escreva as principais características do deslocamento forçado dos africanos para a América e da imigração europeia e asiática para o Brasil.

APLICAR SEUS CONHECIMENTOS

3. Leia o texto e responda às questões.

"A teoria mais comumente aceita para o povoamento das Américas, formulada ainda nos anos de 1950, afirma que os primeiros humanos chegaram no continente americano há 15 mil anos, ocupando a América do Norte. De lá desceram para América Central e finalmente para a América do Sul, há 11 mil anos. As descobertas de Niède Guidon e sua equipe levam a crer que isso ocorreu muito antes. Em 1978, escavações na Toca do Boqueirão da Pedra Furada chegaram a amostras de carvão e artefatos de pedra lascada que indicam a ocupação humana há 45 mil anos. Estudos posteriores, com técnicas mais avançadas, falam em 58 mil anos. Essas informações mudam a trajetória da pré-história americana. A tese defendida por Niède causou grande repercussão no meio científico (...)".

ANDRADE, Samária. O primitivo tempo em que vivemos. *Revestres*, jan-fev. 2013. Disponível em: <http://www.revistarevestres.com.br/entrevista/2962/>. Acesso em: 26 abr. 2018.

a) No texto, quais são as teorias mencionadas sobre o povoamento das Américas?

b) A tese defendida por Niède Guidón é baseada em quais indícios?

4. Observe os esquemas para responder às questões a seguir.

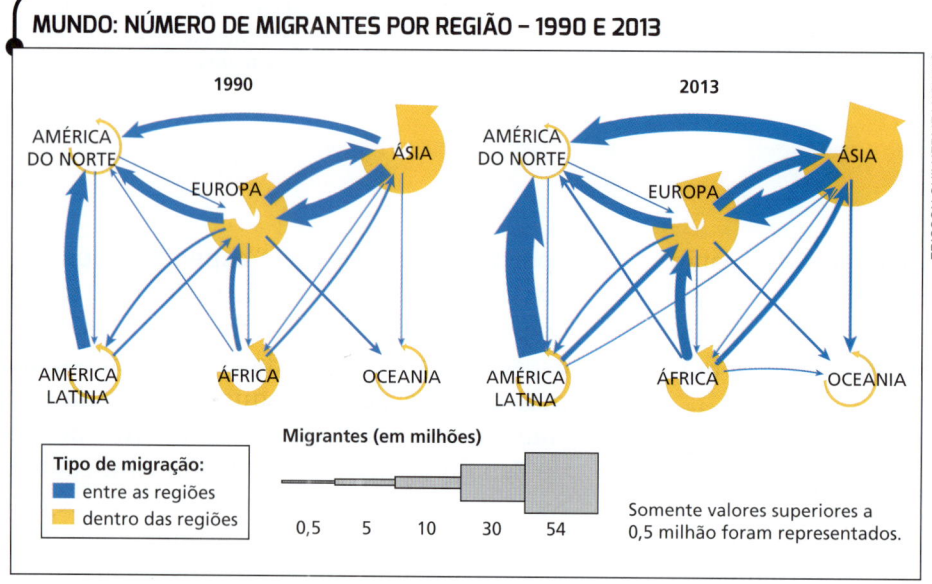

MUNDO: NÚMERO DE MIGRANTES POR REGIÃO – 1990 E 2013

Fonte: SCIENCES PO. *Atelier de cartographie*. Disponível em: <http://cartotheque.sciences-po.fr/media/Migrations_par_regions_stock_1990-2013/1947>. Acesso em: 2 maio 2018.

a) Considere seus conhecimentos sobre um planisfério da superfície da Terra e compare-o com o esquema acima. Explique quais são as semelhanças e as diferenças que você observa entre essas linguagens.

b) De modo geral, de 1990 a 2013, como se deram as migrações no mundo?

c) Cite as duas áreas que se destacam pelas migrações intrarregionais.

5. Pesquise a história do município da escola com relação aos movimentos migratórios. Para isso, procure informações sobre:

a) No município onde você mora há ou houve deslocamentos populacionais? Explique os movimentos migratórios, caracterizando-os se predomina o recebimento pessoas que se fixam nele ou se há mais pessoas que deixam o lugar natal em busca de outros locais para viver.

b) Na paisagem e na cultura do lugar onde você vive são perceptíveis as influências das migrações, como a aparência das construções e festas com origem em culturas de países estrangeiros? Cite exemplos.

6. Observe o gráfico e responda às questões.

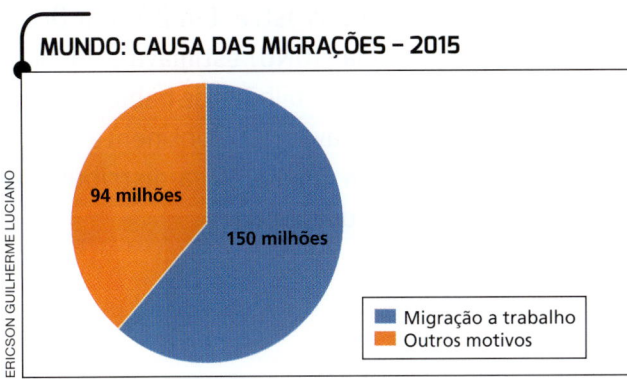

Fonte: Migration Data Portal. *Labour migration*. Disponível em: <https://migrationdataportal.org/themes/labour-migration>. Acesso em: 26 abr. 2018.

a) Qual foi o percentual aproximado de migrantes a trabalho, isto é, de pessoas que migraram para trabalhar em outro país, no total das migrações internacionais?

b) Várias são as causas das migrações internacionais. O percentual de migrantes laborais expressa a importância das causas econômicas nesse fenômeno atual. Além dessas, que outras causas condicionaram os fluxos migratórios ao longo da história? Cite dois exemplos.

7. Os movimentos populacionais estão presentes no nosso dia a dia. Ainda que você nunca tenha mudado de cidade, estado ou país, é muito provável que pessoas com as quais você convive (familiares, amigos, colegas) tenham vivenciado essa experiência. Pesquise a influência das migrações na história de sua família. Para isso, busque informações que respondam às questões.

a) Você e seus ascendentes nasceram no município em que vivem ou vieram de outros municípios ou mesmo de outro país?

b) De onde vem o sobrenome de sua família?

8. (UECE, 2016) A crise econômica e social do Haiti tem se intensificado muito nos últimos anos, acarretando uma saída massiva de migrantes que fogem da fome e das duras condições de sobrevivência. Sobre as motivações e as fugas do Haiti, é correto afirmar que

a) decorreram do levante militar de ex-integrantes do exército haitiano.

b) são parte do plano elaborado pela ONU de reestruturação do país.

c) são massivas devido à ocupação do país por soldados norte-americanos.

d) aumentaram em decorrência do terremoto ocorrido em fevereiro de 2010.

TEMA 3

ASPECTOS DEMOGRÁFICOS

Você sabia que o ritmo de crescimento da população mundial tem diminuído?

POPULAÇÃO

Chamamos **população** o conjunto de indivíduos que habitam determinado local, região, país ou o mundo. A população mundial apresenta como principais características a grande diversidade e a distribuição desigual pela superfície terrestre.

CRESCIMENTO E DISTRIBUIÇÃO DA POPULAÇÃO

No início do século XIX, o número de habitantes na Terra atingiu a marca de 1 bilhão de pessoas. Com a melhoria do padrão de vida, os avanços na medicina e na saúde pública, e a urbanização, a população aumentou consideravelmente, atingindo 2 bilhões no final da década de 1920. Em 2018, a população mundial somava cerca de 7,6 bilhões de pessoas e, segundo projeções, deve chegar a 9,7 bilhões em 2050 (figura 9).

Contudo, a distribuição da população se dá de forma desigual na superfície terrestre. Em 2017, a Organização das Nações Unidas (ONU) estimava a população mundial em um total de 7,5 bilhões de habitantes; desses, 59,6% se concentravam no continente asiático. Observe, no gráfico da figura 10, a distribuição da população por regiões do mundo.

> **De olho no gráfico**
>
> Compare o crescimento da população mundial entre 1980 e 2010 com o período de projeção, de 2020 a 2050. Em termos de ritmo de crescimento populacional, quais as principais mudanças que você identifica?

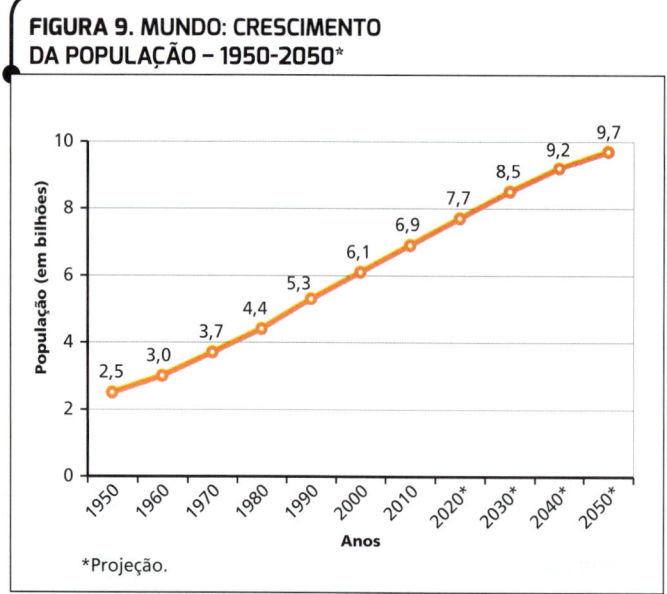

FIGURA 9. MUNDO: CRESCIMENTO DA POPULAÇÃO – 1950-2050*

*Projeção.

Fonte: ONU. *Department of Economic and Social Affairs – Population division*. Disponível em: <https://esa.un.org/unpd/wup/DataQuery/>. Acesso em: 26 abr. 2018.

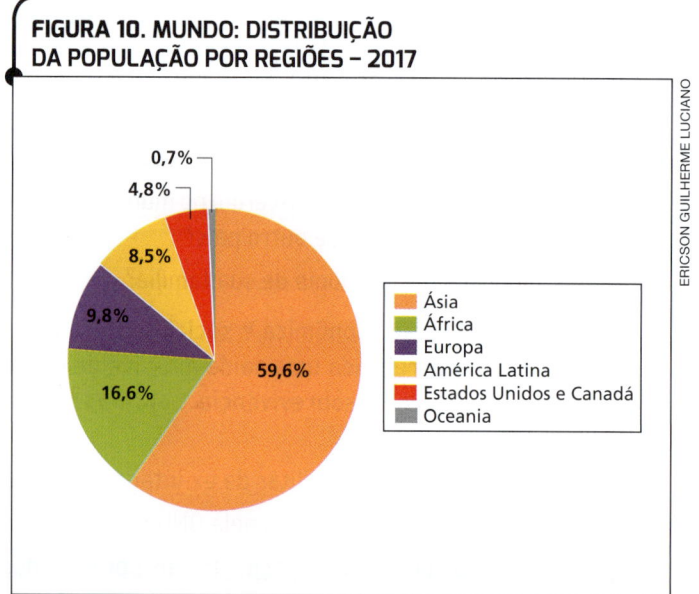

FIGURA 10. MUNDO: DISTRIBUIÇÃO DA POPULAÇÃO POR REGIÕES – 2017

- Ásia: 59,6%
- África: 16,6%
- Europa: 9,8%
- América Latina: 8,5%
- Estados Unidos e Canadá: 4,8%
- Oceania: 0,7%

Fonte: ONU. *World urbanization prospects*: the 2017 revision. Disponível em: <https://www.compassion.com/multimedia/world-population-prospects.pdf>. Acesso em: 26 abr. 2018.

DINÂMICA DEMOGRÁFICA

A dinâmica demográfica diz respeito à variação da quantidade de indivíduos que habitam determinado espaço durante um intervalo de tempo. Pode-se avaliar a dinâmica demográfica em diferentes escalas, do nível local, como o município, ao global.

Considerando a dinâmica demográfica em escala mundial, chama atenção o acelerado ritmo de crescimento da população a partir da década de 1950. Desse período até meados da década de 1970, a taxa de **crescimento vegetativo** ou **natural** da população mundial, que diz respeito à diferença entre a taxa de natalidade e a taxa de mortalidade, cresceu de maneira intensa. Entretanto, a partir da década de 1980, a taxa de crescimento vegetativo no mundo passou a decrescer, declínio que tende a continuar conforme as projeções (figura 11).

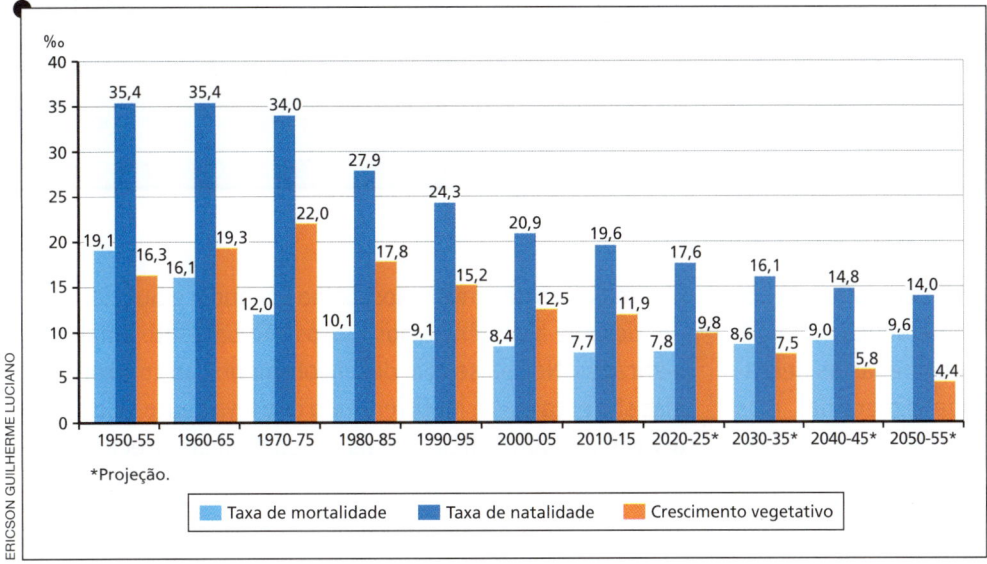

FIGURA 11. MUNDO: TAXA DE MORTALIDADE, TAXA DE NATALIDADE E CRESCIMENTO VEGETATIVO – 1950-2055*

A taxa de natalidade corresponde ao número de nascidos vivos em cada grupo de mil habitantes. A taxa de mortalidade refere-se ao número de óbitos em cada grupo de mil habitantes. Essas taxas, assim como a taxa de crescimento vegetativo, são indicadas pelo símbolo ‰ (lê-se "por mil").

Fonte: ONU. *World population prospects*: the 2017 revision. Disponível em: <https://esa.un.org/unpd/wpp/DataQuery/>. Acesso em: 26 abr. 2018.

REDUÇÃO DA TAXA DE FECUNDIDADE

A redução da taxa de crescimento vegetativo reflete uma tendência que se consolidou especialmente a partir dos anos 1980, uma vez que as mulheres passaram a ter cada vez menos filhos. Entre os anos 1950 e 1970, a **taxa de fecundidade** no mundo, que representa o número médio de filhos por mulher, era de aproximadamente cinco filhos por mulher. Contudo, de meados da década de 1970 em diante essa taxa começou a decrescer rapidamente, tanto que, no início dos anos 2000, a taxa de fecundidade da população mundial passou a ser de menos de três filhos por mulher (figura 12).

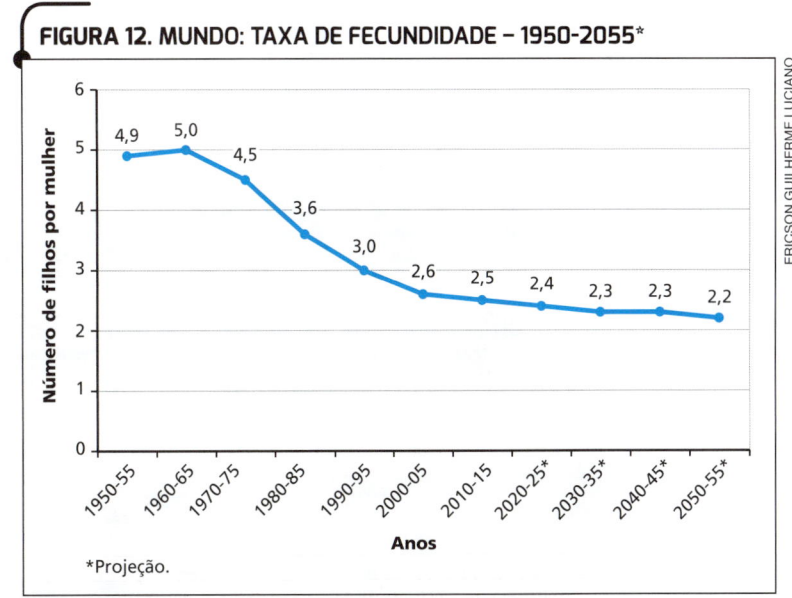

FIGURA 12. MUNDO: TAXA DE FECUNDIDADE – 1950-2055*

*Projeção.

Fonte: ONU. *World population prospects*: the 2017 revision. Disponível em: <https://esa.un.org/unpd/wpp/DataQuery/>. Acesso em: 26 abr. 2018.

TRANSFORMAÇÃO DO PERFIL ETÁRIO

Ao analisar a dinâmica demográfica no mundo verificam-se algumas transformações do perfil etário da população. O declínio da fecundidade tem repercutido na diminuição da parcela jovem da população, com idade entre 0 e 24 anos. Simultaneamente, a melhoria das condições de vida, com a ampliação da assistência médico-hospitalar e o maior acesso à educação, favorece o aumento da esperança de vida ao nascer, promovendo aumento do grupo etário acima dos 65 anos (figura 13).

Todavia é importante considerar que essa transformação do perfil etário da população não é um processo que acontece da mesma forma no mundo; ou seja, não são geograficamente homogêneos, pois ocorrem com características e em ritmos específicos em diferentes partes do planeta. Além disso, os distintos processos que impactam a dinâmica demográfica de uma área refletem e, ao mesmo tempo, condicionam distintos níveis de desenvolvimento socioeconômico. Países com população majoritariamente jovem tendem a ser países em desenvolvimento; países com população idosa (acima de 65 anos), em geral, são países desenvolvidos.

FIGURA 13. MUNDO: POPULAÇÃO POR GRUPOS DE IDADES – 1950-2050*

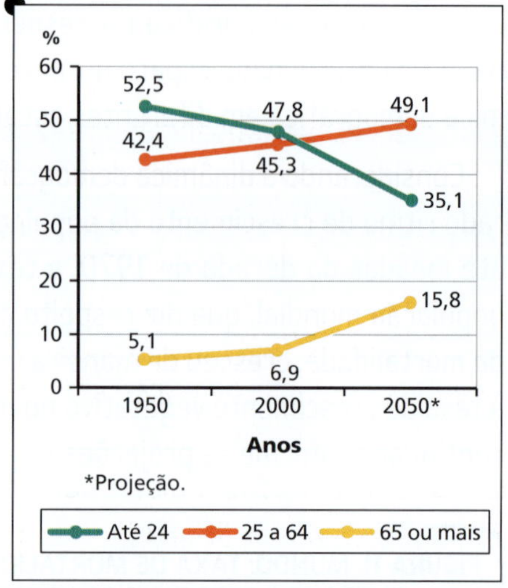

*Projeção.

— Até 24 — 25 a 64 — 65 ou mais

Fonte: ONU. *World population prospects*: the 2017 revision. Disponível em: <https://esa.un.org/unpd/wpp/DataQuery/>. Acesso em: 2 maio 2018.

QUADRO

Envelhecimento populacional e assistência ao idoso

O envelhecimento da população requer planejamento por parte da sociedade. É necessária a adoção de políticas de assistência que atendam não apenas às necessidades básicas (alimentação, saúde e moradia), mas também emocionais, psicológicas, sociais e tecnológicas dos idosos. Nem todos têm acesso à assistência, embora se verifique no planeta um processo acelerado de envelhecimento populacional.

Em países desenvolvidos, como Finlândia e Suécia, as políticas de assistência aos idosos são bastante amplas e eficazes. Nos países em desenvolvimento, ao contrário, elas são escassas e ineficientes, o que leva muitos idosos a viver em condições sociais e econômicas precárias, muitas vezes sem tratamento adequado.

1. Quais ações resultantes de políticas públicas voltadas para os idosos você conhece?

2. Como você poderia colaborar para a melhoria da qualidade de vida dos idosos?

Idosos se exercitam em uma praça da cidade de Curitiba (PR, 2015).

VARIAÇÕES DA DINÂMICA DEMOGRÁFICA NO MUNDO

Cada sociedade tem uma dinâmica demográfica própria. Isso significa que, embora a taxa de fecundidade no mundo tenha diminuído, quando se analisa os países individualmente, observa-se realidades distintas.

De modo geral, quanto melhores as condições de vida em um país, com garantia de acesso a serviços de saúde e educação, menores são as taxas de fecundidade e natalidade e mais envelhecida é a população. O acesso à informação contribui para disseminar o planejamento familiar, com a adoção de métodos contraceptivos. Além disso, são sociedades em que a mulher tem maior liberdade para definir o momento mais oportuno para ter filho, ou simplesmente optar por não o ter (figura 14).

Por outro lado, países que apresentam baixo nível de desenvolvimento, geralmente apresentam elevadas taxas de fecundidade e natalidade, menor expectativa de vida ao nascer e predomínio de população mais jovem. Isso acontece pois condições sociais e econômicas precárias geralmente implicam em maior dificuldade de acesso a serviços médico-hospitalares, medicamentos e saneamento básico, condições que resultam em elevação da taxa de mortalidade e menor esperança de vida ao nascer (figura 15). O menor acesso à educação contribui para que doenças simples de serem prevenidas ou curadas se tornem fatais. E, igualmente, colabora para perpetuar a pobreza, já que a baixa escolarização representa baixa qualificação profissional, o que dificulta ainda mais o desenvolvimento econômico e social.

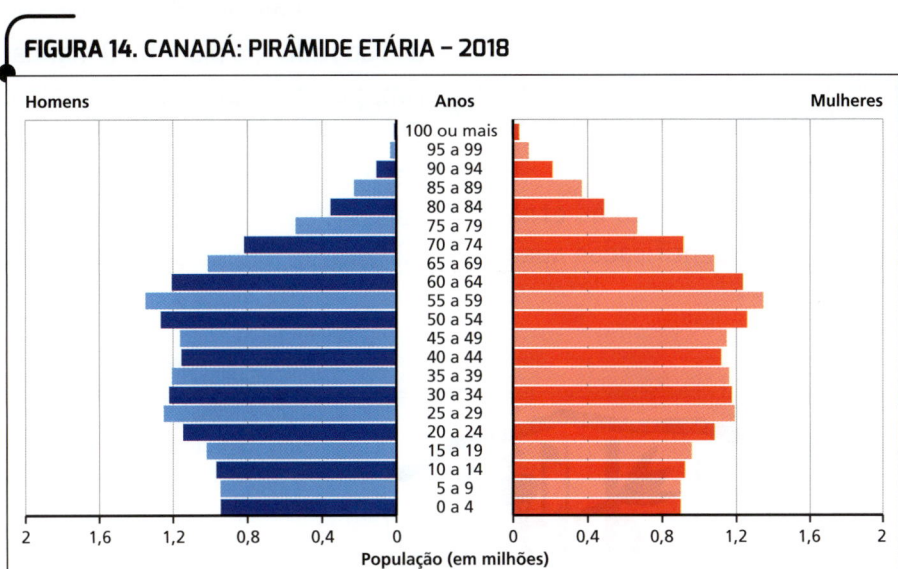

FIGURA 14. CANADÁ: PIRÂMIDE ETÁRIA – 2018

Os países com pirâmide etária de base estreita e topo largo apresentam baixa taxa de natalidade e elevada expectativa de vida, como é o Canadá. Por outro lado, os países cuja pirâmide etária tem base larga e topo estreito apresentam altas taxas de natalidade, predomínio de população jovem e baixa expectativa de vida, como é a Etiópia.

Fonte: U. S. Census Bureau. Disponível em: <https://www.census.gov/data-tools/demo/idb/region.php?N=%20Results%20&T=12&A=separate&RT=0&Y=2018&R=-1&C=CA>. Acesso em: 2 maio 2018.

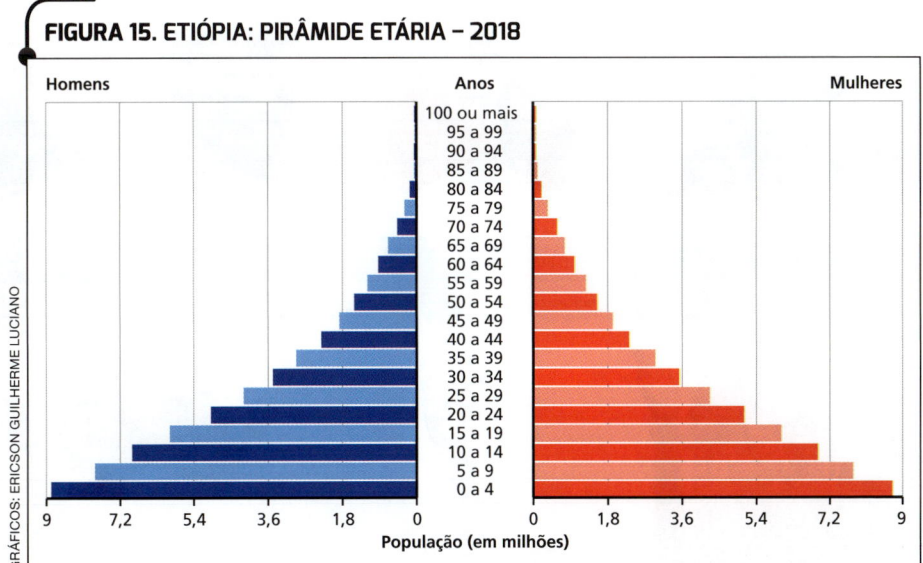

FIGURA 15. ETIÓPIA: PIRÂMIDE ETÁRIA – 2018

Fonte: U. S. Census Bureau. Disponível em: <https://www.census.gov/data-tools/demo/idb/region.php?N=%20Results%20&T=12&A=separate&RT=0&Y=2018&R=-1&C=ET>. Acesso em: 2 maio 2018.

MIGRAÇÕES

Quando nos referimos a um país ou uma região, outro fator importante no que diz respeito à distribuição populacional são as **migrações**. Essas movimentações de entrada (imigração) ou saída (emigração) de população podem ser **internacionais** (quando se sai de um país para outro) ou **internas** (dentro de um mesmo país).

Ao analisar a dinâmica demográfica de um território específico, tal como um país, devemos levar em conta o saldo das migrações, ou seja, a diferença entre o número de pessoas que entram e que saem do país, juntamente com sua taxa de crescimento vegetativo. Dessa forma pode-se avaliar a evolução do tamanho da população e o ritmo de crescimento.

A DIVERSIDADE NAS POPULAÇÕES

A população mundial é marcada pela diversidade religiosa, étnica e linguística, entre outros aspectos. Isso reforça a importância de ações que combatam a discriminação (cultural, étnica ou de qualquer natureza), uma vez que a diversidade é uma característica constitutiva dos aspectos demográficos nos países e no mundo.

As **religiões** sempre fizeram parte da história dos grupos humanos. Além da função espiritual, elas também exercem papel cultural e político, que variam de acordo com o contexto histórico e territorial de cada sociedade.

No que diz respeito às **etnias**, elas não são identificadas apenas por semelhanças fisionômicas, mas sobretudo por características culturais, históricas, artísticas e religiosas de determinado grupo humano (figura 16).

O **idioma** é um elemento muito importante para as diferentes sociedades humanas, pois está relacionado à identidade de certo grupo, além de contribuir para a expansão cultural de determinado país.

Para avaliar o grau de influência de um idioma, é preciso levar em conta não apenas o número de falantes no país de origem, mas seu uso ao redor do planeta. O mandarim, por exemplo, embora seja a língua falada por maior número de pessoas, não é difundido em muitos países além da China. A língua dominante no mundo atual é o inglês.

Animismo: crença em elementos naturais (plantas, rios, montanhas, animais etc.) que têm poderes para interferir na natureza e na vida humana.

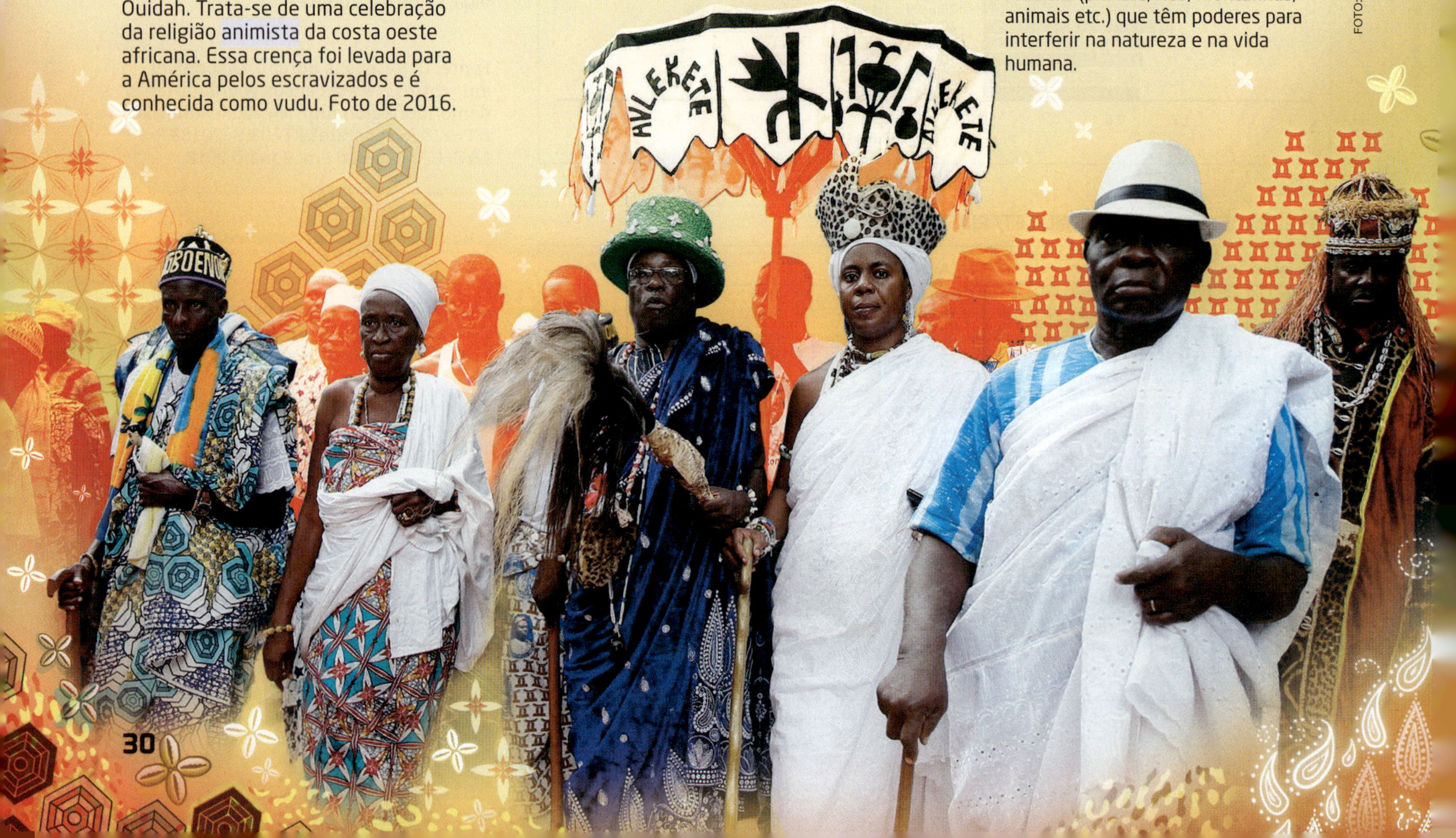

Figura 16. Uma das principais celebrações em Benim é o Festival Ouidah. Trata-se de uma celebração da religião animista da costa oeste africana. Essa crença foi levada para a América pelos escravizados e é conhecida como vudu. Foto de 2016.

FOTO: AKINTUNDE AKINLEYE/REUTERS/LATINSTOCK, ILUSTRAÇÃO: GUS MORAES

CONCENTRAÇÃO DA POPULAÇÃO NAS CIDADES

Em todos os continentes, é crescente o número de pessoas que vive nas cidades. No final da década de 2000, a população urbana ultrapassou a das áreas rurais no total mundial.

A aplicação de tecnologia na agricultura, que liberou a mão de obra no campo, e a expectativa de melhores condições de vida nas cidades foram fatores que favoreceram o êxodo das áreas rurais para as urbanas. Isso contribuiu para o crescimento econômico das cidades.

O aumento relativo da população urbana nos países e a concentração populacional em cidades com mais de 1 milhão de habitantes foram particularmente notáveis a partir da década de 1970 (figura 17).

De olho nos mapas

1. Compare os dois mapas e indique as mudanças ocorridas entre 1970 e 2014.
2. Aponte consequências das transformações observadas para a população mundial.

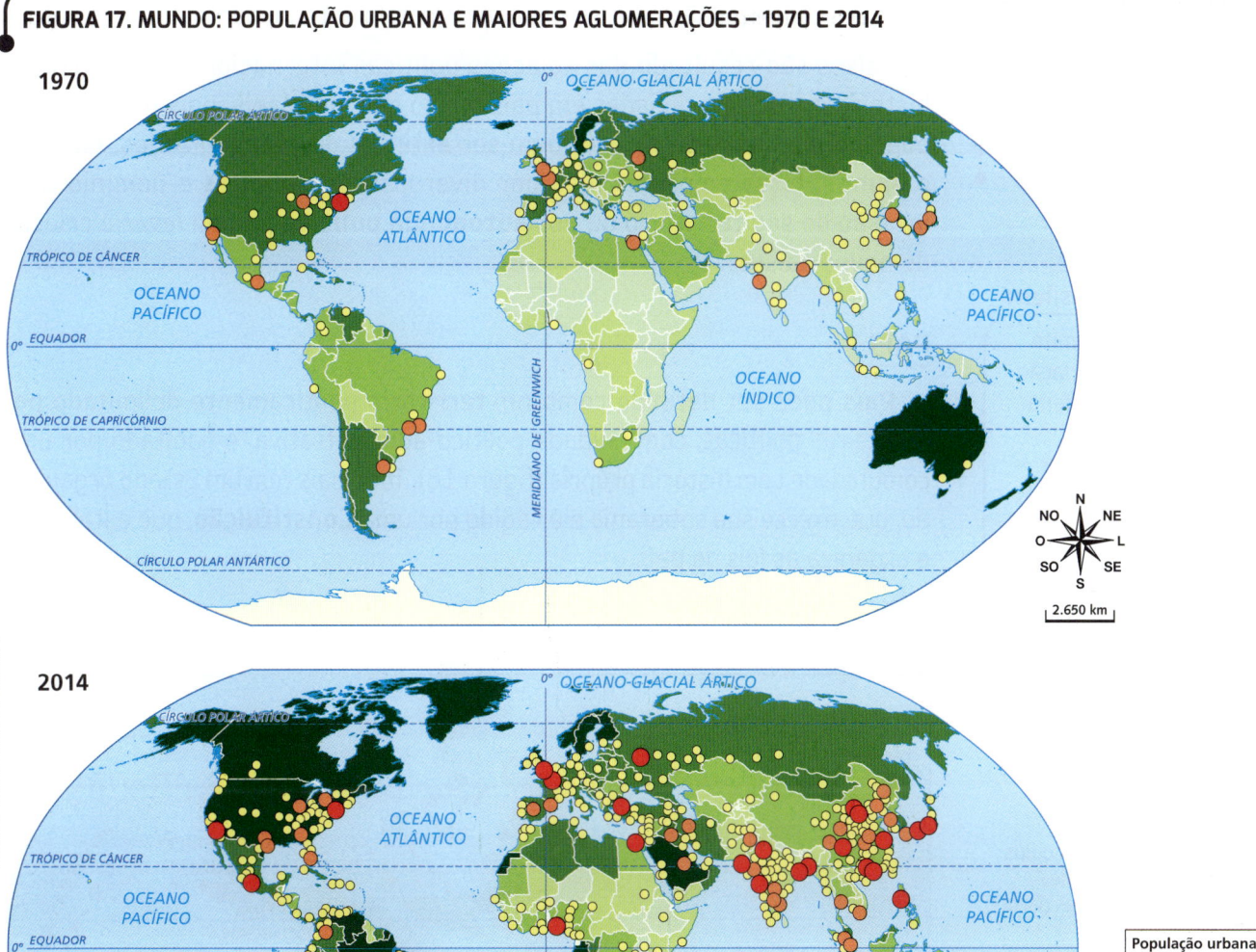

FIGURA 17. MUNDO: POPULAÇÃO URBANA E MAIORES AGLOMERAÇÕES – 1970 E 2014

MAPAS: FERNANDO JOSÉ FERREIRA

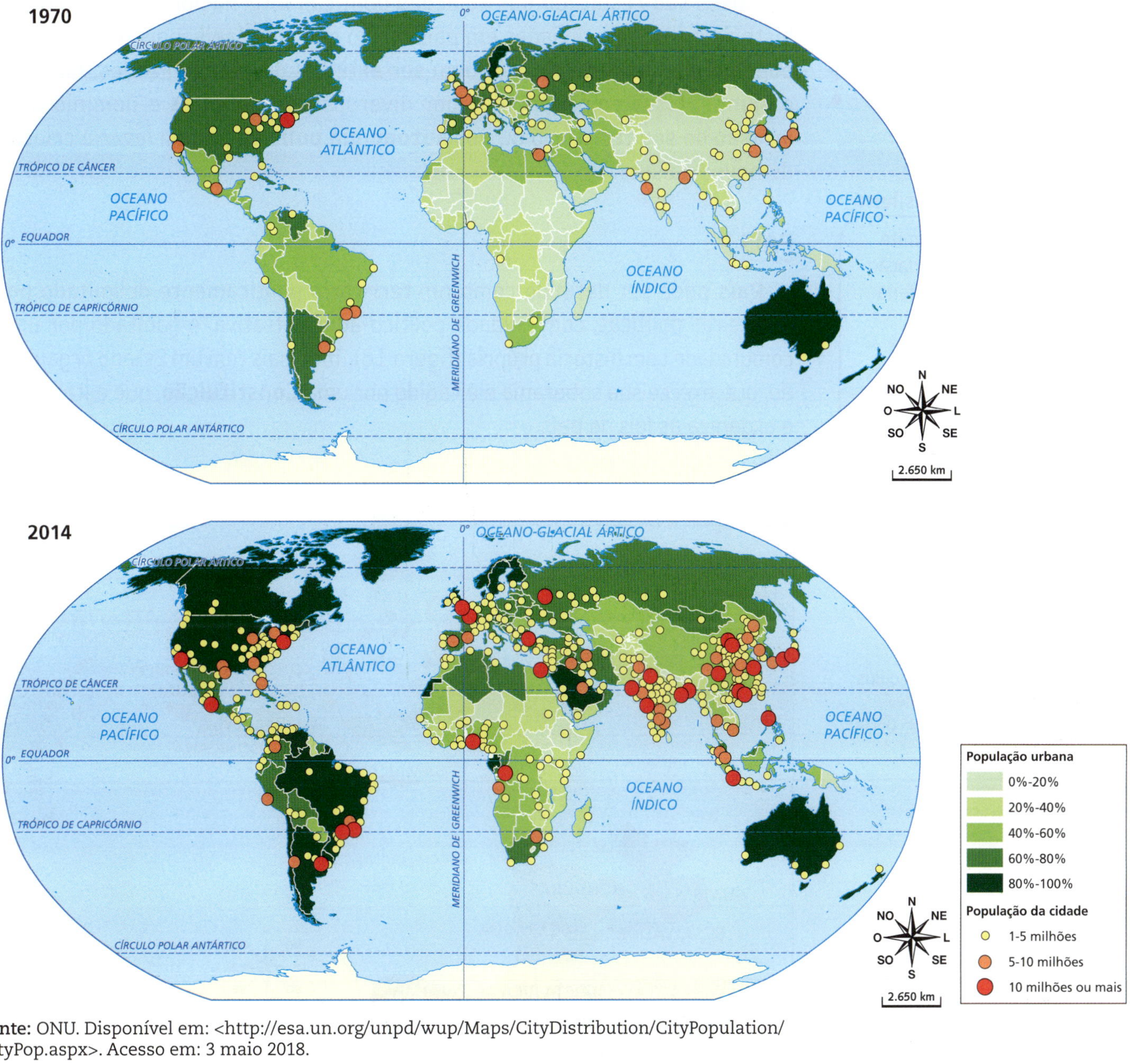

Fonte: ONU. Disponível em: <http://esa.un.org/unpd/wup/Maps/CityDistribution/CityPopulation/CityPop.aspx>. Acesso em: 3 maio 2018.

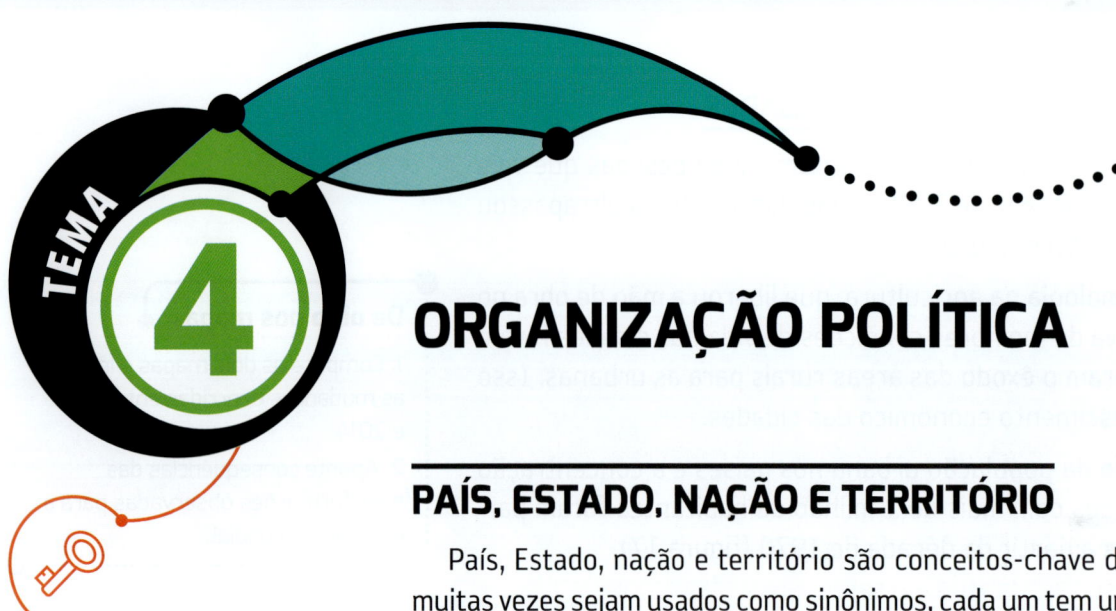

TEMA 4

ORGANIZAÇÃO POLÍTICA

PAÍS, ESTADO, NAÇÃO E TERRITÓRIO

País, Estado, nação e território são conceitos-chave da Geografia. Embora muitas vezes sejam usados como sinônimos, cada um tem um significado diferente. Esses conceitos são muito importantes para o entendimento do mundo atual.

Países são resultado das relações políticas internacionais, construídas historicamente. As divisões em países não são imutáveis, pois novos países podem se formar e outros podem ser extintos ou reorganizados. Em todo o mundo, lutas empreendidas por diversos povos contra o domínio ou a invasão de seu território ou por **autonomia política** podem levar à criação de novos países.

PAÍS

País pode ser definido como um território politicamente delimitado por fronteiras políticas, com unidade político-administrativa, e habitado por uma comunidade com história própria (figura 18). Todo país tem um Estado organizado, que exerce sua soberania e é regido por uma **Constituição**, que estabelece e organiza as leis do país.

> **Todo país tem um território e é governado por um Estado?**

> **A democracia brasileira**
> O objeto digital permite relacionar a consolidação da democracia brasileira com a atuação das instituições políticas e administrativas do país, apresentando exemplos práticos de como os três poderes atuam.

Fronteira política: limite do território estabelecido por acordos políticos, ou seja, por meio de negociações amplas entre as partes envolvidas.

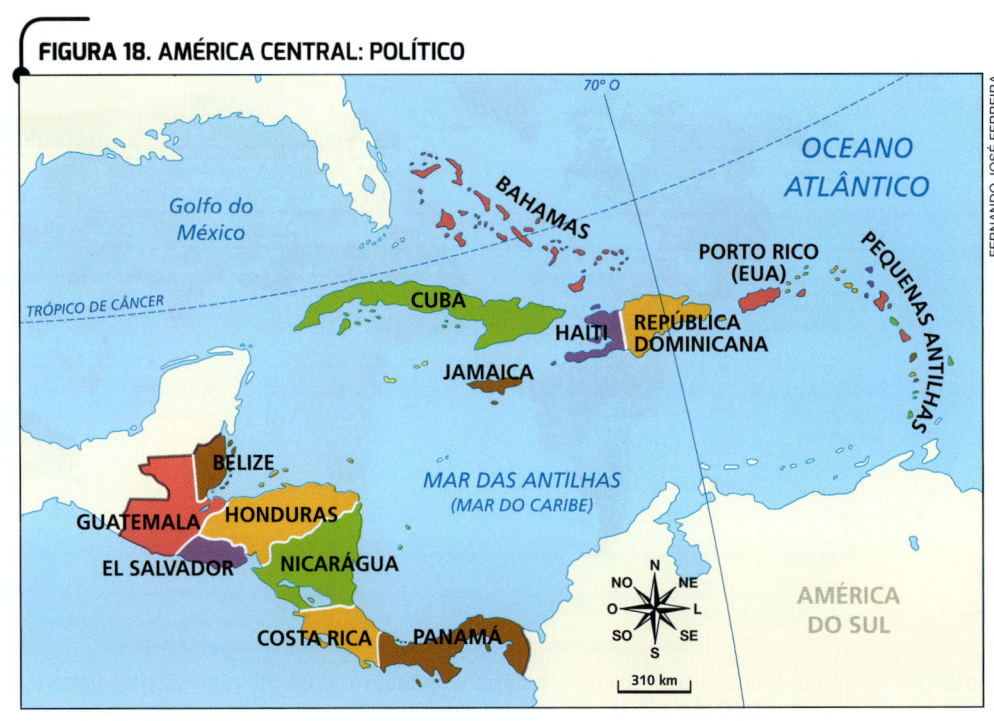

FIGURA 18. AMÉRICA CENTRAL: POLÍTICO

Fonte: FERREIRA, Graça Maria Lemos. *Moderno atlas geográfico.* 6. ed. São Paulo: Moderna, 2016. p. 33.

ESTADO

A forma como a sociedade se organiza politicamente, estabelecendo regras que regulam a convivência dos habitantes de um país, constitui aquilo que chamamos **Estado**. Fazem parte do Estado as instituições políticas e administrativas encarregadas de elaborar as leis (Poder Legislativo), colocá-las em prática (Poder Executivo), interpretar e julgar o cumprimento das leis (Poder Judiciário), além das Forças Armadas, responsáveis pela defesa do território contra ameaças externas e pela ordem interna.

Para ser reconhecido e respeitado entre os demais, um Estado deve afirmar sua **soberania**, ou seja, a posse de plenos poderes para aplicar normas a serem seguidas pelos habitantes do território. O **Estado soberano** é aquele que exerce poder sobre o próprio território e sobre a população de maneira autônoma.

NAÇÃO

O termo **nação** pode ser definido como um coletivo humano com características comuns, como língua e religião. Os membros dessa coletividade estão ligados por laços históricos, étnicos e culturais.

Uma nação pode constituir um Estado soberano quando ocupa um território e se organiza politicamente, denominando-se, então, **Estado-nação**, a forma mais difundida de organização da sociedade atual. Há Estados-nação que abrangem diversas nações, como o Reino Unido (que reúne Inglaterra, País de Gales, Escócia e Irlanda do Norte).

Na atualidade, existem diversas nações que almejam se constituir como Estado. Há diversos povos submetidos à repressão política ou militar nos territórios onde vivem (figura 19).

TERRITÓRIO

O **território** de um país é a base física sobre a qual um Estado exerce sua soberania, delimitado por fronteiras políticas, que podem ser naturais, como um rio, ou artificiais (traçadas sem considerar esses elementos naturais). O território de um país é formado pelo solo continental e insular, o subsolo, o espaço aéreo e o território marítimo.

FIGURA 19. ÁFRICA: SUDÃO E SUDÃO DO SUL

Fonte: FERREIRA, Graça M. L. *Moderno atlas geográfico*. 6. ed. São Paulo: Moderna, 2016. p. 41.

O Sudão do Sul conquistou sua independência do Sudão em 2011. A partir de então, passou a ter, portanto, autonomia política. A independência foi conquistada por um referendo realizado no antigo Sudão: a população do sul (hoje o Sudão do Sul) era formada por grupos étnicos de maioria cristã ou animista, e se sentia discriminada pelo governo de Cartum (capital do Sudão), de maioria muçulmana.

Território marítimo: área marítima que compreende a faixa de mar que banha as costas do território, nas quais o Estado exerce sua soberania, determinada por acordos internacionais.

 **Trilha de estudo**

Vai estudar? Nosso assistente virtual no *app* pode ajudar!
<http://mod.lk/trilhas>

ATIVIDADES

ORGANIZAR O CONHECIMENTO

1. Os últimos 100 anos marcaram o maior crescimento populacional da história da humanidade. Por que isso ocorreu?

2. Comente pelos menos duas características da população mundial.

3. Em que período a redução da taxa de fecundidade no mundo foi mais acentuada? De que maneira essa redução influenciou a diminuição da taxa de crescimento vegetativo?

4. É correto afirmar que a população mundial:
   a) É cada vez mais urbana e tende a crescer em ritmo mais lento.
   b) É cada vez mais rural e tende a crescer em ritmo mais lento.
   c) Cresce em ritmo mais acelerado e diminui nas áreas urbanas.
   d) Cresce em ritmo mais acelerado e aumenta nas áreas rurais.

5. Sobre Estado e nação é correto afirmar que:
   a) A nação se refere exclusivamente à delimitação territorial de um país.
   b) O Estado é a organização política, administrativa e militar de um território.
   c) A nação é formada por agrupamentos de pessoas que partilham heranças e traços culturais comuns.
   d) As alternativas *a* e *b* estão corretas
   e) As alternativas *b* e *c* estão corretas.

APLICAR SEUS CONHECIMENTOS

6. Observe a figura 13, na página 28, e responda às questões.
   a) Considerando o período de 1950 a 2010, qual grupo etário apresentou maior crescimento em relação à participação no total da população mundial?
   b) E entre 2020 e 2050, conforme a projeção, qual grupo etário tende a aumentar sua participação no total da população? Explique os motivos que favorecem essa transformação do perfil etário.

7. Observe os mapas a seguir e responda às questões.

MUNDO: POPULAÇÃO COM 60 ANOS OU MAIS – 2015

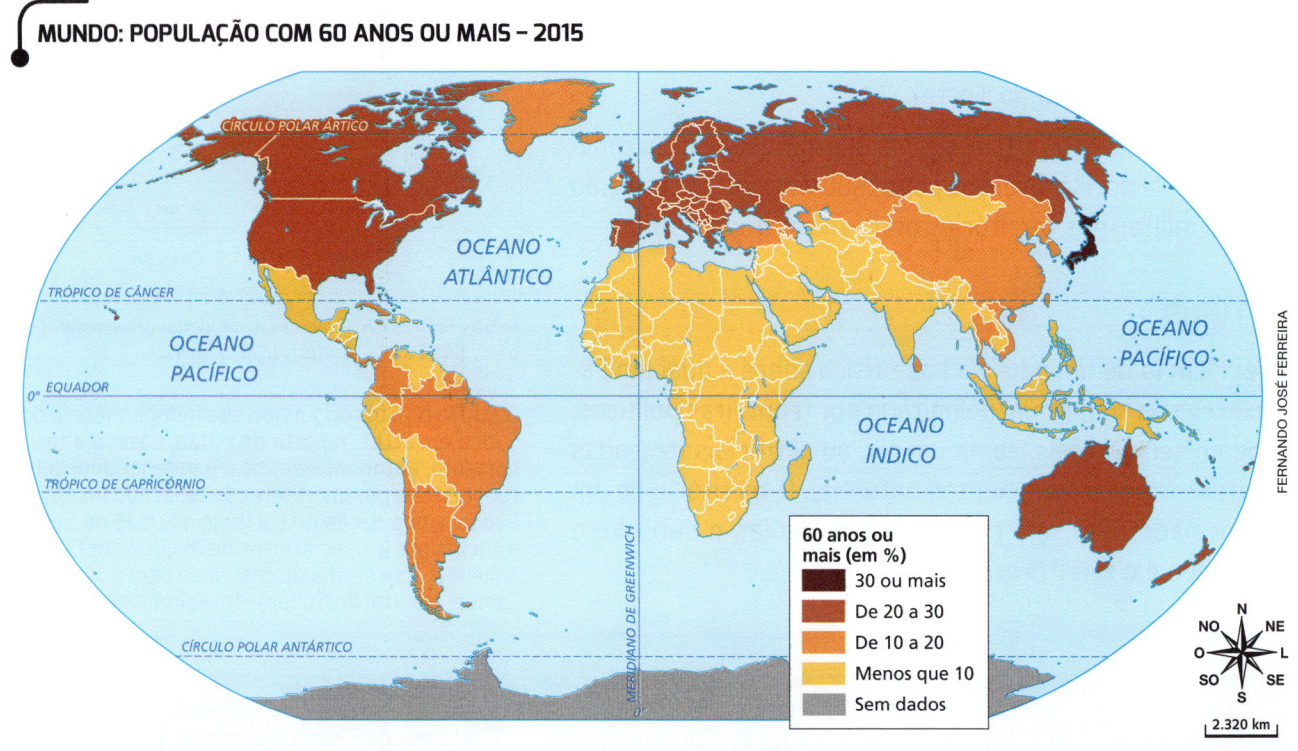

MUNDO: POPULAÇÃO COM 60 ANOS OU MAIS – 2050*

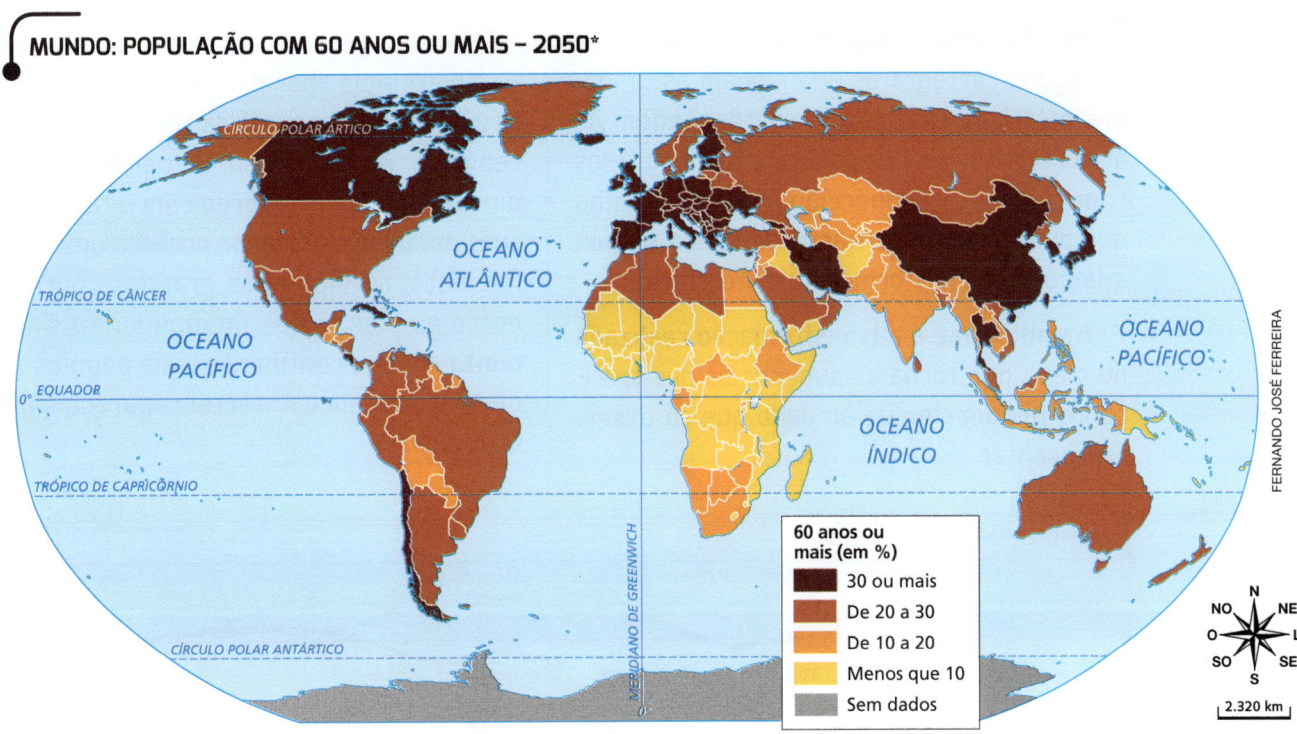

* Projeção.

Fonte dos mapas: ONU. *World Population Ageing 2015*. p. 33. Disponível em: <http://www.un.org/en/development/desa/population/publications/pdf/ageing/WPA2015_Report.pdf>. Acesso em: 3 maio 2018.

a) Compare os mapas de 2015 e 2050 e descreva as principais mudanças que podem ser observadas.

b) O perfil etário da população mundial está mudando, porém, essa transformação não se dá de forma homogênea no espaço. Explique os motivos que influenciam essa variação demográfica no mundo.

c) Com a ajuda de um atlas, cite cinco países que, em 2050, terão a maioria da sua população idosa.

DESAFIO DIGITAL

8. Acesse o objeto digital *Três formas históricas do Estado Moderno*, disponível em <http://mod.lk/desv8u1>, e faça o que se pede.

   a) Diferencie o Estado absolutista e o Estado liberal. Em sua resposta, utilize o conceito de soberania e de formação dos poderes Executivo, Legislativo e Judiciário.

   b) Segundo os teóricos neoliberais, qual deveria ser a participação do Estado na economia?

   c) Cite duas críticas feitas à implementação do Estado neoliberal.

 Mais questões no livro digital

REPRESENTAÇÕES GRÁFICAS

Mapas anamórficos

Alguns cartógrafos abandonam as unidades métricas exatas que correspondem às áreas territoriais dos países para elaborá-los com tamanhos proporcionais ao fenômeno que querem representar, produzindo **mapas anamórficos** (disformes ou distorcidos).

Anamorfose é a transformação realizada no mapa que torna as superfícies dos territórios **proporcionais** ao dado que se deseja representar.

No exemplo abaixo, o mapa não representa a realidade geográfica territorial, e sim a realidade do fenômeno. Os países foram redimensionados de acordo com o tamanho de suas populações. O mapa provoca um impacto imediato, revelando os grandes contrastes entre as populações do mundo: a Ásia desponta como o continente mais populoso, enquanto Oceania e Antártida aparecem muito reduzidas.

MUNDO: POPULAÇÃO – 2018

FERNANDO JOSÉ FERREIRA

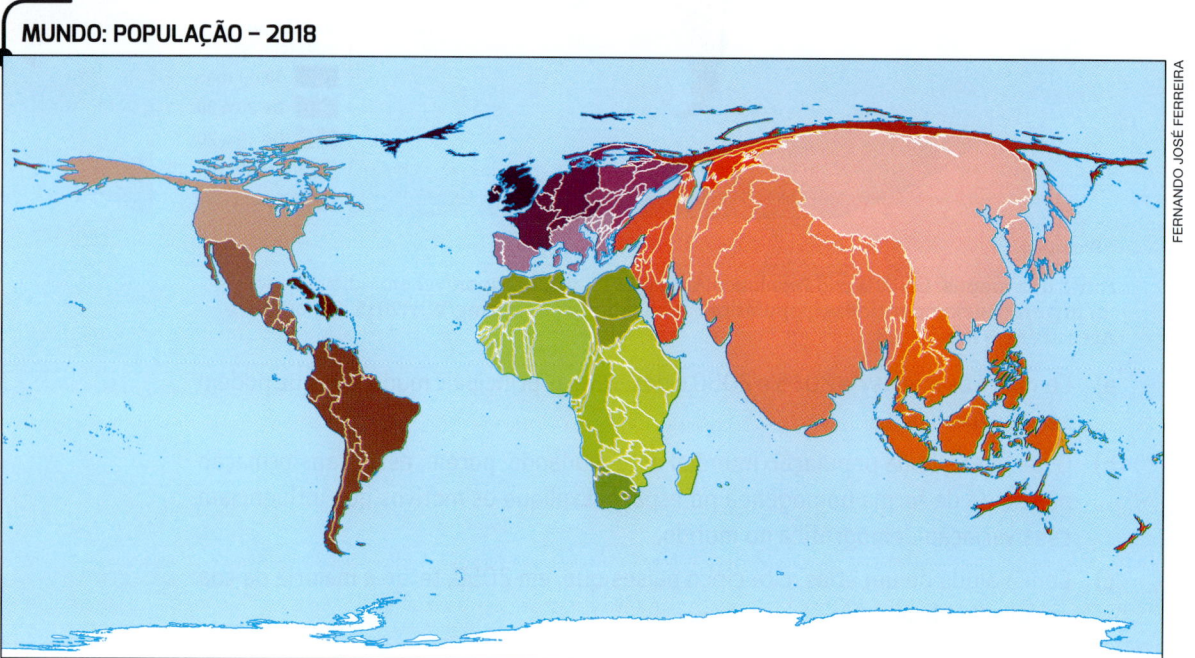

Fonte: World Mapper. Disponível em: <https://worldmapper.org/wp-content/uploads/2018/03/People_TotalPopulation_2018.pdf>. Acesso em: 3 maio 2018.

ATIVIDADES

1. Observe o mapa anamórfico e liste os cinco países mais populosos do mundo.
2. Por que Canadá e Estados Unidos foram representados com área muito menor à que possuem quando são representados em um mapa não anamórfico?
3. Que referências geográficas mantidas na anamorfose nos permitem reconhecer os países representados?
4. Qual é a vantagem do uso de mapas anamórficos em relação aos mapas convencionais?

ATITUDES PARA A VIDA

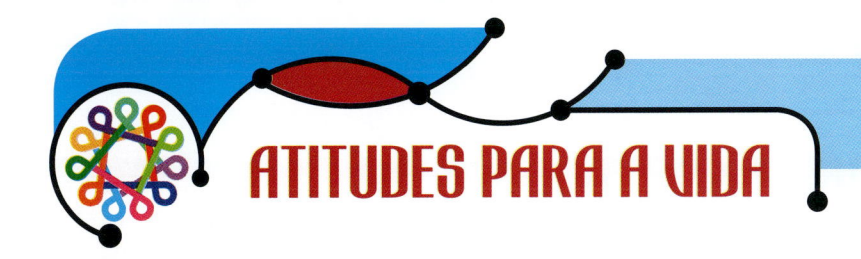

O discurso de Malala

Aos 17 anos, Malala Yousafzai se tornou a pessoa mais jovem a ganhar um Prêmio Nobel da Paz. Após ser baleada pelo Talibã, movimento fundamentalista islâmico que utiliza do terrorismo para impor proibições às mulheres do Paquistão, Malala não desistiu da luta pelo direito à educação das meninas, o que lhe rendeu o prêmio em 2014.

"Meu mundo mudou muito. Nas prateleiras da nossa sala há prêmios do mundo inteiro [...]. Sou grata por eles, mas só me lembram quanto ainda falta fazer para atingir a meta de educação para todo menino e toda menina. Não quero ser lembrada como a 'menina que foi baleada pelo Talibã' mas como 'a menina que lutou pela educação'. Esta é a causa para a qual estou dedicando minha vida.

Passei meu aniversário de dezesseis anos em Nova York, onde falei nas Nações Unidas. Ficar de pé ali e me dirigir a uma audiência naquele enorme salão, onde tantos líderes mundiais já discursaram, foi assustador, mas eu sabia o que queria falar. 'Esta é a sua chance, Malala', disse a mim mesma. Havia apenas quatrocentas pessoas sentadas ali, mas imaginei milhões. Não escrevi o discurso tendo em mente apenas os delegados da ONU; escrevi para cada pessoa que possa fazer alguma diferença. Queria atingir as pessoas que vivem na miséria, as crianças forçadas a trabalhar e aquelas que sofrem com o terrorismo e a falta de educação. No fundo do meu coração eu esperava alcançar toda criança que pudesse ganhar coragem com as minhas palavras e se levantar por seus direitos."

YOUSAFZAI, Malala; LAMB, Christina. *Eu sou Malala*. São Paulo: Cia. das Letras, 2013.

Na foto, Malala Yousafzai discursa no parlamento canadense, em Ottawa (Canadá, 2017).

ATIVIDADES

1. Assinale as atitudes que, em sua opinião, foram necessárias para que Malala pudesse realizar seu discurso na audiência da ONU.
   - ( ) Assumir riscos com responsabilidade.
   - ( ) Pensar de maneira interdependente.
   - ( ) Pensar e comunicar-se com clareza.
   - ( ) Pensar com flexibilidade.

2. Como podemos afirmar que Malala aplicou a atitude **imaginar, criar e inovar** ao preparar o discurso apresentado na ONU?

3. A história de vida da Malala é um grande exemplo da atitude **persistir**. Apesar de ter sido perseguida pelo Talibã, ela nunca desistiu da luta pelo direito à educação. Dê exemplo de alguma situação em que a persistência foi uma atitude necessária para resolver um problema enfrentado por você.

COMPREENDER UM TEXTO

Declaração Universal dos Direitos Humanos

Em 10 de dezembro de 1948, a Organização das Nações Unidas aprovou a Declaração Universal dos Direitos Humanos. Como é possível ver em alguns dos seus artigos, a declaração tem entre seus princípios a promoção da paz, a defesa das instituições democráticas, o direito à educação, à cultura, ao bem-estar, ao trabalho, entre outros direitos fundamentais para promoção da dignidade humana, com respeito às diferenças e valorização da diversidade.

Artigo 1
Todos os seres humanos nascem livres e iguais em dignidade e direitos. São dotados de razão e consciência e devem agir em relação uns aos outros com espírito de fraternidade.

Artigo 2
Todo ser humano tem capacidade para gozar os direitos e as liberdades estabelecidos nesta Declaração, sem distinção de qualquer espécie, seja de raça, cor, sexo, língua, religião, opinião política ou de outra natureza, origem nacional ou social, riqueza, nascimento, ou qualquer outra condição. [...]

Artigo 5
Ninguém será submetido à tortura, nem a tratamento ou castigo cruel, desumano ou degradante. [...]

Artigo 13
1. Todo ser humano tem direito à liberdade de locomoção e residência dentro das fronteiras de cada Estado. [...]

Artigo 15
1. Todo ser humano tem direito a uma nacionalidade. [...]

Artigo 19
Todo ser humano tem direito à liberdade de opinião e expressão; esse direito inclui a liberdade de, sem interferência, ter opiniões e de procurar, receber e transmitir informações e ideias por quaisquer meios e independentemente de fronteiras. [...]

ONU. *Declaração Universal dos Direitos Humanos*. Disponível em: <https://www.unicef.org/brazil/pt/resources_10133.htm>. Acesso em: 3 maio 2018.

Artigo 21

1. Todo ser humano tem o direito de tomar parte no governo de seu país diretamente ou por intermédio de representantes livremente escolhidos.
2. Todo ser humano tem igual direito de acesso ao serviço público do seu país. [...]

Artigo 25

1. Todo ser humano tem direito a um padrão de vida capaz de assegurar a si e à sua família saúde e bem-estar, inclusive alimentação, vestuário, habitação, cuidados médicos e os serviços sociais indispensáveis, e direito à segurança em caso de desemprego, doença, invalidez, viuvez, velhice ou outros casos de perda dos meios de subsistência em circunstâncias fora de seu controle. [...]

Artigo 26

1. Todo ser humano tem direito à instrução. A instrução será gratuita, pelo menos nos graus elementares e fundamentais. [...]

Artigo 27

1. Todo ser humano tem o direito de participar livremente da vida cultural da comunidade, de fruir as artes e de participar do progresso científico e de seus benefícios. [...]

RAPHAEL MORTARI

ATIVIDADES

OBTER INFORMAÇÕES

1. Nos artigos apresentados, que direitos do indivíduo são afirmados, independentemente de sua origem?

INTERPRETAR

2. Avalie a importância de um documento que afirme os direitos da pessoa.

3. Em sua opinião, todos os seres humanos nascem iguais? Quanto à afirmação de que todos os seres humanos são iguais perante a lei, você acredita que ela seja real e efetiva? Justifique sua resposta.

PESQUISAR

4. Forme dupla com um colega e consultem o texto integral da *Declaração Universal dos Direitos Humanos*. Em seguida, criem novos artigos para ela. Compartilhem o trabalho com a classe, justificando suas ideias e ouvindo as opiniões dos colegas. Anotem no caderno as ideias mais interessantes criadas coletivamente.

UNIDADE 2

O MUNDO HOJE

Ao longo do tempo, os avanços tecnológicos propiciaram desenvolver os sistemas de transporte e telecomunicação, estimulando a integração que caracteriza o atual mundo globalizado. Porções do espaço que se encontravam isoladas passaram a se conectar. A eficiência dos transportes aéreo e marítimo e a expansão do uso da fibra ótica e dos satélites artificiais para transferência de dados aparentemente encurtaram as distâncias globais, reduzindo o tempo gasto com viagens e recepção de informações. Nas grandes cidades, complexos sistemas viários são criados para dar vazão ao intenso fluxo de veículos.

Após o estudo desta Unidade, você será capaz de:

- distinguir as características do sistema capitalista e do sistema socialista;
- compreender as principais mudanças no cenário político e econômico a partir do pós-Segunda Guerra Mundial;
- empregar a regionalização do espaço mundial pelo critério de desenvolvimento econômico e social;
- demonstrar características no mundo globalizado a partir da organização econômica atual.

ATITUDES PARA A VIDA

- Esforçar-se por exatidão e precisão.
- Pensar com flexibilidade.
- Imaginar, criar e inovar.
- Pensar e comunicar-se com clareza.
- Persistir.

COMEÇANDO A UNIDADE

1. De que maneira o desenvolvimento dos transportes e das telecomunicações facilitou as trocas comerciais e culturais no mundo?
2. Em sua opinião, a circulação de pessoas e mercadorias pelos territórios acontece livremente no mundo globalizado?
3. O que está sendo representado na imagem e qual é a sua relação com o fenômeno da globalização?

A complexa infraestrutura viária urbana, construída com o objetivo de facilitar o acesso a diversos pontos da cidade, é uma característica observada nos grandes centros urbanos do mundo atual. Na foto, vista da cidade de Xangai (China, 2016).

DOWELL/GETTY IMAGES

TEMA 1
SISTEMAS ECONÔMICOS

Por que o capitalismo se tornou um sistema econômico hegemônico?

CAPITALISMO HOJE

Na atualidade, o **capitalismo** é o sistema de organização econômica e social predominante na maioria dos países. Esse sistema se apoia, basicamente, na separação entre trabalhadores, que vendem sua força de trabalho em troca de salário, e capitalistas, proprietários dos meios de produção, que contratam os trabalhadores para produzir mercadorias, visando à obtenção de lucro e à reprodução do capital (figura 1).

CARACTERÍSTICAS DO CAPITALISMO

Os elementos básicos do sistema capitalista são:

- **Propriedade privada dos meios de produção.** No capitalismo, os meios de produção pertencem predominantemente a uma pessoa ou a um grupo de pessoas. No entanto, em muitos países capitalistas o Estado também é dono de vários meios de produção — as chamadas empresas estatais, que atuam sobretudo nas áreas de fornecimento de água e energia elétrica, telefonia, mineração e refino de petróleo. Na atual fase do capitalismo, porém, muitos Estados vêm privatizando parte de suas empresas.

- **Economia de mercado.** Economia controlada por empresas que decidem como, quando, quanto e onde produzir, estabelecendo o preço e as condições de circulação das mercadorias de acordo com as variações de oferta e procura.

- **Trabalho assalariado.** O trabalhador recebe um salário por seu trabalho. O salário, por sua vez, também é influenciado pela lei da oferta e da procura: se o número de empregos disponíveis é maior que o de trabalhadores, seu valor aumenta; em uma situação de desemprego alto, ele diminui.

Força de trabalho: capacidade humana de produzir bens materiais ou imateriais.

Meios de produção: recursos materiais (máquinas, equipamentos, matérias-primas, terras) envolvidos direta ou indiretamente no processo de produção.

Capital: patrimônio, riqueza capaz de produzir renda; bem econômico que pode ser investido em produção.

Privatizar: passar o controle de uma empresa estatal para o setor privado, por meio da venda.

Figura 1. A separação entre trabalhadores e capitalistas gera conflitos de interesses baseados na distribuição desigual de riqueza. Na foto, manifestação de professores por reajuste salarial em frente à prefeitura do município de São Paulo (SP, 2015).

Figura 2. A publicidade exerce um papel fundamental para a conquista de novos consumidores. Na foto, centro comercial em Hong Kong (China, 2017), onde se destacam os painéis e *outdoors* usados para veiculação de propagandas.

- **Lei da oferta e da procura.** Os preços das mercadorias variam de acordo com a procura por parte dos consumidores e a quantidade de produto disponível para venda. Por exemplo: se há grande produção de leite, seu preço tende a cair; se a produção é pequena, o preço tende a aumentar.
- **Concorrência.** Para obter maior lucro, as empresas buscam oferecer produtos de qualidade a preços acessíveis, a fim de conquistar mais consumidores (figura 2). A concorrência entre as empresas tende a ampliar as opções de compra para o consumidor, além de influenciar a redução dos preços. No entanto, em alguns setores a concorrência costuma ser eliminada pela formação de cartéis, monopólios ou oligopólios.
- **Lucro.** Principal objetivo da organização capitalista de produção. Para aumentar o lucro, os donos dos meios de produção fabricam suas mercadorias com o menor custo possível. Essa estratégia capitalista implica busca por matérias-primas baratas, aumento da produtividade por meio de avanços técnicos e baixos salários pagos aos trabalhadores.

Cartel: associação entre empresas do mesmo ramo de produção, que uniformizam o preço de um produto com objetivo de dominar o mercado.
Monopólio: posse exclusiva; na linguagem econômica, indica a situação na qual uma só pessoa ou empresa detém a propriedade e exerce o controle de preços de um produto.
Oligopólio: em Economia, situação em que um pequeno grupo de empresas detém o controle da maior parcela do mercado, regulando os preços de determinado produto.

ORIGEM DO CAPITALISMO

O capitalismo teve origem na Europa no final da Idade Média e transformou as relações econômicas e sociais existentes, mas sua consolidação ocorreu com a **Revolução Industrial**, em meados do século XVIII.

No sistema capitalista, a sociedade é marcada pela "tensão" entre duas classes sociais: a **burguesia** – que detém os meios de produção – e o **proletariado** – composto pelos trabalhadores, que, por não possuí-los, vende sua força de trabalho para sobreviver, recebendo em troca um salário.

FASES DO CAPITALISMO

Considerando seu processo de desenvolvimento, o capitalismo é classificado em três fases: comercial, industrial e financeiro.

CAPITALISMO COMERCIAL

Fase marcada pela expansão marítima, conhecida como Grandes Navegações, iniciada no final do século XV. Nesse período, os europeus tomaram contato com novos territórios que logo se tornaram colônias fornecedoras de matérias-primas e metais preciosos para as metrópoles.

CAPITALISMO INDUSTRIAL

Com a invenção da máquina a vapor em meados do século XVIII, na Inglaterra, tiveram origem as indústrias, caracterizadas pela produção em larga escala, pelo emprego de mão de obra assalariada e pela divisão de tarefas. A indústria se transformou na principal atividade do sistema capitalista e, com a ampliação do mercado consumidor, intensificaram-se as trocas internacionais e a busca de novos mercados e territórios fornecedores de matérias-primas.

Figura 3. As bolsas de valores são locais onde se negociam as cotas de propriedade de diversas empresas. Nelas são movimentadas grandes quantias de dinheiro todos os dias. Na foto, funcionários trabalhando na Bolsa de Valores de Nova York (Estados Unidos, 2018).

CAPITALISMO FINANCEIRO

Caracterizado pela integração entre capital industrial e bancário, o capitalismo financeiro se iniciou com a fusão entre fábricas e bancos no final do século XIX e persiste até os dias de hoje.

Essa fase se consolidou após a Primeira Guerra Mundial (1914-1918), quando as empresas associadas às instituições financeiras aumentaram sua influência. As indústrias passaram a realizar grandes operações de crédito a fim de financiar inovações tecnológicas e ampliar a capacidade de produção. Com isso, o capital deixou de pertencer exclusivamente a elas ou aos bancos.

Uma forma de as indústrias garantirem dinheiro para investimentos é a venda de cotas de suas empresas nas bolsas de valores. Conhecidas como ações, essas cotas permitem que pessoas ganhem dinheiro sem a necessidade de se envolver com o processo produtivo de determinada mercadoria (figura 3).

SISTEMA SOCIALISTA

O **socialismo** é outro sistema de organização política, econômica e social, hoje presente em poucos países, como China, Cuba, Vietnã e Coreia do Norte.

A proposta desse sistema é a construção de uma sociedade sem classes e sem desigualdades. Para atingir esse fim, o socialismo defende a extinção da propriedade privada dos meios de produção, cabendo ao Estado o total controle, com o compromisso de garantir à população a distribuição justa de bens e serviços, como saúde, educação, habitação etc.

CARACTERÍSTICAS DO SOCIALISMO

Nas experiências socialistas, foram observadas as seguintes características:

- **Estatização.** A terra e os meios de produção devem pertencer ao Estado, que também define o salário dos trabalhadores.
- **Economia planificada.** As atividades econômicas devem seguir um planejamento idealizado e executado pelo Estado, que decide o que e como produzir para atender às necessidades da população.
- **Pleno emprego.** Para exercer suas várias funções e diminuir as desigualdades sociais, o Estado cria um imenso quadro de funcionários, garantindo emprego a todos — o que acabou dando origem a uma excessiva burocracia nos países socialistas.
- **Outras formas de desigualdade social.** Embora o objetivo fosse eliminar as desigualdades sociais, verificou-se nos países socialistas a criação de privilégios para dirigentes e altos funcionários do Estado.

Burocracia: estrutura complexa criada para a execução das atividades públicas, principalmente administrativas, por meio de um amplo quadro de funcionários com cargos bem definidos e hierarquia bem demarcada.

EXPERIÊNCIA SOVIÉTICA

O primeiro país a adotar o socialismo foi a Rússia, em 1917. A partir dela formou-se, em 1922, a **União das Repúblicas Socialistas Soviéticas (URSS)**, constituída por quinze repúblicas socialistas, cujo poder central se concentrava em Moscou, capital da Rússia. Após a Segunda Guerra Mundial, outros países, principalmente do leste da Europa, tornaram-se socialistas, mantidos sob a influência da URSS.

O modelo de governo instaurado na URSS e no Leste Europeu não seguiu as propostas originais do socialismo. Na verdade, o regime colocado em prática favoreceu uma classe de burocratas estatais (formada pelos dirigentes) que impediam o povo de participar das decisões.

Apesar das diferenças entre o socialismo idealizado e o que foi implantado, os países que adotaram o sistema apresentaram, durante décadas, bons indicadores sociais e econômicos, com destaque para as áreas de educação, saúde, transportes e comunicações.

CHINA

A China, atualmente a segunda maior economia mundial, apresenta crescente participação no cenário econômico global. Esse fato se relaciona a características próprias de sua história recente.

Nesse contexto, cabe destacar dois aspectos. Primeiro, a Revolução Comunista de 1949, que instaurou as bases do regime político vigente até hoje, no qual não há eleições (como nos países democráticos) e as decisões são centralizadas nas mãos dos dirigentes do Partido Comunista Chinês. Em segundo lugar, a adoção de políticas de desenvolvimento apoiadas na industrialização de base, na coletivização de terras e na planificação da economia.

No entanto, embora ainda apresente elementos do regime socialista, o Estado chinês tem incorporado iniciativas típicas do capitalismo, visando acelerar o crescimento econômico do país. Implementadas a partir de 1978, uma dessas medidas foi a criação de **Zonas Econômicas Especiais (ZEE)** em pontos estratégicos do país, onde são permitidas as relações capitalistas de produção. As ZEE atraíram investimentos de inúmeras empresas estrangeiras, e estas passaram a atuar na China. Observe o mapa da figura 4.

A permanência de elementos típicos do socialismo (como a centralização das decisões políticas) associada à entrada crescente de medidas econômicas capitalistas torna a China atual um país de **características híbridas**.

FIGURA 4. CHINA: ORGANIZAÇÃO DO ESPAÇO

- ○ Metrópole regional
- ◯ Cidade mundial
- Centro: polos de crescimento regionais
- Periferia integrada ao centro, muito densamente povoada e industrializada
- Periferia associada ao centro, densamente povoada, atividade agrícola dominante
- Periferia marginalizada, pouco povoada, expansão das frentes pioneiras
- Movimento migratório
- Litoral aberto ao comércio exterior
- Fluxo de investimentos estrangeiros
- Grandes eixos de comunicação

Fonte: FERREIRA, Graça M. L. *Atlas geográfico*: espaço mundial. 4. ed. São Paulo: Moderna, 2013. p. 105.

De olho no mapa

1. Qual é a origem dos principais investidores estrangeiros na China?

2. Com base nas informações do texto, indique em que área da China você acha que se localizam as principais ZEE. Justifique.

TEMA 2

DA GUERRA FRIA AO SÉCULO XXI

Como é possível perceber a influência externa na economia e na cultura do nosso país?

DISPUTA PELO CONTROLE DO MUNDO

Ao final da Segunda Guerra Mundial (1939-1945), os Estados Unidos e a União Soviética despontaram como as duas **superpotências** mundiais. Os dois Estados tinham regimes diferentes em termos políticos e econômicos, pois os Estados Unidos eram capitalistas, e a União Soviética, socialista.

Embora tenham sido aliados na luta contra os nazistas durante a Segunda Guerra Mundial, com o fim do conflito suas diferenças ideológicas tornaram-se evidentes, levando-os à disputa pela hegemonia mundial (figuras 5 e 6).

Figuras 5 e 6. Durante a Guerra Fria, a propaganda era amplamente usada pelas superpotências para defender a superioridade de seus sistemas. À esquerda, capa de uma publicação estadunidense de 1960 que mostra os túmulos dos países influenciados pela União Soviética, uma representação dos perigos que ameaçam o "Tio Sam", uma popular personificação do governo dos Estados Unidos. À direita, publicação russa de 1948 na qual os Estados Unidos são representados como uma ameaça, por meio de um homem segurando uma bomba e uma tocha de fogo.

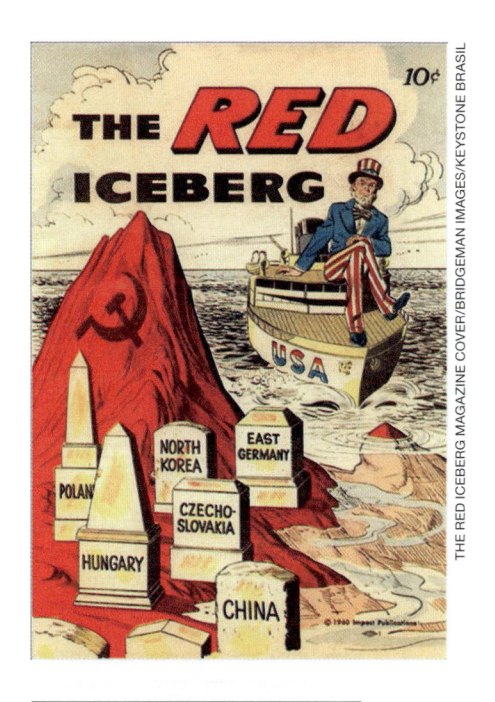

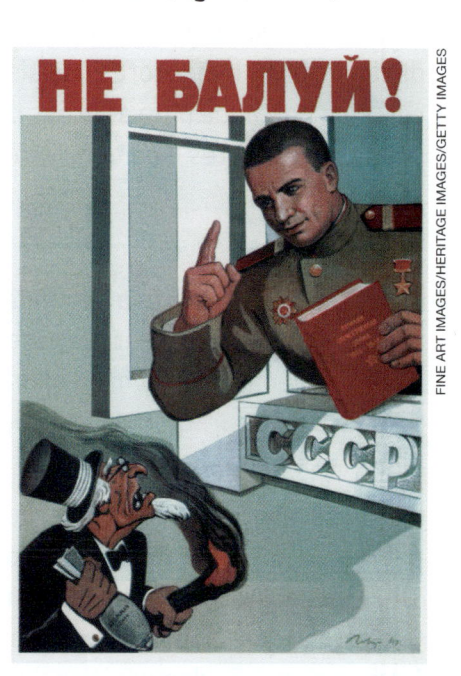

A ORDEM BIPOLAR

Com o objetivo de ampliar suas áreas de influência e impedir o avanço do sistema ideológico contrário, cada uma das duas superpotências mantinha alianças militares com outros países, que seguiam suas diretrizes em troca de ajuda econômica e militar.

Dessa forma, o mundo tornou-se **bipolarizado**, caracterizado pela disputa entre dois blocos: um socialista – comandado pela União Soviética – e um capitalista – liderado pelos Estados Unidos. Esse período ficou marcado pela iminência de uma guerra entre as duas superpotências.

Ideológico: relativo a uma ideologia; que se funda em visão de mundo; que faz parte do projeto político de determinados grupos ou países.

Figura 7. As demonstrações militares soviéticas tinham como objetivo mostrar seu poderio bélico para o mundo, especialmente para os Estados Unidos. Na foto, desfile militar em Moscou (URSS, década de 1970).

CORRIDAS ARMAMENTISTA E ESPACIAL

As superpotências investiam progressivamente em arsenais militares — incluindo nucleares — como forma de intimidação ao oponente. Essa crescente militarização das duas superpotências foi chamada de **corrida armamentista**. A consequência foi a ameaça da eclosão de outra guerra mundial, com utilização de armas nucleares com grande potencial de destruição, o que seria catastrófico para a humanidade (figura 7).

Também havia competição pela supremacia na exploração do espaço, que ficou conhecida como **corrida espacial**. Essa disputa era considerada muito importante para a defesa territorial e simbolizava a superioridade tecnológica e ideológica. Nessa corrida, que acabou levando o ser humano à Lua, foram investidos milhões de dólares em pesquisas, que geraram novas tecnologias e grandes avanços científicos (figura 8).

GUERRA FRIA

Esse período de confrontação entre as duas superpotências ficou conhecido como **Guerra Fria**. As relações internacionais eram tensas em consequência da disputa por áreas de influência e pela hegemonia global. No entanto, apesar da grande hostilidade, jamais existiu conflito militar direto entre os Estados Unidos e a União Soviética. Ambos se enfrentavam por meio de seus aliados — em guerras locais —, aos quais forneciam armas, dinheiro e apoio político.

Figura 8. A chegada à Lua do astronauta estadunidense Edwin E. Aldrin Jr., em 20 de julho de 1969, foi televisionada para todo o mundo.

QUADRO

Os três mundos

Durante a Guerra Fria, era comum regionalizar o espaço mundial em:

- **Primeiro mundo:** formado por países capitalistas desenvolvidos, como Estados Unidos, Reino Unido, França, Alemanha Ocidental etc.

- **Segundo Mundo:** formado pelos países socialistas, como China, União Soviética, Polônia, Hungria, Iugoslávia etc.

- **Terceiro Mundo:** formado por um conjunto muito heterogêneo de países subdesenvolvidos, como Brasil, África do Sul, Egito, Índia etc.

AS ÁREAS DE INFLUÊNCIA

As fronteiras entre os blocos capitalista e socialista na Europa correspondiam, em linhas gerais, às posições atingidas pelos exércitos anglo-americano e soviético em suas ofensivas finais contra o nazismo, em 1945. A União Soviética exercia influência sobre o **Leste Europeu** (Europa Oriental), região cujos países se tornaram socialistas.

A China, por sua vez, aderiu ao socialismo em 1949, com apoio dos soviéticos – relação que futuramente seria rompida em decorrência de divergências nos âmbitos político e econômico, marcando um afastamento entre os dois países socialistas.

As principais áreas de influência dos Estados Unidos eram a **Europa Ocidental** e o **Japão**, que se rendeu após o ataque estadunidense com o lançamento de duas bombas atômicas que arrasaram as cidades de Hiroshima e Nagasaki, em agosto de 1945. Por meio do Plano Marshall, os Estados Unidos investiram centenas de milhões de dólares na reconstrução das economias europeias arrasadas pela guerra. No Japão, os Estados Unidos também fizeram grandes investimentos para impedir a difusão do socialismo pela Ásia.

A fronteira ideológica que separava a Europa capitalista da socialista ficou conhecida como **Cortina de Ferro** (figura 9). Chama a atenção que, durante essa divisão do continente europeu, dois países socialistas estiveram fora da órbita de influência soviética. Na Iugoslávia, sob a liderança do comunista Josip Broz, conhecido como Tito, o Estado socialista iugoslavo trilhou um caminho próprio, livre da tutela de Moscou – autonomia que conquistou desde a Segunda Guerra Mundial, quando derrotou as forças nazistas basicamente com as próprias forças. Já na Albânia, o regime se encontrava alinhado às posições da China Popular, que disputava com a URSS a hegemonia no cenário socialista mundial.

FIGURA 9. A EUROPA DIVIDIDA

De olho no mapa

1. Após a Segunda Guerra Mundial, quais países sob a influência da União Soviética faziam fronteira com países capitalistas europeus?
2. Interprete o significado político do limite representado no mapa.

* RDA: República Democrática Alemã.

Fonte: SCALZARETTO, Reinaldo; MAGNOLI, Demétrio. *Atlas geopolítico*. São Paulo: Scipione, 1996.

FIGURA 10. A DIVISÃO DE BERLIM

Fonte: HILGEMANN, Werner; KINDER, Hermann. *Atlas historique I ou II*. Paris: Perrin, 1992.

AS ALEMANHAS

Durante a Segunda Guerra Mundial, tropas soviéticas avançaram até o centro da Alemanha, libertando da ocupação nazista todos os países que depois integrariam o bloco socialista.

Derrotada na guerra, a Alemanha foi dividida em duas: **República Federal Alemã (RFA)** ou Alemanha Ocidental, sob a influência estadunidense, e **República Democrática Alemã (RDA)**, ou Alemanha Oriental, socialista, incorporada à esfera de influência de Moscou. Berlim, capital alemã, havia sido tomada pelos soviéticos, ao mesmo tempo que parte da cidade era mantida sob o domínio dos aliados (Estados Unidos, Reino Unido e França). Sem que se chegasse a um acordo sobre o controle da cidade, ela foi dividida em duas partes: uma pertencente à Alemanha Oriental e outra sob o poder da Alemanha Ocidental (figura 10).

O MURO DE BERLIM

Com a adoção do Plano Marshall, as economias europeias ocidentais se desenvolveram rapidamente. Contudo, o Leste Europeu não acompanhou o mesmo ritmo de desenvolvimento. Muitos trabalhadores da Europa Oriental, atraídos pelas possibilidades de trabalho e nível econômico mais elevado nos países capitalistas, passaram a migrar por Berlim para a Europa Ocidental. Em 1961, o governo da Alemanha Oriental iniciou a construção de um muro na fronteira entre as partes oriental e ocidental de Berlim para evitar o êxodo. O Muro de Berlim passou a simbolizar a Guerra Fria e a bipolarização do mundo resultante da disputa entre as superpotências.

OS PAÍSES DA AMÉRICA LATINA

Na ordem bipolar, a América Latina era uma importante zona de influência dos Estados Unidos. No entanto, diferentemente das medidas financeiras adotadas na Europa, na América Latina essa influência se dava principalmente no âmbito ideológico, político e militar. Os Estados Unidos adotaram um conjunto de medidas para defender seus aliados da influência soviética.

Durante a Guerra Fria, os países latino-americanos se transformaram em locais de enfrentamento entre grupos anticomunistas e governos e movimentos sociais alinhados às ideias do socialismo. Países como Brasil, Chile, Argentina e Uruguai enfrentaram regimes militares durante as décadas de 1960 e 1970, caracterizados por fortes esquemas repressivos e legitimados pelo discurso da segurança nacional e da necessidade de frear a ameaça comunista (figura 11).

Figura 11. Manifestantes na Passeata dos Cem Mil, nas ruas do centro da cidade do Rio de Janeiro, no dia 26 de junho de 1968. No encontro, a população pedia a libertação de estudantes presos, mais verbas para as universidades públicas, o fim da censura e outras reivindicações. O ato foi a maior manifestação de protesto desde o golpe de 1964.

> **PARA LER**
>
> - **Conflitos do mundo: um panorama das guerras atuais**
> Beatriz Canepa e Nelson Bacic Olic. São Paulo: Moderna, 2009.
>
> O livro aborda um panorama dos conflitos do mundo. Durante a Guerra Fria, a disputa entre países era ideológica, o que resultou na divisão do mundo em dois blocos econômicos. Atualmente, a maior parte dos conflitos ocorre dentro do próprio Estado, por motivos étnicos, religiosos e culturais, entre outros.

OS PAÍSES DA ÁFRICA

Durante o período pós-Segunda Guerra Mundial, a disputa entre as superpotências pela conquista de novas áreas de influência, bem como o enfraquecimento das metrópoles neocolonialistas, estimulou o processo de independência das colônias europeias na África.

A luta pela descolonização ocorreu em diversas etapas, sobretudo durante as décadas de 1950 a 1970, e foi marcada por intenso uso da violência, conflitos armados, guerras civis e ditaduras militares que perduram até hoje (figura 12).

Também durante a Guerra Fria, muitos países africanos adotaram a política do não alinhamento aos blocos capitalista ou socialista. Durante a Conferência de Bandung, realizada em 1955 na Indonésia, o grupo composto por nações dos continentes africano e asiático se comprometeu a combater as diversas formas de imperialismo e promover uma cooperação política e econômica em relação aos países neocolonialistas europeus e às superpotências da ordem bipolar. A maior parte do grupo assumiu o compromisso de se manter neutro durante a Guerra Fria, como forma de demonstrar um posicionamento anti-imperialista e de abster das estratégias militares de defesas de um dos blocos.

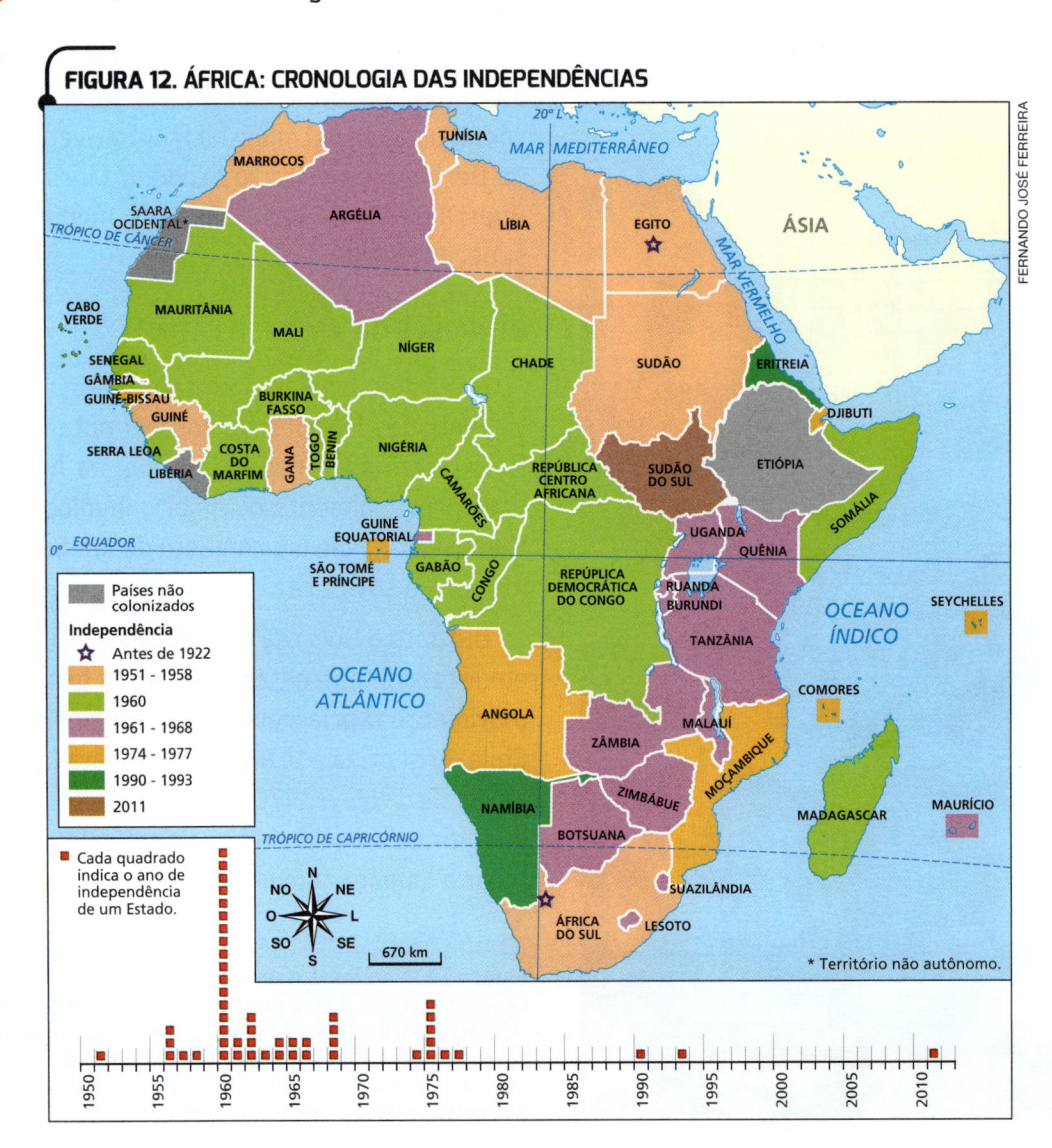

FIGURA 12. ÁFRICA: CRONOLOGIA DAS INDEPENDÊNCIAS

Fonte: SCIENCES PO. Atelier de cartographie. Disponível em: <http://cartotheque.sciences-po.fr/media/Cronologia_das_independencias_africanas/1037/>. Acesso em: 8 maio 2018.

FIM DA GUERRA FRIA

Durante décadas a União Soviética investiu grande parte de seus recursos financeiros na indústria espacial e de armamentos, em prejuízo de outros setores da economia.

Com isso, os soviéticos não conseguiram acompanhar as economias capitalistas nos investimentos em setores como indústrias de bens de consumo, informática, telecomunicações e mesmo na agricultura.

Ao assumir o governo soviético, em 1985, Mikhail Gorbachev iniciou a abertura do sistema político (**glasnost**) e a reestruturação econômica (**perestroika**). As mudanças se propagaram pelo bloco socialista e culminaram na dissolução da União Soviética, o que provocou grandes transformações no cenário mundial, com destaque para o fim da Guerra Fria.

Em 1989, foi derrubado o Muro de Berlim, grande símbolo da Guerra Fria (figura 13). Depois disso, vários países deixaram o bloco socialista e aderiram à economia de mercado. Em 1991, a União Soviética deixou de existir, após a separação de grande parte de suas repúblicas, que se tornaram países independentes.

NOVA ORDEM MUNDIAL

No início dos anos 1990, falava-se em uma **Nova Ordem Mundial**, que substituiria o extinto mundo bipolar. Nesse novo contexto político, os Estados Unidos surgiram como a grande potência econômica e militar.

Outros países mantiveram sua importância no cenário mundial (Alemanha e Japão), mas sem a possibilidade de se opor ou mesmo exercer grau de influência similar ao dos Estados Unidos em termos globais e nas decisões de organizações internacionais. Esse fator também teve reflexos culturais, contribuindo para a difusão do modo de vida estadunidense, sobretudo pelo cinema, influenciando padrões de conduta em todo o mundo.

PARA ASSISTIR

- **13 dias que abalaram o mundo**
Direção: Roger Donaldson. Estados Unidos: Europa Filmes, 2000.

O filme aborda um episódio da Guerra Fria que ficou conhecido como a Crise dos Mísseis, em 1962, quando mísseis direcionados para os Estados Unidos foram instalados pela União Soviética na Baía dos Porcos, em Cuba.

Figura 13. Cidadãos de Berlim Ocidental no Muro de Berlim, em frente ao Portão de Brandemburgo, em 10 de novembro de 1989.

ATIVIDADES

ORGANIZAR O CONHECIMENTO

1. Enumere as principais características do capitalismo e do socialismo, salientando as principais diferenças entre os dois sistemas.

2. Descreva cada fase de desenvolvimento do sistema capitalista.

3. Leia as afirmativas sobre o sistema capitalista.
   I. No capitalismo, a principal função da riqueza gerada é a de produzir mais riqueza. Essa característica fez do capitalismo a forma de organização de produção que mais gerou riqueza em toda a história da humanidade.
   II. O capitalismo financeiro é considerado a fase mais madura do capitalismo, na qual bancos e bolsas de valores possuem papel fundamental.
   III. O sistema capitalista foi a única forma de organização da produção existente no planeta e, com ele, a humanidade começou a produzir riqueza.
   IV. Em muitos países capitalistas o Estado é dono de empresas estatais e na atual fase do capitalismo muitos Estados estão deixando de privatizar parte de suas empresas.

   Está correto o que se afirma em:
   a) I, II e III.
   b) I e II.
   c) II e III.
   d) I e III.
   e) Todas são incorretas.

4. Por que a China é considerada um país cujo sistema econômico apresenta características híbridas?

5. Com base no mapa da página 50, responda.
   a) Qual foi o período em que ocorreu o maior número de independência dos países africanos?
   b) Indique algumas razões que estimularam o processo de descolonização desses países durante esse período.

6. Por que o Muro de Berlim foi um símbolo da Guerra Fria?

APLICAR SEUS CONHECIMENTOS

7. Leia a notícia a seguir e responda às questões.

   "Os preços do trigo no Rio Grande do Sul vêm caindo com mais intensidade do que nas outras regiões acompanhadas pelo Centro de Estudos Avançados em Economia Aplicada (Cepea), refletindo a maior oferta no estado gaúcho.

   De acordo com os pesquisadores do Cepea, os produtores locais elevaram o interesse de venda do cereal nos últimos dias, seja no intuito de 'fazer caixa' ou com receio de que os valores recuem ainda mais quando moinhos voltarem a importar trigo da Argentina em maior volume, já que a colheita começou no país."

   Lei da oferta e procura dita preços do trigo. *Canal Rural*, 16 nov. 2016. Disponível em: <http://www.canalrural.com.br/noticias/trigo/lei-oferta-procura-dita-precos-trigo-64690>. Acesso em: 8 maio 2018.

   a) O que é a lei da oferta e da procura?
   b) Por que a queda nos preços do trigo produzido no Rio Grande do Sul é maior do que em outras regiões do Brasil?

8. Leia o trecho da matéria abaixo e, em seguida, responda à questão.

   "O golpe militar que desalojou o presidente João Goulart em março de 1964 não foi um evento isolado na história política brasileira e mundial. Foi resultado de um processo de polarização interna, associado à polarização do sistema internacional. [...] Todas as nações se viram obrigadas a um alinhamento que garantisse a defesa de seus interesses vitais. O Brasil enfrentou o mesmo desafio para definir o seu destino e concluiu seu alinhamento em 1964."

   LOHBAUER, C. Brasil definiu em 64 seu alinhamento na Guerra Fria. *O Estado de São Paulo*, 28 mar. 2014. Disponível em: <http://politica.estadao.com.br/noticias/geral,brasil-definiu-em-64-seu-alinhamento-na-guerra-fria,1146324>. Acesso em: 15 mar. 2018.

   a) Considerando o contexto histórico que foi apresentado, explique o significado da expressão "polarização do sistema internacional", citada no texto.
   b) Nesse mesmo período, muito países africanos não se alinharam a essa polarização do sistema internacional. A que se deve essa posição de neutralidade defendida por esses países?

9. Observe o mapa, leia o texto e responda às questões.

MUNDO: PRINCIPAIS PARAÍSOS FISCAIS

CARIBE/AMÉRICA CENTRAL
- Bahamas
- Barbados
- Belize
- República Dominicana
- Turcas e Caicos (Reino Unido)
- Santa Lúcia
- São Vicente e Granadinas
- Antígua e Barbuda
- Bermudas (Reino Unido)
- Costa Rica
- Granada
- Ilhas Cayman (Reino Unido)
- Panamá
- São Cristóvão e Nevis
- Ilhas Virgens (Reino Unido/ Estados Unidos)

ORIENTE MÉDIO
- Bahrein
- Dubai (EAU)
- Israel

SUDESTE ASIÁTICO
- Brunei
- Labuan (Malásia)

OCEANIA
- Samoa
- Vanuatu
- Ilhas Cook
- Ilhas Marshall
- Nauru

No mapa: Delaware (Estados Unidos), Gibraltar (Reino Unido), Madeira (Portugal), Suíça, Áustria, Libéria, Seychelles, Maurício.

*Emirados Árabes Unidos (EAU)

Fonte: ONG Réseau mondial pour la justice fiscale. Disponível em: <http://s1.lprs1.fr/images/2013/04/13/2723861_WEB_Monde_ParadisFiscaux.jpg>. Acesso em: 8 maio 2018.

Paraísos fiscais são regiões cujos governos asseguram que as transações financeiras de indivíduos ou empresas sejam feitas de forma a garantir o sigilo dos envolvidos, além de exigirem deles pagamentos baixos ou mesmo isenção de impostos e taxas (daí vem a expressão "paraíso fiscal"). Isso acaba por atrair investimentos de todas as partes do mundo, embora se questione se a origem do dinheiro depositado nesses locais é legal.

a) Segundo o mapa, como se distribuem os paraísos fiscais pelo mundo?

b) Podemos atribuir a formação desses paraísos fiscais a que fase do capitalismo? Por quê?

10. (Enem, 2016)

O mercado tende a gerir e regulamentar todas as atividades humanas. Até há pouco, certos campos – cultura, esporte, religião – ficavam fora do seu alcance. Agora, são absorvidos pela esfera do mercado. Os governos confiam cada vez mais nele (abandono dos setores do Estado, privatizações).

RAMONET. I. *Guerra do século XXI*: novos temores e novas ameaças. Petrópolis: Vozes, 2003.

No texto é apresentada uma lógica que constitui uma característica central do seguinte sistema socioeconômico:

a) Socialismo.
b) Feudalismo.
c) Capitalismo.
d) Anarquismo.
e) Comunitarismo.

DESAFIO DIGITAL

11. Acesse o objeto digital *A Guerra Fria no cinema*, disponível em <http://mod.lk/desv8u2>, e responda às questões.

a) Na Guerra Fria, qual era o interesse da União Soviética e dos Estados Unidos em produzir filmes como os mostrados no objeto digital?

b) Apesar de toda a tensão existente nesse período, por que ele ficou conhecido como Guerra Fria?

c) Quais eram as principais áreas de influência da União Soviética e dos Estados Unidos no período da Guerra Fria?

TEMA 3 — REGIONALIZAÇÃO DO MUNDO ATUAL

Quais critérios você usaria para regionalizar o mundo?

PAÍSES DO NORTE E PAÍSES DO SUL

Com o fim da Guerra Fria e da bipolarização entre Estados Unidos e União Soviética, as contradições econômicas e sociais entre os países desenvolvidos e os países subdesenvolvidos tornaram-se mais evidentes, acirrando a relação entre eles.

No contexto da Nova Ordem Mundial, foi estabelecida uma outra regionalização para o mundo, em que as nações foram classificadas em **Países do Norte** e **Países do Sul**.

Essa classificação foi criada considerando o fato de que o Hemisfério Norte concentrava a maior parte dos países desenvolvidos, enquanto o Hemisfério Sul abrigava a maioria dos países subdesenvolvidos. No entanto, essa regionalização, além de não considerar a linha divisória do Equador, é incoerente, já que Austrália e Nova Zelândia, situadas no Hemisfério Sul, foram agregadas aos Países do Norte em função da similaridade de suas condições de vida e de desenvolvimento econômico com as dos países desenvolvidos.

No Hemisfério Norte, contudo, há vários países subdesenvolvidos, principalmente na Ásia, incluídos no grupo do Sul (figura 14). Por esses motivos, a divisão do mundo em Países do Norte e Países do Sul caiu em desuso.

FIGURA 14. PAÍSES DO NORTE E PAÍSES DO SUL

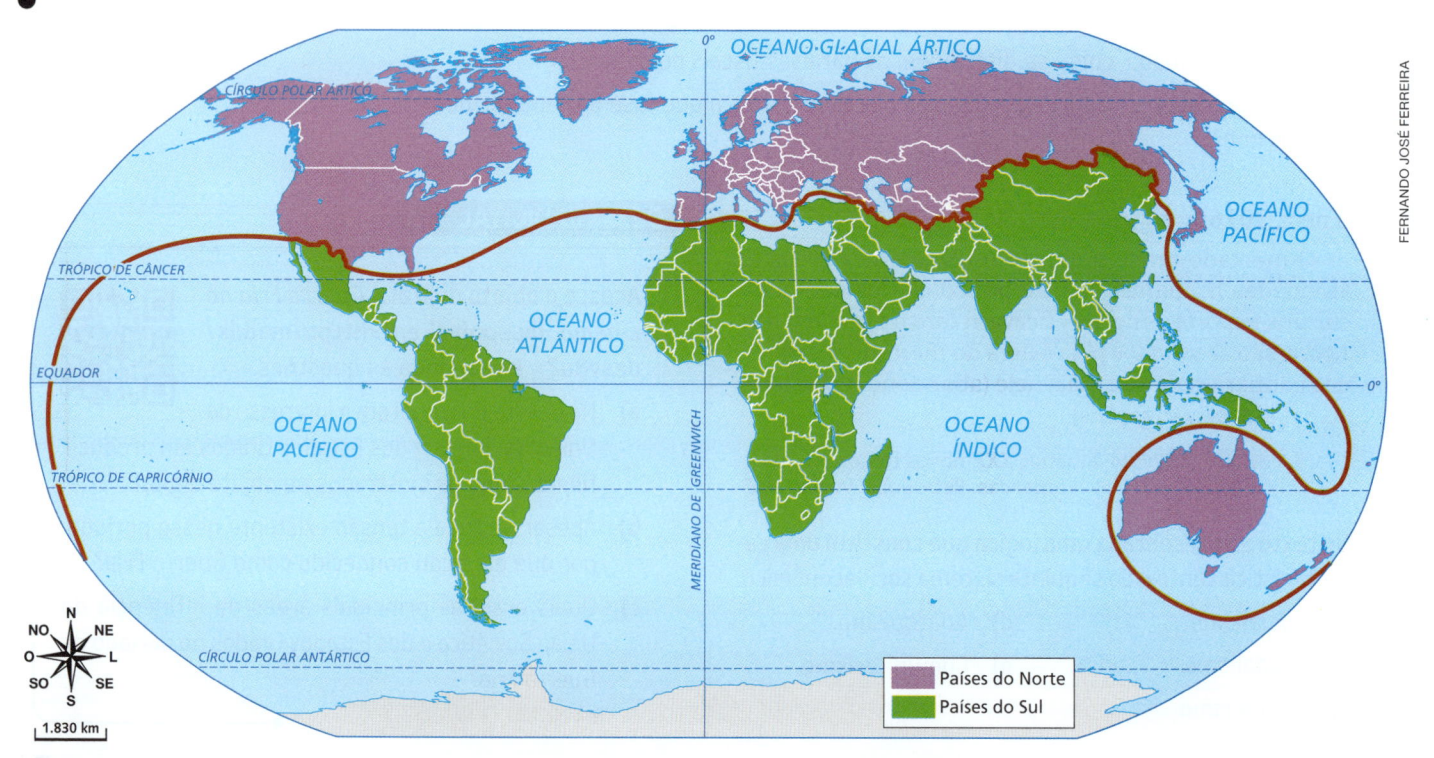

Fonte: MARTINELLI, Marcello. *Atlas geográfico*: natureza e espaço da sociedade. São Paulo: Editora do Brasil, 2003. p. 77.

OS NÍVEIS DE DESENVOLVIMENTO

Durante muito tempo, usou-se a expressão países desenvolvidos para qualificar os países cujas populações apresentam boa qualidade de vida, enquanto o termo países subdesenvolvidos designava os países menos desenvolvidos e os países em desenvolvimento.

O termo subdesenvolvimento passou a ser questionado pelo fato de que traria embutida a noção de que esse estágio seria superado, e os países subdesenvolvidos conseguiriam atingir o nível de desenvolvimento, tendo os países desenvolvidos como modelo. No entanto, essa noção não corresponde à realidade, já que um país subdesenvolvido pode não ter condições de alcançar o desenvolvimento econômico e social, conforme suas particularidades.

Nos estudos e publicações mais recentes da ONU, os países estão agrupados em três conjuntos: economias desenvolvidas, economias em transição e economias em desenvolvimento (figura 15).

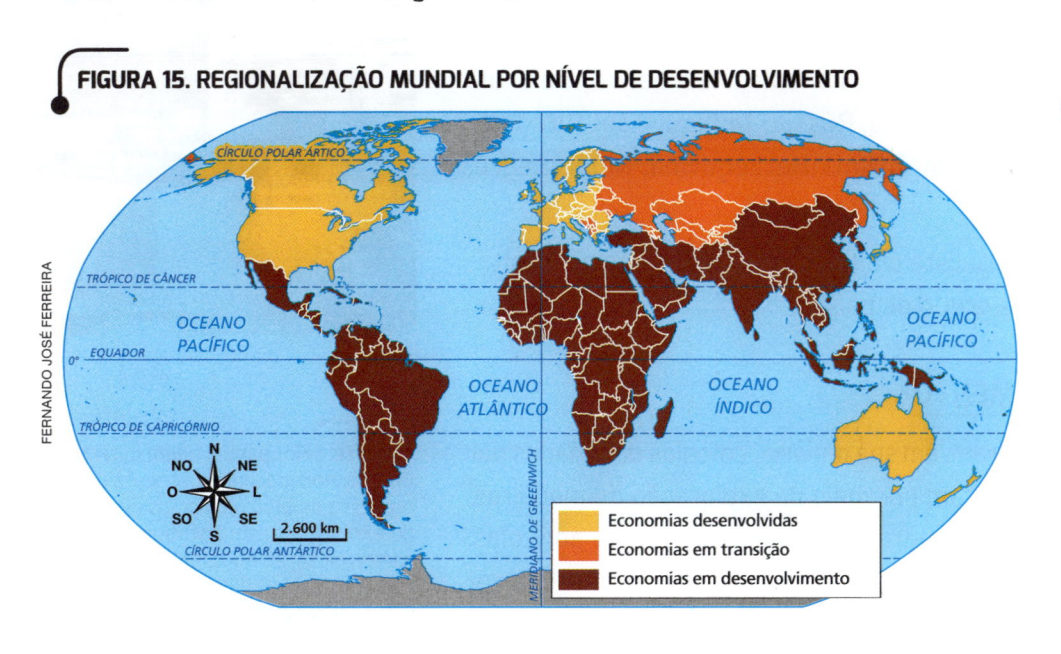

FIGURA 15. REGIONALIZAÇÃO MUNDIAL POR NÍVEL DE DESENVOLVIMENTO

Fonte: elaborado com base em ONU. *World economic situation and prospects 2018*. Nova York: ONU, 2018. p. 141-142.

De olho no mapa
1. Onde estão concentrados os países de economias desenvolvidas?
2. O Brasil se enquadra em qual conjunto de países?

ECONOMIAS DESENVOLVIDAS

A economia forte e dinâmica dos países desenvolvidos garante a eles elevado produto interno bruto (PIB). Em 2016, dos dez países com os maiores PIB do mundo, sete estavam entre os de economias desenvolvidas, sendo o maior deles os Estados Unidos (18,6 trilhões de dólares). China – segundo da lista, com 11,2 trilhões de dólares –, Índia e Brasil, países emergentes, completavam a lista.

QUALIDADE DE VIDA

Nos países desenvolvidos, a qualidade de vida, em geral, é boa, e a maior parte da população tem supridas suas necessidades básicas. Embora nos países desenvolvidos a distribuição de renda não seja igualitária – pois em vários deles existem pessoas com altíssimo padrão de vida e outras com baixo poder aquisitivo –, ela não é tão desigual quanto nos países de economia em transição ou em desenvolvimento.

55

DOMÍNIO ECONÔMICO E TECNOLÓGICO

Os países desenvolvidos sediam empresas transnacionais e efetuam grandes investimentos em pesquisas científicas, o que proporciona o avanço das tecnologias usadas para aprimorar os processos de produção e gera retorno financeiro na forma de royalties. Também dispõem de maior poder de decisão nos organismos internacionais, como a ONU.

Cabe destacar que o grupo dos países desenvolvidos não é homogêneo. Alguns deles, como Estados Unidos, Japão e Alemanha, atingiram um alto nível de desenvolvimento tecnológico, principalmente nas áreas de informática, aeroespacial, nuclear e de biotecnologia. Outros, como Espanha e Portugal, apresentam menor desenvolvimento tecnológico e economia menos expressiva, exercendo baixa influência na economia mundial.

ECONOMIAS EM TRANSIÇÃO

O conjunto de países considerados **economias em transição** é formado por doze ex-repúblicas da União Soviética (Armênia, Azerbaijão, Belarus, Geórgia, Cazaquistão, Quirguistão, Moldávia, Rússia, Tadjiquistão, Turcomenistão, Ucrânia e Uzbequistão), Albânia, Bósnia-Herzegovina, Montenegro, Sérvia e Macedônia.

A transição do antigo sistema socialista planificado para a economia capitalista desenvolvida caracteriza esse grupo de países.

ECONOMIAS EM DESENVOLVIMENTO

Os países em desenvolvimento foram, em sua maioria, colônias dominadas por metrópoles europeias que enriqueceram por meio da exploração de madeiras, minérios (principalmente ouro, prata e pedras preciosas) e produtos agrícolas. Após conquistarem a independência, esses países não diversificaram sua economia e continuaram a abastecer o mercado internacional com commodities.

As principais características da maioria das economias em desenvolvimento são:

- desigualdade social com má distribuição de renda;
- dependência econômica, política e tecnológica em relação aos países desenvolvidos;
- economia primário-exportadora (países pouco industrializados e exportadores de matérias-primas);
- população empregada, em sua maioria, nos setores primário (agricultura, pecuária e extrativismo) e terciário (comércio e serviços) da economia.
- altos índices de analfabetismo, mortalidade infantil e natalidade;
- baixa expectativa de vida;
- média de ingestão diária de calorias abaixo do mínimo recomendado;
- proliferação de cidades com infraestrutura insuficiente.

Royalty: valor pago a quem detém uma tecnologia, marca, patente ou processo de produção pelos direitos de exploração, uso, distribuição ou comercialização do referido produto ou tecnologia. O detentor desse direito recebe uma porcentagem sobre o lucro ou um valor previamente estabelecido.

Commodity: produto primário comercializado em larga escala no mercado internacional. São exemplos o minério de ferro, o petróleo, o café, a soja, entre outros.

PARA PESQUISAR

- **Banco Mundial** <http://www.worldbank.org/pt/country/brazil>

  No site do Banco Mundial, podem ser consultadas notícias relacionadas a questões econômicas, sociais e ambientais do Brasil.

Figura 16. Contraste social na cidade do Rio de Janeiro (RJ), com habitações precárias no primeiro plano, próximas de edifícios de mais alto padrão.

PAÍSES EMERGENTES

Assim como ocorre entre as economias desenvolvidas e em transição, o conjunto de países que integra as economias em desenvolvimento não é homogêneo. O nível de industrialização, por exemplo, é uma característica que os distingue. Os países industrializados dispõem de padrão de vida entre baixo e médio, com base industrial em desenvolvimento e apresentam crescimento econômico e social maior que o dos demais.

Brasil, México, Argentina, Turquia, Malásia e Indonésia são exemplos de países industrializados em desenvolvimento. Pelo fato de oferecerem matérias-primas e mão de obra baratas e disporem de grande mercado consumidor e fontes de energia, atraíram diversas empresas transnacionais, principalmente a partir das últimas décadas do século XX, o que lhes garantiu grande desenvolvimento econômico.

Ao mesmo tempo que a maioria desses países continuou a exportar matéria-prima para os países desenvolvidos, passou a exportar produtos industrializados, geralmente com baixa tecnologia. Contudo, apesar do significativo crescimento econômico conquistado, esses países não conseguiram solucionar alguns problemas sociais como analfabetismo, mortalidade infantil elevada, carência de moradias e de saneamento básico (figura 16).

Esses países, juntamente com África do Sul, Rússia, Índia, China, Coreia do Sul e outros também costumam ser chamados **países emergentes**, embora não haja consenso entre as organizações internacionais sobre que países integram esse grupo.

PAÍSES MENOS DESENVOLVIDOS

A ONU adota a expressão *Least Developed Countries* (LDCs), ou **países menos desenvolvidos**, para os países mais pobres do mundo, que estão concentrados na África, na Ásia e na América.

Nesses países são encontrados os piores indicadores econômicos e sociais das economias em desenvolvimento. Entre eles estão alguns países africanos, como Moçambique, Serra Leoa, Sudão e Guiné-Bissau; países asiáticos, como Iêmen e Afeganistão; e o Haiti, na América Central.

TEMA 4

PRODUÇÃO E COMÉRCIO MUNDIAIS

De que forma ocorre a integração econômica entre países?

INTEGRAÇÃO GLOBAL

Vivemos a era da **globalização**, marcada pela grande integração econômica, social e cultural entre países, cidades, empresas, universidades etc., e também pelo intenso fluxo de mercadorias, pessoas e capitais.

Ao adquirir produtos (telefones celulares, televisores ou itens de vestuário, por exemplo), podemos não ter ideia de como foram fabricados e o caminho que percorreram até chegar às nossas mãos. Esse caminho pode ser longo e complexo. Hoje a produção é globalizada, realizada em diversas partes do planeta, geralmente em lugares que oferecem maiores vantagens às empresas que produzem para o mercado mundial.

A globalização contribuiu para a integração de muitos países nas cadeias globais de produção e estimulou a criação de acordos regionais, aumentando a complexidade das relações no **mundo multipolar**, em que o poder político e econômico é dividido de maneira desigual entre os países desenvolvidos e em desenvolvimento.

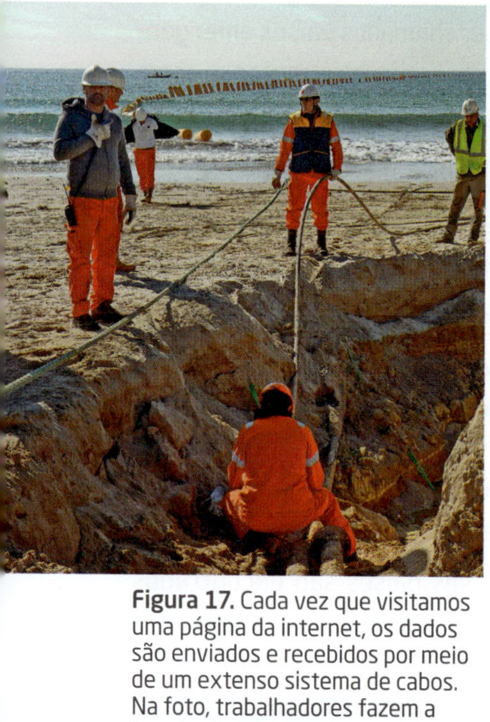

BORIS HORVAT/AFP/GETTY IMAGES

Figura 17. Cada vez que visitamos uma página da internet, os dados são enviados e recebidos por meio de um extenso sistema de cabos. Na foto, trabalhadores fazem a instalação de cabos submarinos de fibra ótica para conectar 17 países entre França e Cingapura (França, 2016).

A REVOLUÇÃO TECNOLÓGICA

Nas últimas décadas, o mundo passou por uma revolução tecnológica que provocou grandes transformações nas telecomunicações e nos transportes. Com o desenvolvimento de tecnologias como a fibra ótica e as transmissões por satélite, as comunicações passaram a ser transmitidas em tempo real, agilizando transações comerciais e financeiras (figura 17).

A capacidade do transporte de carga e de passageiros aumentou significativamente graças ao desenvolvimento dos meios de transporte, sobretudo aéreo e marítimo. Uma inovação importante foi o uso de contêineres, recipientes nos quais podem ser depositadas enormes quantidades de carga. Até a década de 1960, um navio de carga transportava aproximadamente 22 mil toneladas de mercadoria bruta e gastava cerca de 40% do tempo total da viagem atracado nos portos para carga e descarga. Com os contêineres, a capacidade de transporte subiu para 47 mil toneladas e o tempo de espera foi reduzido para 17% do total da viagem.

Essas mudanças aceleraram as trocas mundiais e contribuíram para que a economia se tornasse global.

PANORAMA ATUAL DO COMÉRCIO INTERNACIONAL

O final do século XX e o início do século XXI foram marcados pelo grande crescimento do fluxo de mercadorias, pessoas e capitais entre países, cidades, empresas e diversas regiões do mundo. No mapa da figura 18, podemos observar que Europa, América do Norte e Ásia possuem, hoje, um papel de destaque nas relações comerciais internacionais, registrando os maiores volumes de exportações de mercadorias, tais como maquinários, equipamentos eletrônicos, automóveis, equipamentos de transporte, insumos químicos e outros produtos industrializados. Por meio das setas, é possível identificar a participação de cada relação bilateral, demonstrando que as trocas comerciais superaram os 500 milhões de dólares em 2016. Essas regiões também apresentam os maiores volumes de exportações intrarregionais.

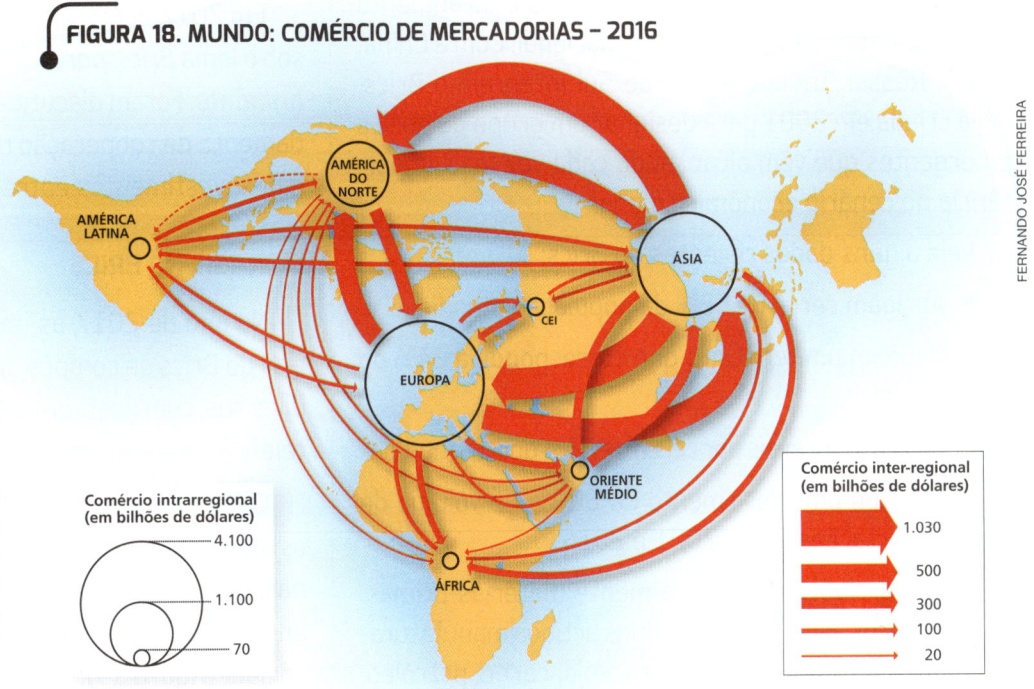

FIGURA 18. MUNDO: COMÉRCIO DE MERCADORIAS – 2016

Comércio intrarregional (em bilhões de dólares): 4.100; 1.100; 70

Comércio inter-regional (em bilhões de dólares): 1.030; 500; 300; 100; 20

Representação sem escala.

A CEI (Comunidade dos Estados Independentes) é uma organização supranacional constituída por 11 países pertencentes à antiga União Soviética. Foi criada na década de 1990 com o objetivo de promover a cooperação econômica e política entre os países-membros.

Fonte: SCIENCES PO. *Commerce de marchandises 2016*. Disponível em: <http://cartotheque.sciences-po.fr/media/Commerce_de_marchandises_2016/2810>. Acesso em: 18 mar. 2018.

GRANDES POTÊNCIAS ECONÔMICAS ATUAIS

A participação da China no comércio internacional vem crescendo significativamente desde os anos 2000 e hoje o país se caracteriza como uma grande potência econômica mundial. Juntamente com os Estados Unidos, é responsável pelos maiores volumes de importações e exportações de produtos agrícolas e industrializados do mundo. Os dois países respondem por quase 40% do PIB mundial.

Assim como os Estados Unidos, a China também vem adotando políticas de expansão das suas atividades econômicas e ampliando seu grau de influência, sobretudo no continente africano e na América Latina. No Brasil, os setores de mineração, construção civil e energia se tornaram prioritários entre os investimentos chineses dos últimos anos, demonstrando o interesse do país em descentralizar suas atividades econômicas.

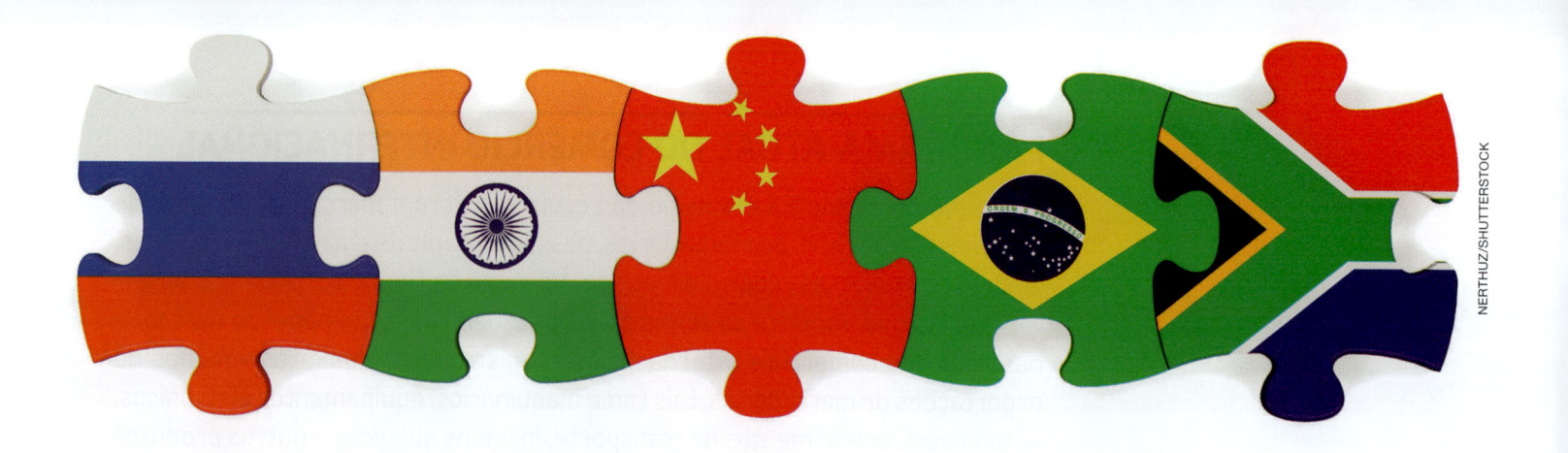

EMERGÊNCIA DO BRICS NO CENÁRIO ECONÔMICO GLOBAL

Em menor escala, outros países têm ganhado destaque, em decorrência das elevadas taxas de crescimento econômico registradas nos últimos anos e do aumento da participação no comércio internacional. Com a China, Brasil, Rússia, Índia e África do Sul integram o Brics, sigla criada em 2001 para designar um grupo de países emergentes que vêm alcançando cada vez mais importância no cenário econômico global.

Veja alguns dados recentes do Brics:

- Abrigam cerca de 53% da população mundial.
- Ocupam um território que corresponde a 24% do planeta.
- São responsáveis por cerca de 23% do PIB mundial.
- Tiveram um crescimento de 600% no volume de exportações entre 2001 e 2016.
- Comercializam essencialmente matérias-primas, gêneros alimentícios e alguns artigos manufaturados, como minério de ferro, soja, carne, petróleo, minério de cobre, equipamentos eletrônicos, peças de automóveis, calçados e vestuários, entre outros.

Em 2017, ocorreu a **IX Cúpula**, em Xiamen, na China, sob o lema *Brics: parceria mais forte para um futuro mais brilhante*. Foram discutidas as perspectivas de aprofundamento de cooperação nas áreas financeira, comercial e de investimentos entre os membros do grupo.

O BRASIL NO BRICS

No ano de 2017, as importações brasileiras originárias do Brics se compôs de um grupo de produtos muito diversos, com destaque para os aparelhos elétricos para telefonia e os adubos minerais e químicos.

O Brasil, ao aprofundar sua parceria comercial com os outros países do Brics, visa investir prioritariamente nas áreas de saúde, ciência, tecnologia e inovação e energia, a fim de melhorar seus índices econômicos e sociais (figura 19).

De olho no gráfico

O que podemos dizer sobre a balança comercial brasileira em relação às importações e exportações com o Brics?

Fonte: MRE. Departamento de Promoção Comercial e Investimentos e Divisão de Inteligência Comercial. Disponível em: <http://brics.itamaraty.gov.br/images/documentos2017/IC-Brasil-X-BRICS-JANEIRO10_2018T.pdf>. Acesso em: 8 maio 2018.

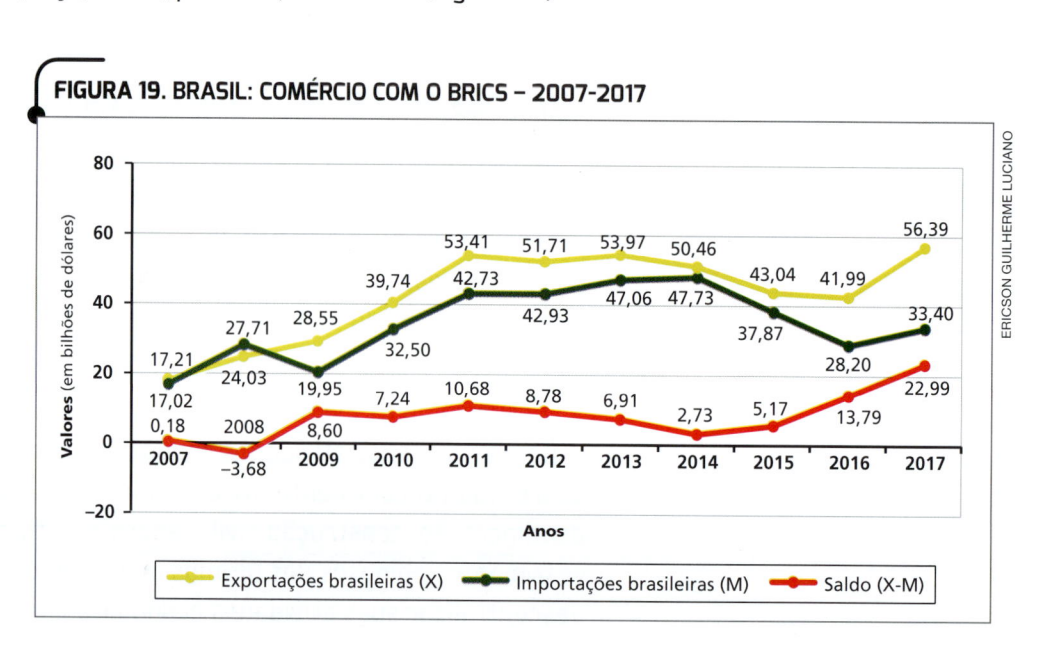

FIGURA 19. BRASIL: COMÉRCIO COM O BRICS – 2007-2017

Anos	Exportações brasileiras (X)	Importações brasileiras (M)	Saldo (X-M)
2007	17,21	17,02	0,18
2008	27,71	24,03	−3,68
2009	28,55	19,95	8,60
2010	39,74	32,50	7,24
2011	53,41	42,73	10,68
2012	51,71	42,93	8,78
2013	53,97	47,06	6,91
2014	50,46	47,73	2,73
2015	43,04	37,87	5,17
2016	41,99	28,20	13,79
2017	56,39	33,40	22,99

Valores em bilhões de dólares.

DISPERSÃO ESPACIAL DA INDÚSTRIA

Atualmente existem grandes empresas que atuam ao redor do mundo, chamadas transnacionais. Essas corporações geralmente têm sede em um país desenvolvido e filiais distribuídas por outros países. Em busca de maiores lucros, elas implantam unidades fabris em países que oferecem incentivos fiscais (como isenção de taxas e impostos), mão de obra barata, infraestrutura para produção e exportação e acesso direto às matérias-primas, entre outros fatores, de modo a reduzir o preço final de seus produtos. Esse processo é conhecido como **dispersão espacial da indústria**.

Países como México, Coreia do Sul e Brasil, por exemplo, passaram a ser muito procurados pelas empresas transnacionais para a instalação de unidades industriais pelo fato de oferecerem mão de obra barata e vantagens fiscais (figura 20). No entanto, as decisões dessas empresas permanecem nos países-sede; e os direitos dos trabalhadores nos países que recebem as filiais são, em geral, mais restritos que nos países desenvolvidos.

Grandes empresas de varejo ou indústrias de bens de consumo optaram pela distribuição da produção por diversas unidades em diferentes países ou pela terceirização do processo de fabricação. Nesse modelo de produção, cada unidade se encarrega de produzir apenas determinados componentes, e não o produto todo. Um carro comprado no Brasil, por exemplo, pode ser produzido em várias unidades industriais, distribuídas por diversos países (figura 21).

Figura 20. A indústria mexicana emprega cerca de 25% da população ativa e representa mais de um terço do PIB do país. Na foto, trabalhadoras confeccionando os produtos de uma grande indústria, em San Luis Potosí (México, 2017).

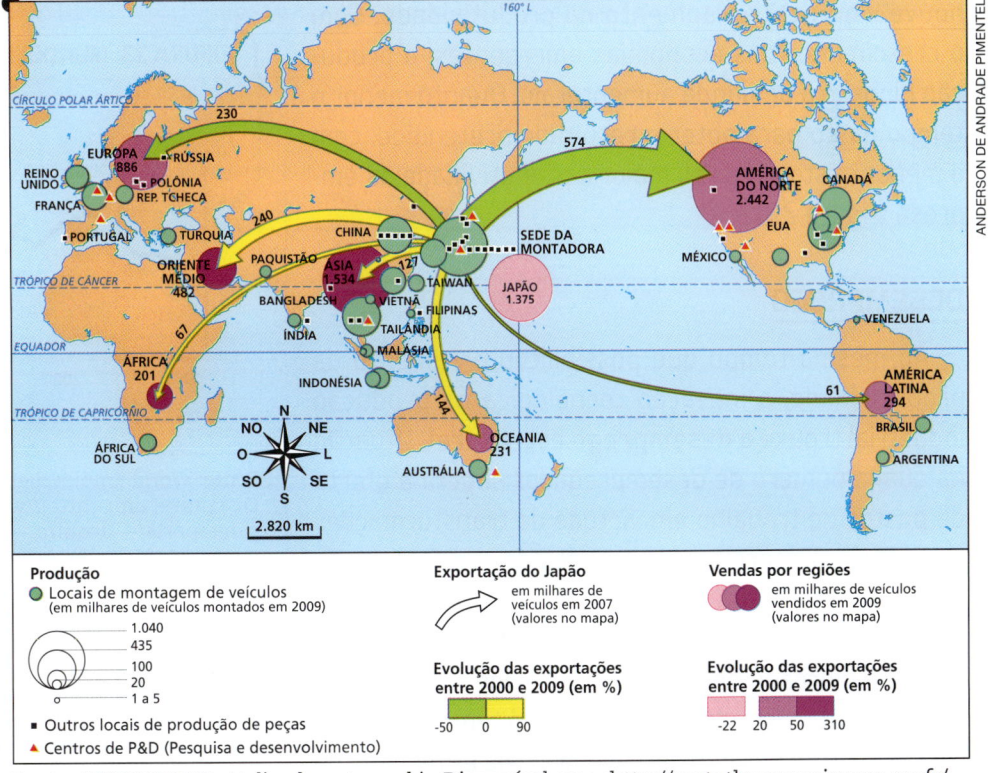

FIGURA 21. LOCAIS DE PRODUÇÃO E MERCADOS DE UMA MONTADORA DE VEÍCULOS

Fonte: SCIENCES PO. *Atelier de cartographie*. Disponível em: <http://cartotheque.sciences-po.fr/media/Toyota__locais_de_producao_e_mercados_2009/941/>. Acesso em: 8 maio 2018.

Figura 22. Linha de montagem de motores para jatos em uma fábrica altamente automatizada, em Lafayette (Estados Unidos, 2017).

AUMENTO DA PRODUTIVIDADE

A automação industrial, a robótica e a informática transformaram a produção industrial. Robôs e máquinas substituíram antigas funções exercidas pelos trabalhadores, acelerando o processo de fabricação.

Essas alterações permitiram que as empresas se tornassem mais eficientes e, como consequência, houve significativo aumento na produtividade. Com o crescimento das economias emergentes, a produção global e a demanda aumentaram. Quanto menor o tempo gasto para obter o resultado pretendido, com o menor custo possível, maior a produtividade da empresa (figura 22).

DESEMPREGO

Ao mesmo tempo que possibilitou o aumento da produtividade, a inovação tecnológica na produção industrial trouxe o **desemprego estrutural**, situação na qual o número de desempregados supera a oferta de postos de trabalho em virtude de transformações tecnológicas ocorridas nos modos de produção e de mudanças no padrão de consumo. Essas mudanças estruturais tornam os trabalhadores não qualificados para um mercado de trabalho que exige mão de obra especializada. Quando o desemprego é temporário e se restringe a um período determinado, ele é chamado de **desemprego conjuntural** (figura 23).

Em 2008, uma grave crise econômica se abateu sobre os países desenvolvidos, atingindo principalmente a Europa, que viu elevar os níveis de desemprego. Na Espanha e na Grécia, por exemplo, em 2013, as taxas de desemprego chegaram a 50% entre os jovens com menos de 25 anos.

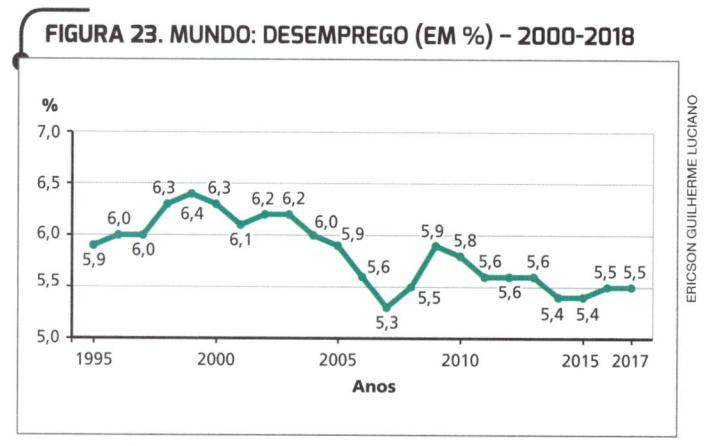

FIGURA 23. MUNDO: DESEMPREGO (EM %) – 2000-2018

Ano	1995	1997	1999	2000	2001	2002	2003	2004	2005	2006	2007	2008	2009	2010	2011	2012	2013	2014	2015	2016	2017
%	5,9	6,0	6,0	6,3	6,4	6,3	6,1	6,2	6,2	6,0	5,9	5,6	5,3	5,9	5,8	5,5	5,6	5,6	5,4	5,4	5,5 5,5

Fonte: World Employment and Social Outlook: Trends 2017. Disponível em: <http://www.ilo.org/wcmsp5/groups/public/---dgreports/---dcomm/---publ/documents/publication/wcms_541211.pdf>. Acesso em: 8 maio 2018.

Encontro com Milton Santos: o mundo global visto do lado de cá

Apresenta alguns dos problemas sociais e econômicos que ocorrem em países em desenvolvimento e menos desenvolvidos, relacionando-os à globalização. O objeto digital possibilita uma reflexão crítica acerca desses problemas.

SAIBA MAIS

As cadeias produtivas globais

"As CPGs [cadeias produtivas globais] representam um novo modo de produzir no qual não haverá retorno ao modelo 'fordista' anterior, do modo de produção vertical e concentrada, – no qual a grande empresa produzia ela mesma todos os insumos para gerar um determinado bem.

Agora as empresas coordenam a produção de forma horizontal e em muitos casos somente administram uma marca, seu *design*, seu *marketing* e sua ciência e tecnologia. Todo o restante da cadeia produtiva é descentralizado.

[...]

Há outros aspectos estratégicos a serem considerados. Um é a concentração e oligopolização das CPGs. Atualmente, cerca de 700 megabancos e fundos de investimentos controlam 80% das CPGs e, igualmente, 80% do comércio e 60% da produção mundial é realizado pelas CPGs existentes.

É muito poder, o que permite às cadeias se expandirem sem restrições e convencerem os governos de Estados Nacionais a aceitarem seus investimentos a qualquer preço.

[...] uma camiseta é produzida na Ásia por R$ 0,80 e será vendida no Ocidente pelo valor que o varejo definir; uma caixa de chá que é vendida na Inglaterra por R$ 8,24 remunera R$ 0,05 ao trabalhador que colheu as folhas e uma unidade de banana exportada do Equador para a Inglaterra será vendida por R$ 0,62 e pagará R$ 0,04 ao produtor equatoriano.

A primeira consequência desta situação é o aumento da jornada de trabalho e danos à saúde e à segurança no trabalho. A segunda é o aumento da pobreza devido aos salários aviltantes, o que não contribui em nada para o desenvolvimento, e, por fim, a baixa remuneração, normalmente, vem acompanhada por diversas violações de direitos fundamentais dos trabalhadores, como a ausência de liberdade sindical e negociações coletivas, trabalho infantil e escravo, salários menores para as mulheres, entre outras."

JAKOBSEN, K. Cadeias produtivas globais em discussão. *Carta Capital*, 26 maio 2016. Disponível em: <https://www.cartacapital.com.br/blogs/blog-do-grri/cadeias-produtivas-globais-em-discussao>. Acesso em: 8 maio 2018.

ATIVIDADES

1. Qual é a crítica do autor às cadeias produtivas globais?
2. De que maneira o fenômeno da globalização contribuiu para a formação das grandes cadeias produtivas globais?

ATIVIDADES

ORGANIZAR O CONHECIMENTO

1. Leia as afirmações a seguir e indique quais são verdadeiras e quais são falsas.
   I. Índia, Rússia e China são considerados Países do Norte.
   II. Todos os países desenvolvidos estão localizados no Hemisfério Norte.
   III. O Brasil é considerado um país em desenvolvimento.
   IV. Os países desenvolvidos sediam empresas transnacionais e efetuam grandes investimentos em pesquisas científicas.
   V. Nos países em desenvolvimento, de economias emergentes, encontramos grandes diferenças econômicas e sociais.

2. Sobre as classificações dos países quanto aos níveis de desenvolvimento, identifique a alternativa correta.
   a) A divisão do mundo em Primeiro, Segundo e Terceiro Mundo ainda é bastante atual.
   b) Atualmente está sendo amplamente utilizada a seguinte classificação: Países do Norte e Países do Sul.
   c) Algumas das características apresentadas pelos países desenvolvidos são alto desenvolvimento tecnológico e níveis elevados de educação, renda e expectativa de vida.
   d) Na Guerra Fria, os países capitalistas eram aliados dos Estados Unidos e os países socialistas, da União Soviética. Com o fim da União Soviética, criou-se uma nova regionalização, dividindo o mundo em Primeiro Mundo e Segundo Mundo.
   e) Hoje em dia as diferenças entre os países subdesenvolvidos e desenvolvidos são mínimas.

3. Explique.
   a) O que são países desenvolvidos.
   b) O que são países em desenvolvimento.

4. Escreva um pequeno parágrafo sobre o trabalho na economia global.

5. O que são empresas transnacionais?

APLICAR SEUS CONHECIMENTOS

6. As fotos a seguir mostram duas situações em diferentes localidades da Índia. Como você classificaria esse país, segundo o critério de regionalização? Por quê?

Máquina de tricô em uma fábrica de roupas em Calcutá (Índia, 2017).

Moradias precárias em Mumbai (Índia, 2015).

7. Observe o gráfico a seguir.

MUNDO: DOMICÍLIOS COM ACESSO À INTERNET (EM %) – 2017

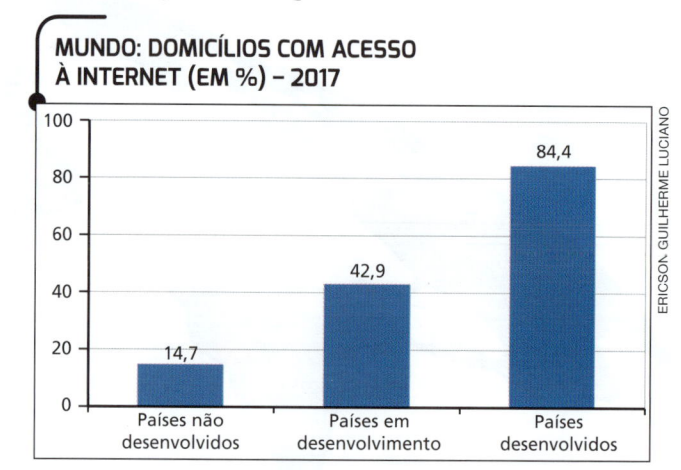

- Países não desenvolvidos: 14,7
- Países em desenvolvimento: 42,9
- Países desenvolvidos: 84,4

Fonte: ICT. Facts and Figures 2017. Disponível em: <https://www.itu.int/en/ITU-D/Statistics/Documents/facts/ICTFactsFigures2017.pdf>. Acesso em: 9 maio 2018.

a) Compare os dados entre os três níveis de desenvolvimento dos países.

b) Como o aumento no acesso à internet poderia auxiliar os países em desenvolvimento?

8. Observe o mapa e responda.

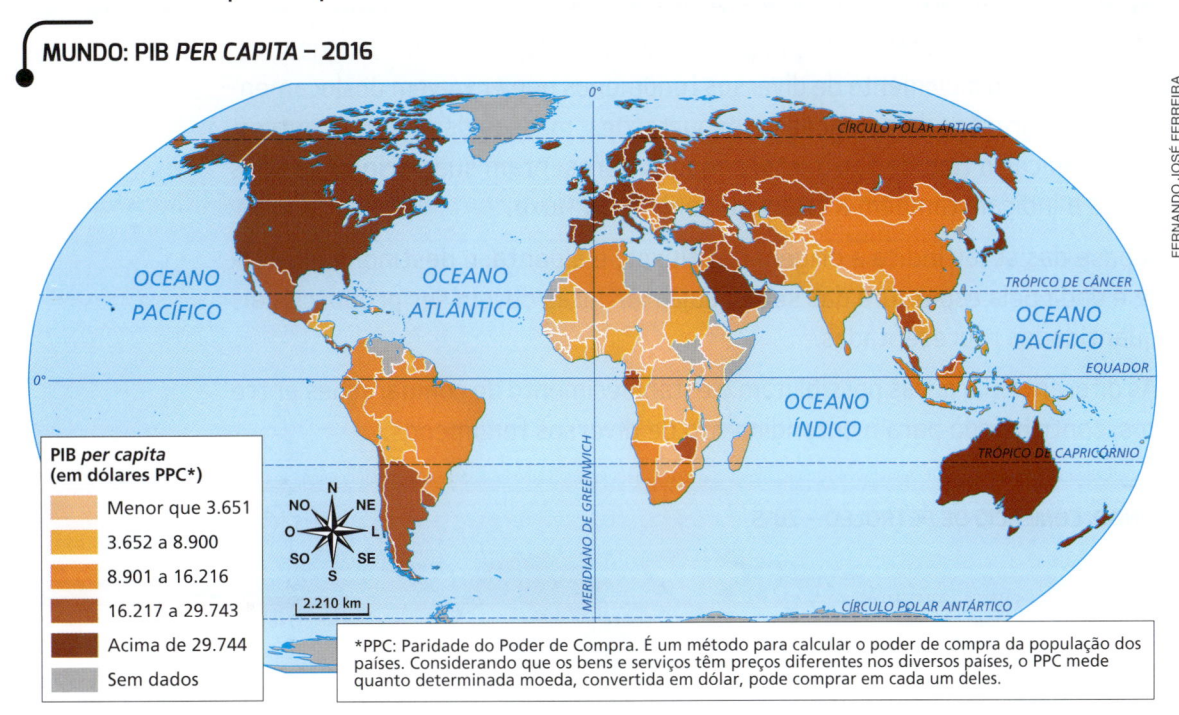

MUNDO: PIB *PER CAPITA* – 2016

PIB *per capita* (em dólares PPC*)
- Menor que 3.651
- 3.652 a 8.900
- 8.901 a 16.216
- 16.217 a 29.743
- Acima de 29.744
- Sem dados

*PPC: Paridade do Poder de Compra. É um método para calcular o poder de compra da população dos países. Considerando que os bens e serviços têm preços diferentes nos diversos países, o PPC mede quanto determinada moeda, convertida em dólar, pode comprar em cada um deles.

Fonte: elaborado com base em Banco Mundial. GDP *per capita* (Current US$). Disponível em: <https://data.worldbank.org/indicator/NY.GDP.PCAP.CD?view=chart>. Acesso em: 9 maio 2018.

Há relação entre esse mapa e a regionalização do mundo segundo os níveis de desenvolvimento? Explique.

9. Observe a foto e responda à questão.

Funcionários trabalhando em uma fábrica automotiva em Hai Duong (Vietnã, 2017).

Que motivos podem ter influenciado essa transnacional a instalar sua fábrica no Vietnã?

10. Observe a tabela, que mostra a participação de alguns países nas exportações mundiais em 2016.

Países	Participação (%)
China (exceto Hong Kong)	17,0
União Europeia*	15,6
Estados Unidos	11,8
Japão	5,2
Coreia do Sul	4,0
Canadá	3,2
México	3,0
Cingapura	2,7
Rússia	2,3
Índia	2,1
Brasil	1,5

*Bloco econômico composto por 28 países do continente europeu, incluindo França, Espanha, Itália, Alemanha, Holanda, entre outros.

Fonte: Eurostat. Disponível em: <http://ec.europa.eu/eurostat/tgm/table.do?tab=table&plugin=1&language=en&pcode=tet00018>. Acesso em: 19 mar. 2018.

a) Quais são os países que se destacam nas exportações internacionais e que tipo de produtos são comercializados entre eles?

b) Quais são os países do Brics presentes na tabela e qual era a participação deles nas trocas comerciais mundiais em 2016?

Mais questões no livro digital

REPRESENTAÇÕES GRÁFICAS

Mapas de fluxos com setas proporcionais

Mapas de fluxos com setas proporcionais são mapas dinâmicos que mostram a fluidez e o movimento de diversos fenômenos que envolvem deslocamentos, como migrações, importações e exportações, massas de ar, entre outros. Além de indicar o tipo de fluxo, esses mapas apresentam suas origens e seus destinos e indicam também a intensidade de cada fluxo.

A base das setas indica a origem dos fluxos, e a ponta, o destino. A intensidade é dada pela espessura das setas, cujas larguras devem ser proporcionais às quantidades representadas.

As diferentes larguras possibilitam o estabelecimento de comparações entre fluxos, contribuindo para o entendimento de diversos fenômenos.

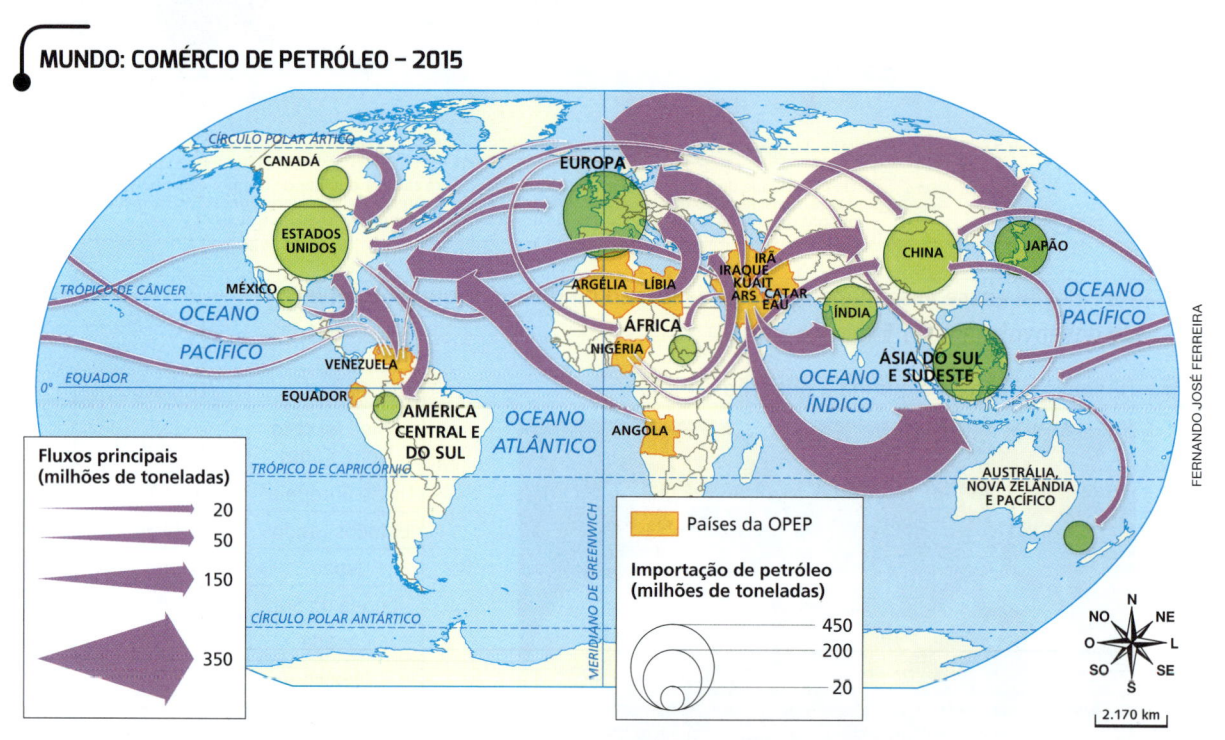

MUNDO: COMÉRCIO DE PETRÓLEO – 2015

Fonte: FERREIRA, Graça M. L. *Moderno atlas geográfico*. 6. ed. São Paulo: Moderna, 2016. p. 27.

ATIVIDADES

1. Que região importou maior quantidade de petróleo em 2015? Qual foi seu maior fornecedor?

2. Quais foram os dois países americanos que exportaram mais petróleo para os Estados Unidos em 2015? Como você chegou a essa conclusão?

3. Qual grupo de países responde pela maior parte do petróleo exportado no mundo?

ATITUDES PARA A VIDA

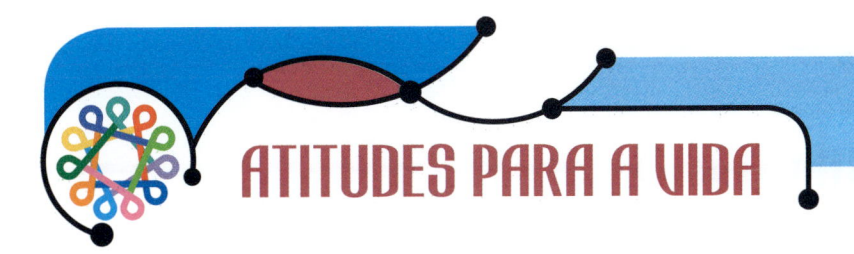

Aula de computação sem computador

O computador é um objeto símbolo da globalização. A informática tornou-se essencial em diversas atividades sociais e áreas do conhecimento, mas, apesar disso, o acesso aos computadores e aos conhecimentos em informática é espacialmente desigual, uma vez que esses recursos não são acessíveis igualmente na superfície terrestre.

A restrição de uso desses recursos limita a participação na globalização, a entrada das pessoas no mercado de trabalho e o acesso a informações, entre outras consequências. O texto a seguir mostra uma iniciativa para superar o acesso restrito a computadores e sinaliza como algumas atitudes podem colaborar para a transformação da realidade.

> "O professor Owura Kwadwo dá aulas na cidade de Kumasi, em Gana, e ensina computação para seus alunos. Entretanto, ele não tem um computador na sala de aula e, por isso, desenha em uma lousa a interface dos programas [...].
>
> Recentemente, ele publicou [...] algumas fotos que mostram ele dando aula [...]. 'Ensinar informática na escola de Gana é muito divertido. Ciência da computação na lousa. Eu amo tanto os meus alunos que eu tenho de fazer o que for necessário para que eles entendam o que eu estou ensinando', escreveu ele na legenda."

Professor posta foto dando aula de computação sem computador e chama a atenção da Microsoft. *O Estado de São Paulo*, 1º mar. 2018. Disponível em: <http://emais.estadao.com.br/noticias/gente,professor-posta-foto-dando-aula-de-computacao-sem-computador-e-chama-a-atencao-da-microsoft,70002209660>. Acesso em: 12 abr. 2018.

Na foto, pode-se observar o professor Owura Kwadwo dando aula de informática para jovens usando a lousa (Gana, 2018). Sua atitude comoveu diversas pessoas, que se mobilizaram para realizar doações de recursos e computadores para a escola.

ATIVIDADES

1. Assinale a alternativa que apresenta duas atitudes que podem ser relacionadas ao trabalho desenvolvido pelo professor Owura Kwadwo.
    a) **Esforçar-se por exatidão e precisão** e **pensar com flexibilidade**.
    b) **Controlar a impulsividade** e **assumir riscos com responsabilidade**.
    c) **Pensar de maneira interdependente** e **escutar os outros com atenção e empatia**.

2. Owura Kwadwo afirma: "eu tenho de fazer o que for necessário para que eles [os alunos] entendam o que eu estou ensinando".

    Em sua opinião, quais atitudes são necessárias para que o professor possa ensinar e os alunos consigam compreender o que está sendo comunicado? Explique a importância das atitudes escolhidas.

COMPREENDER UM TEXTO

Agbogbloshie, no oeste da cidade de Acra, capital de Gana, é um bairro carente de infraestrutura e saneamento básico que abriga um vasto lixão de equipamentos eletrônicos. Leia o texto e conheça algumas consequências do funcionamento desse depósito a céu aberto para a população local.

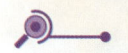

Extirpar: arrancar; retirar.

Obsolescência: redução da vida útil de um bem por causa do progresso técnico ou do surgimento de produtos novos.

Infringir: desobedecer.

O país da África que se tornou um "cemitério de eletrônicos"

"A cada ano centenas de milhares de toneladas de lixo eletrônico vindos da Europa e da América do Norte encontram neste espaço seu destino final, no qual têm seus metais valiosos extirpados em uma forma rudimentar de reciclagem.

Para muitos, é um negócio lucrativo em um país onde perto de um quarto da população vive abaixo da linha da pobreza.

'É algo instantâneo', diz Sam Sandu, um sucateiro que trabalha no local. 'Você trabalha nisso hoje e consegue seu dinheiro no mesmo dia.'

Especialistas alertam, porém, que as toxinas do lixão estão lentamente envenenando os trabalhadores locais, ao mesmo tempo em que poluem o solo e atmosfera.

'Mercúrio, chumbo, cádmio, arsênico – estas são as quatro substâncias mais tóxicas [no mundo], e são encontradas em grandes quantidades em lixões de eletrônicos', explica Atiemo Sampson, um pesquisador da Comissão de Energia Atômica de Gana, que conduziu vários estudos sobre a área de Agbogbloshie, usada para o despejo.

Analistas estimam que o mundo vai produzir 93 milhões de toneladas de lixo eletrônico apenas neste ano [2016] – um volume cada vez maior é resultado da obsolescência de produtos de alta tecnologia.

Boa parte desses eletrônicos vai terminar em diversos lixões na África e na Ásia, em vez de serem reciclados no país em que foram vendidos.

O papel dos fabricantes

Em Gana, ativistas afirmam que boa parte desse envio é ilegal – infringindo regras da União Europeia que baniram a exportação de eletrônicos para descarte em países em desenvolvimento.

Entretanto, acredita-se que a maioria chega por meio da importação legal de produtos de segunda mão, enviados para alimentar a crescente demanda por eletrônicos baratos em economias como a do país.

Sampson afirma que os fabricantes têm uma responsabilidade e devem colaborar para 'limpar a bagunça' que seus produtos ajudaram a fazer.

'Concordo que temos uma lacuna tecnológica que deve ser preenchida', diz. 'Mas há, ao redor do mundo, uma crescente visão de que o fabricante do equipamento deve lidar com a responsabilidade na gestão do 'fim do ciclo'.'

'Eles deveriam investir em sistemas de coleta, em programas de reciclagem na África. Seria moral e legalmente correto.'

Então, por que os fabricantes de eletrônicos não fazem mais?

Walter Alcorn é o vice-presidente de assuntos ambientais na Consumer Technology Association – entidade que representa as empresas de tecnologia nos Estados Unidos.

[...] Alcorn afirma que a diferença real ocorrerá conforme os fabricantes eliminem gradativamente o uso de produtos químicos perigosos e metais pesados.

'Nós estamos lidando com um legado, com produtos que têm 10 ou 20 anos de idade', ele diz.

'Em último caso, nós veremos isso ser eliminado nos próximos 10 ou 20 anos. Nossa responsabilidade básica como indústria é fabricar produtos que são ambientalmente seguros e que não irão criar esses problemas no futuro.'

[...]"

O país da África que se tornou um "cemitério de eletrônicos". *BBC Brasil*, 10 jan. 2016. Disponível em: <http://www.bbc.com/portuguese/noticias/2016/01/160109_lixao_eletronicos_ab>. Acesso em: 9 maio 2016.

ATIVIDADES

OBTER INFORMAÇÕES

1. Segundo o texto, em que continentes ou regiões se concentram os países de origem e de destino do lixo eletrônico transportado entre países?

2. Copie o parágrafo do texto que explica a causa do aumento da produção de lixo eletrônico no mundo.

INTERPRETAR

3. O que o pesquisador Atiemo Sampson quer dizer quando se refere a "gestão do 'fim do ciclo'"?

4. A responsabilidade assumida pelo representante das empresas de tecnologia nos Estados Unidos em relação às suas indústrias contribui para a resolução dos problemas gerados pelos lixões de eletrônicos no presente? Justifique.

REFLETIR

5. Formem grupos de três ou quatro alunos e produzam um texto sobre como o problema do lixo eletrônico reflete a desigualdade socioambiental e a exploração econômica entre os países mais e menos desenvolvidos.

UNIDADE 3
O CONTINENTE AMERICANO

COMEÇANDO A UNIDADE

1. Qual é o produto cultivado nessa plantação em Idaho, nos Estados Unidos? O que você sabe sobre a importância da agricultura para o continente americano?

2. Muitas das grandes cidades do continente americano estão localizadas no litoral do Oceano Atlântico. Por que isso acontece?

3. Os quíchuas são descendentes de um dos povos nativos do continente americano. Que outros povos nativos existiam na América quando os europeus chegaram? O que você sabe sobre eles?

Plantação de trigo em Idaho (Estados Unidos, 2016).

Indígena quíchua tecendo lã de alpaca em Cusco (Peru, 2018).

Os países americanos compartilham um passado que lhes conferiu grande diversidade cultural: povos nativos, colonizadores europeus, africanos escravizados trazidos para trabalhar nas possessões coloniais e imigrantes de diversas partes do mundo deram origem a uma população miscigenada.

Hoje em dia, os diversos países que compõem a América apresentam níveis de desenvolvimento bem distintos, sendo marcados, em sua maioria, por profundas desigualdades econômicas e sociais.

Após o estudo desta Unidade, você será capaz de:

- distinguir as regiões em que os países da América podem ser agrupados e identificar o que diferencia essas regiões;
- identificar as principais características da natureza do continente americano;
- interpretar as características econômicas e sociais da população dos países americanos;
- comparar as atividades econômicas mais importantes na América.

Vista da cidade do Rio de Janeiro (RJ, 2016), fundada pelos colonizadores portugueses em 1º de março de 1565.

ATITUDES PARA A VIDA

- Esforçar-se por exatidão e precisão.
- Pensar com flexibilidade.

TEMA 1

REGIONALIZAÇÃO DA AMÉRICA

Como o continente americano pode ser regionalizado?

CARACTERÍSTICAS GERAIS

Com 42.209.248 km² de extensão, o continente americano é o segundo maior do mundo.

Suas terras estão localizadas no **Hemisfério Ocidental** — isto é, a oeste do Meridiano de Greenwich —, limitadas ao norte pelo Oceano Glacial Ártico, a leste pelo Oceano Atlântico e a oeste pelo Oceano Pacífico.

A América é cortada por quatro paralelos principais: Círculo Polar Ártico, Trópico de Câncer, Equador e Trópico de Capricórnio.

POVOS NATIVOS E COLONIZAÇÃO

Antes da chegada dos colonizadores europeus, habitavam a América centenas de povos que falavam línguas diferentes, entre eles, chipewyans, crees, iroqueses, cheyennes, siouxs, navajos, maias, astecas, incas, tupi-guaranis, tapuias e aruaques. Esses povos apresentavam diversas formas de organização cultural e social. A maioria vivia da caça, da pesca e da coleta de frutos e vegetais.

As civilizações inca, maia e asteca tinham uma complexa organização social: a economia era baseada na agricultura, cidades com comércio estruturado e dominavam conhecimentos de arquitetura, matemática e astronomia, além de técnicas de fundição de ouro e prata (figura 1).

O território que ficou conhecido como **Novo Mundo** foi, a princípio, ocupado por europeus. Logo, vieram os africanos escravizados e depois os imigrantes de várias nacionalidades.

Atualmente, a América é constituída de países independentes e territórios pertencentes a outras nações.

Figura 1. Estudos indicam que os incas organizaram a mais avançada das civilizações nativas da América. Eles viviam em áreas onde hoje estão Equador, Colômbia, Venezuela, Peru, Bolívia e Chile, e dedicavam-se à agricultura e ao pastoreio e viviam em aldeias. Os incas resistiram ao domínio espanhol durante quarenta anos. Foto de Machu Picchu, cidade sagrada inca (Peru, 2017).

REGIONALIZAÇÃO

Assim como ocorre com o espaço mundial, existem diferentes formas de regionalizar a América, sendo as principais aquelas que levam em consideração a localização das terras do continente no mundo (critério geográfico) e a que utiliza como critério o processo de colonização dos países (critério histórico, cultural e socioeconômico).

CRITÉRIO GEOGRÁFICO

A configuração territorial do continente americano – duas grandes massas de terra unidas por uma estreita faixa – permite distinguir, do ponto de vista geográfico, três Américas: a **América do Norte**, a **América Central** e a **América do Sul** (figura 2).

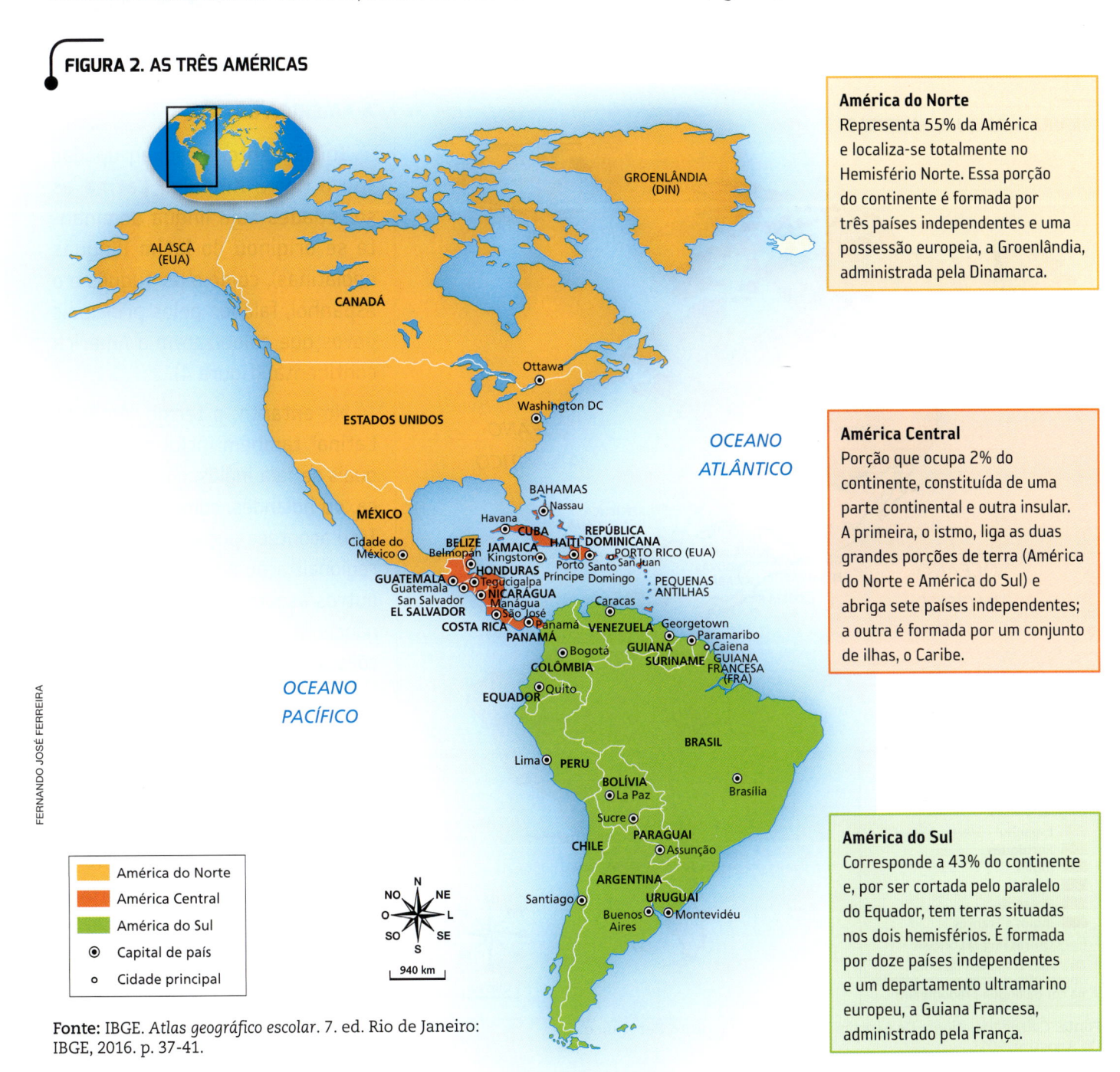

FIGURA 2. AS TRÊS AMÉRICAS

América do Norte
Representa 55% da América e localiza-se totalmente no Hemisfério Norte. Essa porção do continente é formada por três países independentes e uma possessão europeia, a Groenlândia, administrada pela Dinamarca.

América Central
Porção que ocupa 2% do continente, constituída de uma parte continental e outra insular. A primeira, o istmo, liga as duas grandes porções de terra (América do Norte e América do Sul) e abriga sete países independentes; a outra é formada por um conjunto de ilhas, o Caribe.

América do Sul
Corresponde a 43% do continente e, por ser cortada pelo paralelo do Equador, tem terras situadas nos dois hemisférios. É formada por doze países independentes e um departamento ultramarino europeu, a Guiana Francesa, administrado pela França.

Fonte: IBGE. *Atlas geográfico escolar*. 7. ed. Rio de Janeiro: IBGE, 2016. p. 37-41.

CRITÉRIOS HISTÓRICO, CULTURAL E SOCIOECONÔMICO

A partir do século XVI e ao longo dos séculos seguintes, a população nativa do continente americano se miscigenou com europeus, africanos trazidos à força para trabalhar como escravos nas possessões coloniais e imigrantes vindos de diversas partes do mundo, principalmente da Europa e da Ásia. De norte a sul do continente, esses grupos construíram diversas sociedades, com costumes e identidades próprias.

No entanto, independentemente das diferenças entre essas sociedades, elas podem ser agrupadas em dois grandes conjuntos segundo a origem dos colonizadores, a cultura e o desenvolvimento econômico dos países: **América Latina** e **América Anglo-Saxônica** (figura 3).

Esse critério de regionalização, baseado em aspectos humanos (culturais, históricos, econômicos, sociais, linguísticos etc.) é bastante empregado.

FIGURA 3. AS DUAS AMÉRICAS

Fonte: *Calendario atlante De Agostini 2016*. Novara: Istituto Geografico De Agostini, 2015.

A AMÉRICA LATINA

Inicialmente, foram agrupadas sob o nome **América Latina** as sociedades cuja língua dominante se originou do **latim** (línguas neolatinas), como o português e o espanhol, falados pelos principais povos que colonizaram a América continental (figura 4).

No entanto, o termo "América Latina" também inclui países nos quais se fala inglês, como a Jamaica, ou holandês, como o Suriname. Isso acontece porque o critério de regionalização passou a considerar outros aspectos, como a predominância da religião católica e as condições socioeconômicas da população.

Os integrantes da América Latina pertencem ao grupo dos países em desenvolvimento e, por isso, muitos deles produzem e exportam matérias-primas agropecuárias ou minerais para os países desenvolvidos e importam tecnologia e produtos industrializados. Apesar disso, alguns países latino-americanos, como o Brasil, a Argentina e o México, têm importantes parques industriais e economia diversificada.

Figura 4. Nos centros históricos de diversas cidades da América Latina, veem-se hoje em dia construções em estilo colonial espanhol. Na foto, construção na cidade de Cartagena (Colômbia, 2018).

A AMÉRICA ANGLO-SAXÔNICA

A **América Anglo-Saxônica** é formada pelos Estados Unidos e pelo Canadá, os dois países mais desenvolvidos se considerarmos os aspectos econômicos e os indicadores sociais do continente.

O termo "anglo-saxão" designa o indivíduo descendente do povo germânico, resultante da fusão de anglos, saxões e jutos que se fixaram na Inglaterra no século V. A denominação "América Anglo-Saxônica", portanto, deve-se ao fato de esses países terem sido colonizados principalmente pelo Reino Unido, embora também tenham recebido influência de outros povos europeus. A porção leste do território do Canadá, por exemplo, na qual se situa a atual província de Quebec, foi colonizada pela França e ainda hoje guarda traços dessa cultura, como a língua falada oficialmente, o francês (figura 5). Nos Estados Unidos, por sua vez, grandes áreas foram colonizadas por povos latinos, como a Louisiana, fundada por franceses, e o Novo México, o Arizona e a Califórnia, por espanhóis.

PARA ASSISTIR

- **Ao sul da fronteira**
Direção: Oliver Stone.
Estados Unidos: Europa Filmes, 2009.

  Com base em viagens realizadas a seis países da América do Sul e a Cuba, o cineasta estadunidense Oliver Stone produziu um documentário sobre os governos desses territórios considerados progressistas, promovendo um debate sobre o papel das mídias nacionais e dos Estados Unidos ao retratá-los.

Figura 5. Devido à grande presença da cultura francesa em Quebec, há uma grande parcela da população dessa província que pleiteia sua independência do Canadá. Cerca de 95% da população tem no francês seu primeiro idioma. Na foto, construções do centro histórico em Quebec (Canadá, 2017).

TEMA 2

ASPECTOS NATURAIS

As características naturais do continente americano são homogêneas?

CARACTERÍSTICAS GERAIS

Com vasta extensão territorial e áreas nos Hemisférios Norte e Sul, a América apresenta grande diversidade de formas de relevo, climas e tipos de vegetação. As características naturais do continente americano foram importantes para o processo de ocupação e para a constituição dos diferentes modos de vida que existiram no passado e que temos nos dias de hoje.

RELEVO

Na América, podem ser identificados quatro grandes conjuntos de relevo, que se distinguem um do outro pela altitude: no oeste do continente, as **altas cordilheiras**, no centro, as **planícies** e as **depressões** e, a leste, **planaltos e montanhas antigos e desgastados** (figura 6).

O relevo e a hidrografia foram fatores muito importantes no processo de ocupação do continente americano e exercem forte influência na distribuição atual da população.

FIGURA 6. AMÉRICA: FÍSICO

Fontes: FERREIRA, Graça M. L. *Moderno atlas geográfico.* 6. ed. São Paulo: Moderna, 2016. p. 30.

Figura 7. Na Cordilheira dos Andes, na América do Sul, estão as montanhas mais altas do continente americano. Nelas, hoje em dia, vivem povos que praticam a agricultura e a pecuária. No Peru e na Bolívia, por exemplo, é comum a criação de lhamas e de alpacas para a produção de lã. Na foto, lhamas no Vale de Lares (Peru, 2018).

COSTA OESTE

Na costa oeste do continente, banhada pelo Oceano Pacífico, predominam **formações montanhosas jovens**, ou seja, de idade geológica mais recente. Essas cadeias de montanhas se estendem por cerca de 15.000 quilômetros, desde o Alasca até o extremo sul do Chile, recebendo diferentes denominações locais: Montanhas Rochosas, no Canadá e nos Estados Unidos; Serra Madre, no México; e Cordilheira dos Andes, na América do Sul (figura 7). Essas montanhas apresentam altitudes elevadas, onde as temperaturas são muito baixas, inibindo a ocupação humana. A população habita então as áreas de altitude inferior, que estão, por sua vez, sujeitas a vulcões ativos e terremotos, pois se localizam na zona de choque de placas tectônicas.

Tanto na costa do Atlântico quanto na costa do Pacífico existem as chamadas **planícies litorâneas** ou **costeiras**, formadas pela deposição de sedimentos marinhos e fluviais. Na costa oeste, elas são estreitas, enquanto na costa leste costumam ser mais amplas.

Figura 8. Ao fundo, vista da Pedra do Tendó, em área de planalto no município de Teixeira (PB, 2017).

COSTA LESTE

A costa do Atlântico, a leste do continente, é constituída de **montanhas** e **planaltos muito antigos**, bastante desgastados pelos agentes erosivos (ventos, chuvas etc.). Os principais planaltos são: Planalto Laurenciano, no Canadá; Montes Apalaches, nos Estados Unidos; Planalto das Guianas e Planalto Brasileiro (figura 8), na América do Sul. A costa leste foi a primeira a ser ocupada e explorada pelos colonizadores europeus. Hoje, abriga grandes cidades e importantes áreas industriais, agrícolas e de exploração mineral, principalmente de minério de ferro e de carvão.

PLANÍCIES E DEPRESSÕES DO CENTRO

Na porção central do continente, encontram-se grandes planícies e depressões, como a Planície Central, na América do Norte, e as planícies e depressões da Amazônia (figura 9), a Planície do Pantanal e a Depressão do Chaco, na América do Sul. As planícies situadas no norte assumiram grande importância econômica. No Canadá, por exemplo, ocorre intensa concentração urbana e industrial. Na América do Sul, as principais planícies e depressões centrais — Amazônica e Platina — são pouco povoadas, e nelas se destacam a pesca, o extrativismo e a pecuária.

Figura 9. As planícies são formas de relevo onde predominam os processos de deposição de sedimentos transportados por rios ou pelo mar. Na foto, área da Planície Amazônica no Parque Nacional de Anavilhanas, no município de Novo Airão (AM, 2017).

A RIQUEZA HÍDRICA DA AMÉRICA DO SUL

Os ventos que sopram do Atlântico tropical, os bilhões de árvores da Floresta Amazônica e a Cordilheira dos Andes garantem a abundância de água doce nessa parte do continente.

2 Acima da floresta, a umidade oceânica encontra-se com cerca de 20 bilhões de toneladas diárias de água que ascendem da Amazônia por evapotranspiração, criando nuvens que cobrem a floresta.

3 Esse "rio voador" precipita parcialmente na encosta andina como chuva e neve, alimentando as cabeceiras de vários rios, inclusive os que formam o Amazonas.

4 A Cordilheira dos Andes desvia a massa de ar para o interior do continente, onde a umidade alimenta as bacias hidrográficas ao sul da floresta.

Cordilheira dos Andes

Rede hidrográfica

5 Parte da água da chuva que se infiltra no solo chega a aquíferos.

Maiores aquíferos sul-americanos

Em 2013, cientistas anunciaram a descoberta do **Sistema Aquífero Grande Amazônia**. Estendendo-se de Colômbia, Equador e Peru até a Ilha de Marajó, ele guardaria mais de 160 milhões de km³ de água, o equivalente ao que supriria a demanda mundial por mais de 250 anos.

Até 2018, só havia um acordo internacional sobre os aquíferos sul-americanos, assinado por Argentina, Brasil, Paraguai e Uruguai para regular o uso do **Aquífero Guarani**, segundo maior do continente, que já enfrenta extração excessiva, poluição e outras ameaças.

Aquífero Grande Amazônia

Aquífero Guarani

OCEANO ATLÂNTICO

870 km

Hidrografia e principais bacias

As bacias mais importantes são transnacionais. O desmatamento, a construção de represas ou de canais de irrigação e o despejo de esgoto podem afetar pessoas e biomas distantes ou de países vizinhos.

A **Bacia do Amazonas** é a maior do mundo em área e volume. Jorram de sua foz 17 mil km³ diários de água, 15% de toda a água doce lançada nos mares da Terra.

A **Bacia da Prata** abriga grandes cidades e parcela expressiva da população, das atividades econômicas e da produção energética dos cinco países que dividem suas águas, o que multiplica interesses, conflitos e a necessidade de acordos de cooperação internacional.

1 Ventos carregados de vapor do Oceano Atlântico tropical sopram continuamente em direção aos Andes, passando sobre a floresta.

Além de vapor e oxigênio, árvores dispersam na atmosfera substâncias que estimulam a condensação da água. Quando se junta o vento úmido do Atlântico a isso, o resultado é uma chuva torrencial.

Floresta Amazônica

Oceano Atlântico

6 Dos aquíferos emerge a água que alimenta rios e lagoas perenes.

Rios de nuvens

Seguindo a face leste dos **Andes**, a mais longa cadeia de montanhas da Terra, a massa de ar leva para a Bacia do Prata o vapor da floresta.

Quando há queimadas intensas, porém, o "rio de nuvens" é tomado por poluentes, que chegam a cidades tão distantes do Arco do Desmatamento como **São Paulo** e **Buenos Aires**.

Sem a Floresta Amazônica, cientistas acreditam que boa parte do Cone Sul se tornaria uma região árida.

Bacia do Orinoco · Bacia do Amazonas · Bacia do Prata

Cordilheira dos Andes · Floresta Amazônica · São Paulo · Buenos Aires

Fontes: ABREU, Francisco A. M. et al. O Sistema Aquífero Grande Amazônia (SAGA): um imenso potencial de água subterrânea no Brasil. In: *III Congresso Internacional de Meio Ambiente*. São Paulo. Livro de Resumos e Programa Final, 2013; PNUMA. *Atlas of international freshwater agreements*. Nairobi: Unep, 2002. p. 163-170; VILLAR, Pilar C. International cooperation on transboundary aquifers in South America and the Guarani Aquifer case. *Rev. Bras. Polít. Int.*, Brasília, v. 59, n. 1, 2016. Projeto Rios Voadores. Fenômeno dos rios voadores. Disponível em: <http://riosvoadores.com.br/o-projeto/fenomeno-dos-rios-voadores/>. Acesso em: 19 jul. 2018.

CLIMA

Observe na figura 10 a variedade climática do continente americano.

FIGURA 10. AMÉRICA: CLIMA

Clima equatorial
Clima quente e úmido característico das áreas próximas à linha do Equador. Apresenta alta pluviosidade e chuvas distribuídas regularmente por todos os meses do ano.

Clima tropical
Apresenta temperatura média anual superior a 18 °C, chuvas concentradas no verão e inverno seco. É influenciado pelas massas de ar úmido vindas do oceano.

Clima subtropical
Tipo climático de transição entre as zonas temperadas, mais frias, e as tropicais, mais quentes. Com invernos amenos e verões quentes, registra temperatura média anual em torno de 18 °C e chuvas bem distribuídas durante todo o ano.

Clima desértico
Suas principais características são: escassez de chuvas e as altas temperaturas durante o dia – superiores a 30 °C – e extremo frio à noite.

Clima semiárido
Normalmente é um tipo climático de transição entre o clima desértico e o temperado ou subtropical. Exceção é feita ao semiárido do Brasil, onde não há deserto. É um clima quente, com temperatura média anual superior a 25 °C. As chuvas são escassas e muito mal distribuídas.

Clima mediterrâneo
Ocorre em uma estreita faixa na Califórnia e outra no litoral do Chile. Suas principais características são invernos chuvosos e verões secos.

Clima temperado
Em geral, nesse tipo de clima o verão é quente e o inverno muito frio. As estações do ano são bem definidas, com chuvas concentradas no verão e na primavera.

Clima frio
Próprio das altas latitudes, caracteriza-se pelas temperaturas médias anuais muito baixas – abaixo de 10 °C no verão – e inverno longo e rigoroso. Durante a maior parte do ano o solo fica coberto por neve.

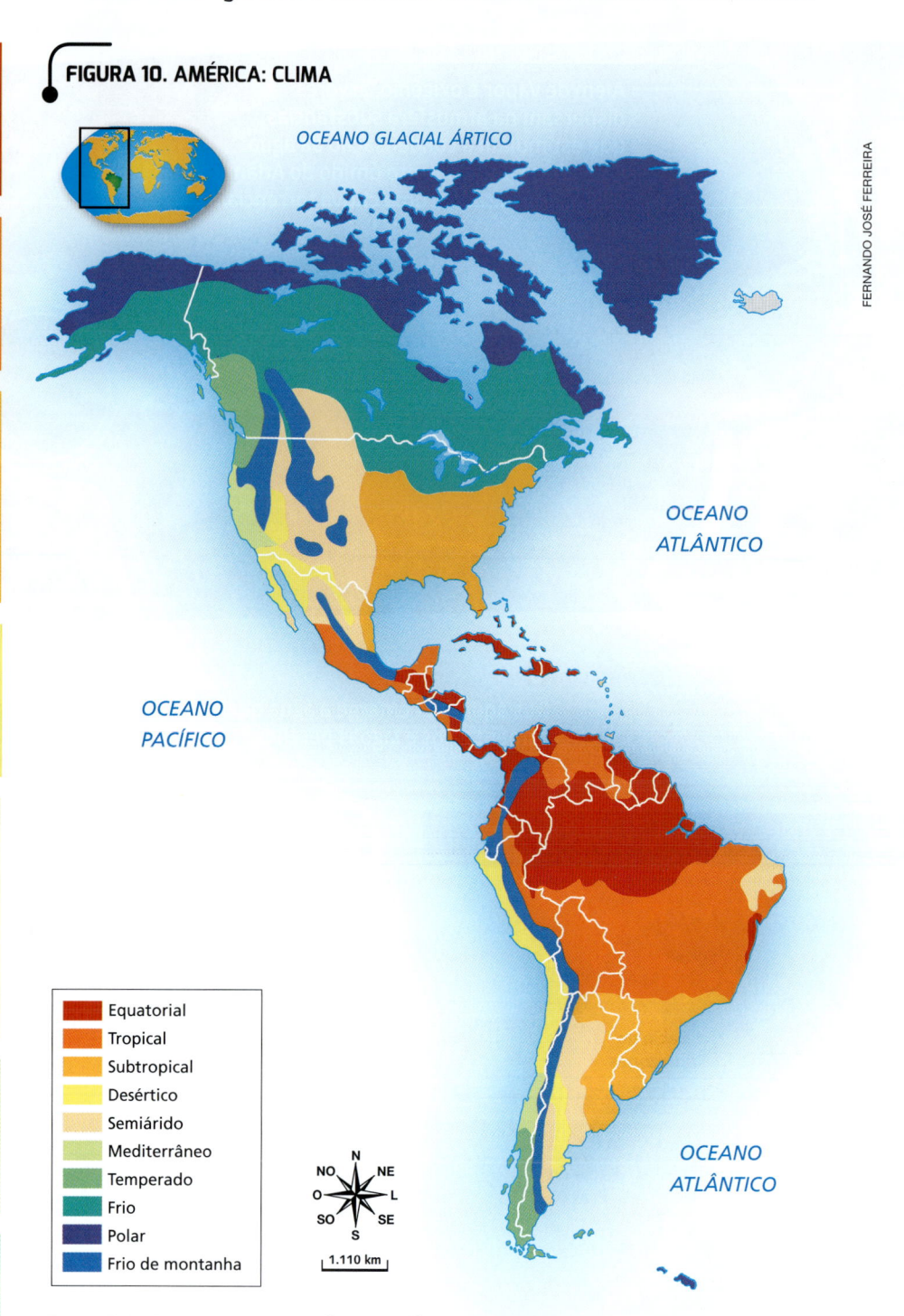

Clima polar
Caracteriza-se por temperatura média anual muito baixa (−10 °C). As precipitações ocorrem em forma de neve e o solo é coberto de gelo e neve em todas as estações do ano.

Clima frio de montanha
Predomina no oeste do continente, nas áreas mais elevadas das Montanhas Rochosas e da Cordilheira dos Andes. Apresenta baixas temperaturas durante todo o ano.

Fonte: FERREIRA, Graça M. L. *Atlas geográfico*: espaço mundial. 6. ed. São Paulo: Moderna, 2016. p. 22.

VEGETAÇÃO

A vegetação original de uma região é interdependente de elementos da natureza, como relevo, hidrografia, clima e solo (figura 11). Isso significa que ações voltadas ao desenvolvimento econômico, como a derrubada da vegetação nativa para construir estradas, ferrovias e hidrelétricas, para extrair os recursos da natureza ou para expandir áreas agrícolas ou cidades, provocam modificações em outros elementos naturais.

VEGETAÇÃO E APROVEITAMENTO ECONÔMICO

Na América, alguns tipos de vegetação sofreram grandes alterações e significativa redução de suas extensões originais em decorrência de ações humanas vinculadas ao aproveitamento econômico.

Um exemplo é a **floresta boreal** ou de **coníferas**, também conhecida como **taiga**, formação bastante homogênea que recobre parte do Canadá. Formada por pinheiros, ela foi muito explorada para produção de madeira e papel, atividade hoje praticada por meio de reflorestamento das áreas anteriormente desmatadas.

A **floresta temperada**, por sua vez, foi bastante devastada pela ação humana e substituída, principalmente, pela agricultura. Hoje essa formação vegetal está presente apenas em alguns parques e reservas nacionais.

As **pradarias** são um tipo de vegetação que também já foi bastante devastado para a prática da agricultura – como cultivo de grãos e cereais (trigo, soja, milho, sorgo) – e para a prática da pecuária. A região central dos Estados Unidos, que era recoberta por pradaria, apresentava solo muito fértil e, por isso, atualmente possui uma das agriculturas mais produtivas do mundo.

A **savana**, que no Brasil é denominada **cerrado**, foi extensamente devastada para dar lugar à agricultura (principalmente de soja) e à pecuária.

A exploração econômica e a incessante devastação eliminaram grandes áreas de **florestas tropicais** e **equatoriais** (úmidas). A Mata Atlântica brasileira (exemplo de Floresta tropical) foi amplamente retirada para dar lugar às cidades, às áreas agrícolas e às pastagens (figura 12). As florestas equatoriais, por sua vez, têm sido devastadas, sobretudo, para o uso do solo para a criação de gado e a plantação de soja.

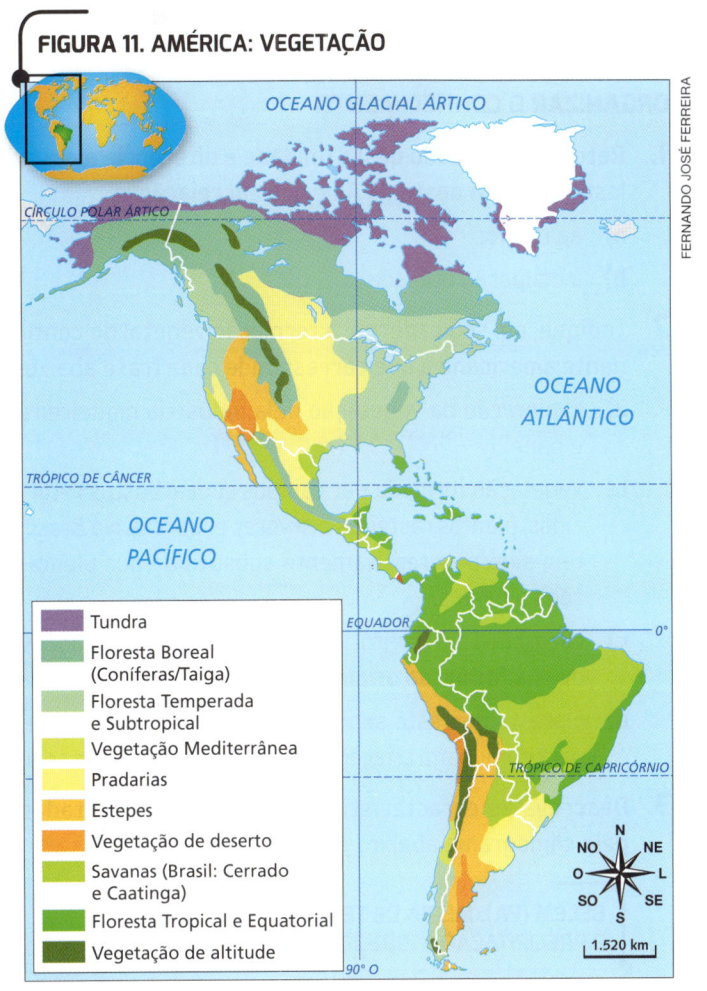

FIGURA 11. AMÉRICA: VEGETAÇÃO

Fonte: FERREIRA, Graça M. L. *Moderno atlas geográfico*. 6. ed. São Paulo: Moderna, 2016. p. 23.

Figura 12. No Brasil, a Mata Atlântica está praticamente restrita a parques e reservas. No primeiro plano da foto, vista da Praia Barra do Una cercada por áreas do Parque Estadual da Serra do Mar (SP, 2018).

ATIVIDADES

ORGANIZAR O CONHECIMENTO

1. Retome o conteúdo desta Unidade e diferencie a costa leste da costa oeste da América em relação:
    a) ao relevo;
    b) à ocupação humana.

2. Indique, em seu caderno, a formação vegetal do continente americano a que corresponde cada frase abaixo.
    a) Exploração da vegetação pela indústria madeireira e papel.
    b) Vegetação formada por campos com arbustos retorcidos, plantas rasteiras e árvores esparsas. No Brasil, tem sido progressivamente substituída por plantações e pastos.
    c) Localizada em território brasileiro, restam apenas 5% de sua formação original.
    d) Floresta que está sendo devastada, principalmente, para dar lugar à criação de gado e à plantação de soja.

3. Descreva as características do clima representadas pelo climograma abaixo.

BELÉM (PA): MÉDIA DE TEMPERATURA E PRECIPITAÇÃO – 1981-2010

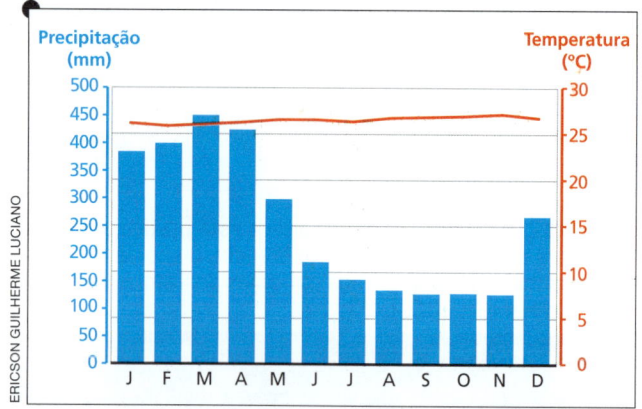

Fonte: Instituto Nacional de Meteorologia. *Norma climatológica de 1981-2010.* Disponível em: <http://www.inmet.gov.br/portal/index.php?r=clima/normaisclimatologicas>. Acesso em: 9 maio 2018.

4. O que explica a ocorrência de clima frio de montanha em regiões de países próximos à linha do Equador, como Colômbia e Peru?

5. O cultivo de grãos em larga escala, como a soja, contribui principalmente para a devastação de quais tipos de vegetação nos Estados Unidos e no Brasil?

6. Copie as frases a seguir no caderno, corrigindo-as quando necessário.
    a) Com base na regionalização da América por critérios geográficos, o Brasil está localizado na América Latina.
    b) A América Latina se destaca pela exportação de produtos de alta tecnologia.
    c) A América Anglo-Saxônica é composta de populações que falam inglês.
    d) A atual diversidade cultural na América deve-se apenas ao encontro entre indígenas, colonizadores europeus e africanos trazidos como escravos.

7. Descreva os climas que predominam na América Norte e explique como eles influenciam a ocupação humana.

APLICAR SEUS CONHECIMENTOS

8. A foto abaixo registra uma área de vegetação típica de Mata Atlântica, floresta que recobria grande parte do litoral brasileiro e vem sendo devastada desde a chegada dos portugueses. Descreva esse tipo de vegetação.

Trecho de vegetação de Mata Atlântica no município do Rio de Janeiro (RJ, 2018).

9. Responda às questões.

    No Canadá é muito expressiva a indústria madeireira e de celulose.
    a) O que justifica essa atividade em termos naturais?
    b) Como os canadenses lidam com a questão ambiental ligada a essa atividade econômica?

10. Observe as fotos a seguir e faça o que se pede.

Terraços para plantação em Pisac, na Cordilheira dos Andes (Peru, 2017).

Casas de ribeirinhos, conhecidas como palafitas, na Amazônia. Os habitantes da região vivem do extrativismo e da pesca para subsistência. Foto no município de Almerim (PA, 2017).

a) Na área da Cordilheira dos Andes, a possibilidade de aproveitamento das terras para a agricultura é ampla ou restrita? Justifique sua resposta.

b) Os incas, povo nativo do continente americano, abriram terraços nas encostas das montanhas que são utilizados até os dias de hoje. Explique a existência desses terraços.

c) Relacione o modo de vida dos ribeirinhos com a vegetação, o clima e a hidrografia da região onde vivem.

11. (UFRN-2013) Os mapas a seguir apresentam duas formas de regionalização do continente americano.

Considerando que a regionalização do espaço geográfico se realiza a partir de diferentes critérios, a divisão regional desse continente representada no:

a) mapa 2 está definida a partir de aspectos físico-ambientais.

b) mapa 1 está baseada em elementos político-territoriais.

c) mapa 1 está definida a partir de aspectos socioeconômicos.

d) mapa 2 está baseada em elementos histórico-culturais.

MARTINS, D. et al. *Geografia*: Sociedade e cotidiano. v. 3. São Paulo: Educacional, 2010. p. 81. [adaptado]

TEMA 3

POPULAÇÃO

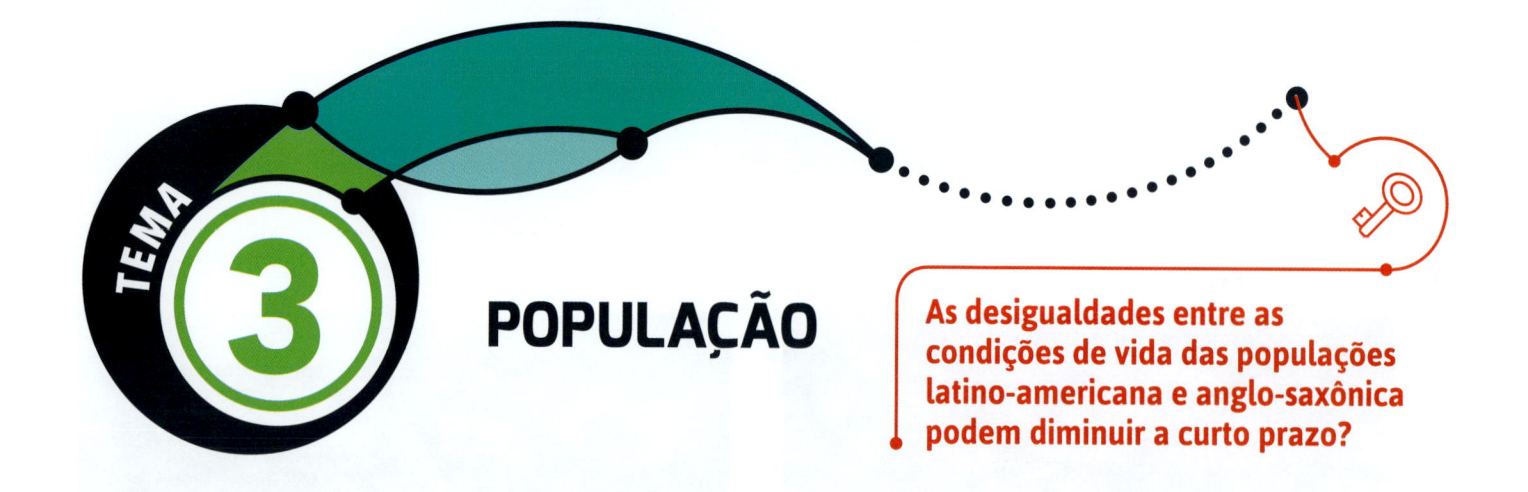

As desigualdades entre as condições de vida das populações latino-americana e anglo-saxônica podem diminuir a curto prazo?

CARACTERÍSTICAS DEMOGRÁFICAS

O território americano é ocupado de forma desigual por cerca de 1 bilhão de habitantes. De modo geral, observa-se no continente a concentração das cidades nas áreas litorâneas, um padrão de povoamento construído durante a colonização europeia e uma menor ocupação humana nas regiões de altas montanhas, de florestas e de desertos.

DENSIDADE DEMOGRÁFICA

Os índices mais altos de densidade demográfica da América são encontrados na porção leste, a primeira do continente a ser colonizada pelos europeus (figura 13). O relevo, constituído principalmente de planaltos de baixa altitude, e as extensas formações vegetais que existiam na região favoreceram a ocupação humana.

Os extremos norte e sul da América apresentam as menores densidades, em virtude de seu clima mais frio.

As porções central e oeste do continente apresentam baixa densidade demográfica. No centro, isso se relaciona à presença da Floresta Amazônica e de extensões áridas e semiáridas na América do Sul. Na porção central da América do Norte, a ocupação humana é dificultada pela ocorrência de clima muito seco. No oeste, tanto na América do Sul como na América do Norte, um fator limitador para o povoamento é o relevo montanhoso.

FIGURA 13. AMÉRICA: DENSIDADE DEMOGRÁFICA – 2015

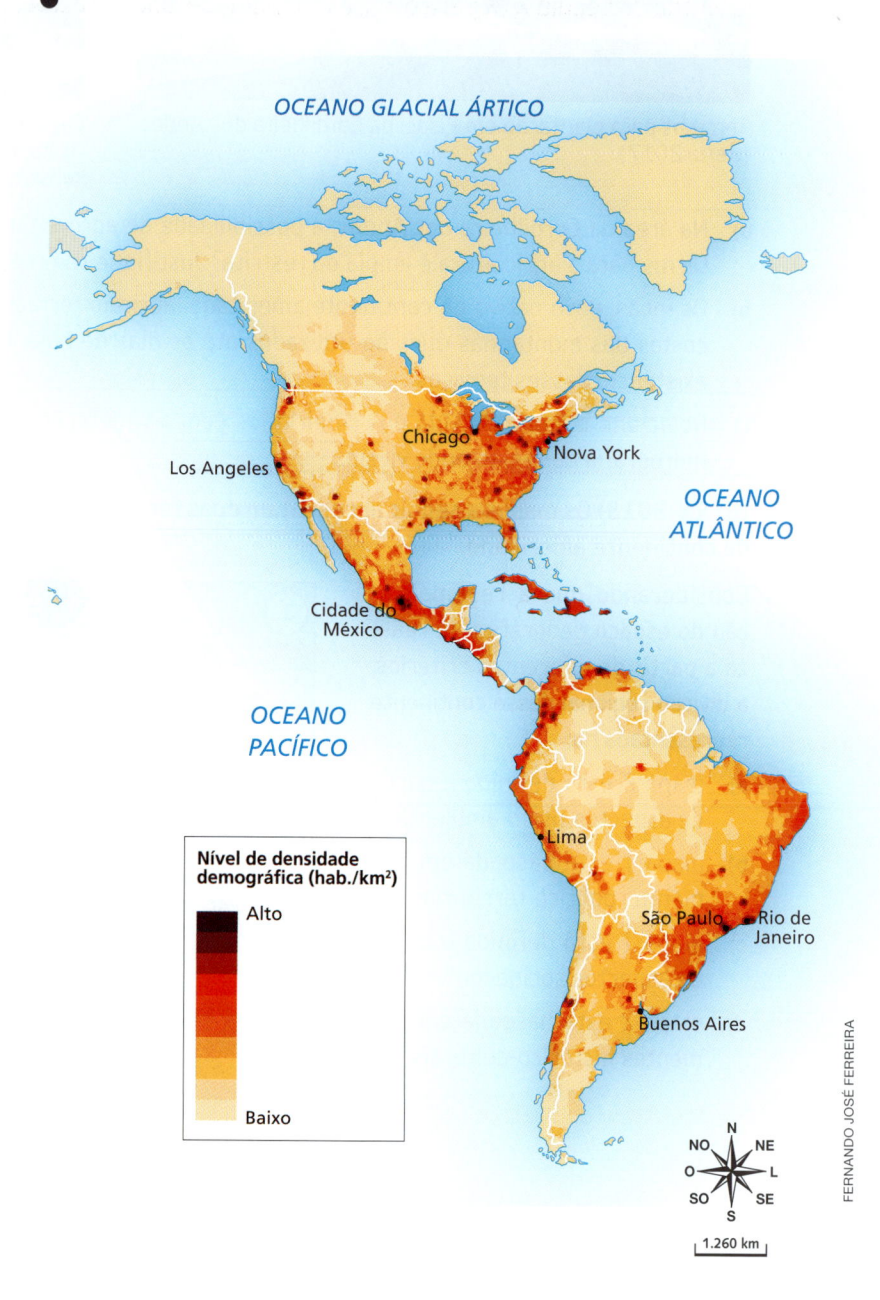

Fonte: IBGE. *Atlas Geográfico Escolar*. 7. ed. Rio de Janeiro: IBGE, 2016. p. 70.

CRESCIMENTO DEMOGRÁFICO

O crescimento demográfico na América também é desigual, visto que os países desenvolvidos apresentam taxas menores de crescimento da população que os países em desenvolvimento.

AMÉRICA ANGLO-SAXÔNICA

Na segunda metade do século XIX, a América Anglo-Saxônica, em especial os Estados Unidos, passou por um período de crescimento econômico que promoveu melhorias nas condições de vida e redução das taxas de mortalidade. Esse aspecto, aliado à chegada de muitos imigrantes, proporcionou um rápido crescimento populacional nessa porção do continente.

Na virada do século XIX para o XX, a mortalidade ainda era alta, especialmente entre grupos menos favorecidos, como o dos afrodescendentes. Em meados do século XX, as taxas de natalidade diminuíram, influenciadas pela urbanização, pelos custos da criação dos filhos, pelo ingresso da mulher no mercado de trabalho, pela disseminação de métodos anticoncepcionais e pelo planejamento familiar.

A partir dessa época, a redução da natalidade, associada a um rigoroso controle da imigração, resultou na queda do crescimento demográfico na América Anglo-Saxônica.

AMÉRICA LATINA

No mesmo período em que o número de habitantes da América Anglo-Saxônica começava a diminuir, nos países latino-americanos iniciava-se um processo de explosão demográfica. O aumento nas taxas de natalidade e a redução da mortalidade registrados foram consequência de melhorias médico-sanitárias: campanhas de vacinação, melhoria no atendimento médico-hospitalar, expansão no tratamento de água e coleta de lixo e esgoto.

PARA PESQUISAR

- **Latinoamericana** <http://latinoamericana.wiki.br/>
A enciclopédia que apresenta verbetes de lugares, personalidades, grupos e fatos importantes da América Latina, tanto nas áreas de história, economia e política quanto no campo da cultura e das artes.

DESIGUALDADE SOCIOECONÔMICA

Uma característica dos países da América Latina é a existência de graves problemas sociais. A razão fundamental para isso é a distribuição desigual da riqueza. O Índice de Desenvolvimento Humano (IDH) de alguns países latino-americanos demonstra a desigualdade social existente (tabela 1).

De olho na tabela

Dos países latino-americanos selecionados, qual apresenta o maior e qual apresenta o menor IDH? Estabeleça uma comparação entre o IDH do Brasil e o dos países com melhor e pior classificação apresentados na tabela.

TABELA 1. PAÍSES SELECIONADOS: IDH – 2016			
País	IDH	País	IDH
Chile	0,847	Equador	0,739
Argentina	0,827	Colômbia	0,727
Panamá	0,788	Suriname	0,725
Costa Rica	0,776	El Salvador	0,680
Cuba	0,775	Bolívia	0,674
Brasil	0,754	Guatemala	0,640
Peru	0,740	Haiti	0,493

Fonte: PNUD. *Human Development Report 2016*: human development for everyone. p. 198-201. Disponível em: <http://www.br.undp.org/content/brazil/pt/home/idh0/relatorios-de-desenvolvimento-humano/rdhs-globais.html#2016>. Acesso em: 16 jul. 2018.

SAÚDE PÚBLICA

Apesar dos avanços ocorridos nas últimas décadas, a América Latina apresenta graves índices relativos à saúde pública: o atendimento médico-hospitalar oferecido pelos governos é inadequado e insuficiente para atender à maioria da população (figura 14).

Dois indicadores sociais ajudam a compreender as diferentes condições de saúde na América Anglo-Saxônica e na América Latina: a taxa de mortalidade infantil e a expectativa de vida (tabela 2).

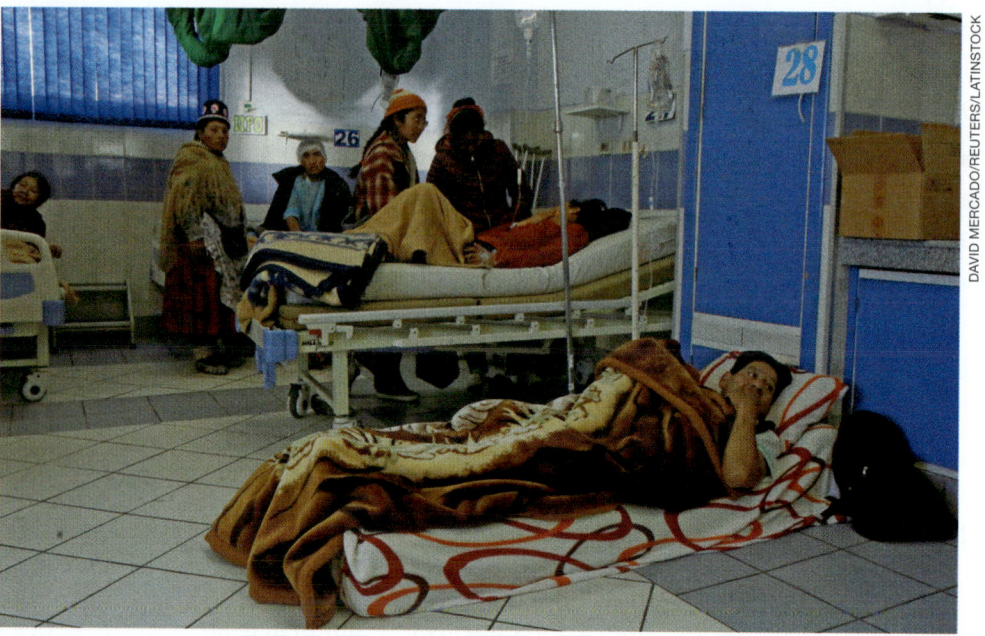

Figura 14. Na maior parte dos países latino-americanos, faltam postos de saúde, vagas em hospitais e equipamentos para o atendimento com qualidade à população. Foto do Hospital Geral em La Paz (Bolívia, 2017).

TABELA 2. PAÍSES SELECIONADOS: TAXA DE MORTALIDADE INFANTIL E EXPECTATIVA DE VIDA – 2016			
	País	Mortalidade infantil abaixo de cinco anos (‰)	Expectativa de vida (anos)
América Anglo-Saxônica	Canadá	5	82
	Estados Unidos	6	79
América Latina	Chile	8	82
	Cuba	5	79
	Brasil	16	74
	Guatemala	24	72
	Bolívia	30	68
	Haiti	69	63

Fonte: PNUD. *Human Development Report 2016*: human development for everyone. p. 198-201; 226-229. Disponível em: <http://data.worldbank.org/indicator/SH.DYN.MORT> e <http://www.br.undp.org/content/brazil/pt/home/idh0/relatorios-de-desenvolvimento-humano/rdhs-globais.html#2016>. Acessos em: 16 jul. 2018.

ESTRUTURA ETÁRIA

Os países em desenvolvimento do continente americano apresentam taxas de natalidade mais altas e expectativa de vida mais baixa que os países desenvolvidos.

Na América Latina, é grande a participação de crianças e jovens na estrutura etária da população, enquanto na América Anglo-Saxônica é maior a participação de adultos e idosos.

Por meio de um gráfico chamado **pirâmide etária** ou **de idades**, podemos perceber claramente a diferença na estrutura etária da população americana.

Na maioria dos países latino-americanos, a pirâmide tem base larga, o que indica altas taxas de natalidade e predomínio de população jovem. O topo, onde estão representados os idosos, é estreito nos casos em que a expectativa de vida é baixa, como na Guatemala (figura 15) e na Bolívia (figura 16).

Nos países da América Anglo-Saxônica, a pirâmide etária tem base mais estreita, em razão da baixa natalidade, e topo mais largo devido à alta expectativa de vida, como ocorre nos Estados Unidos (figura 17) e no Canadá (figura 18).

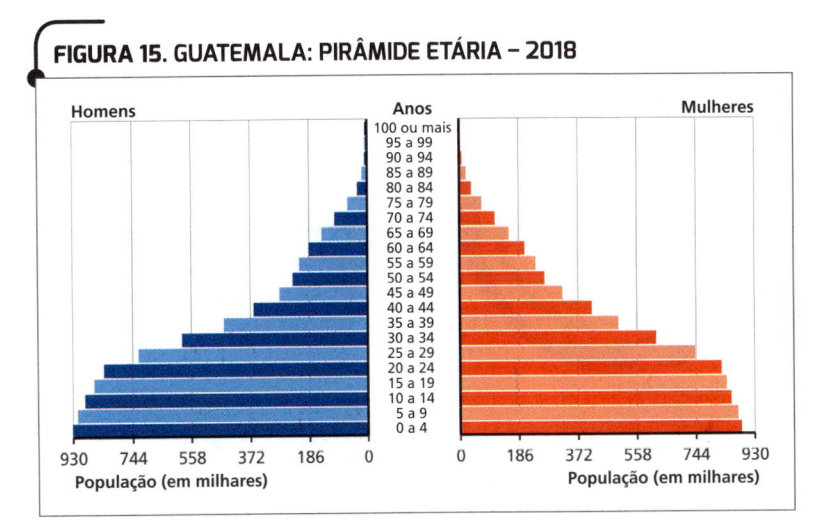

FIGURA 15. GUATEMALA: PIRÂMIDE ETÁRIA – 2018

Fonte: U. S. Census Bureau. Disponível em: <https://www.census.gov/data-tools/demo/idb/region.php?N=%20Results%20&T=12&A=separate&RT=0&Y=2018&R=150&C=GT>. Acesso em: 7 maio 2018.

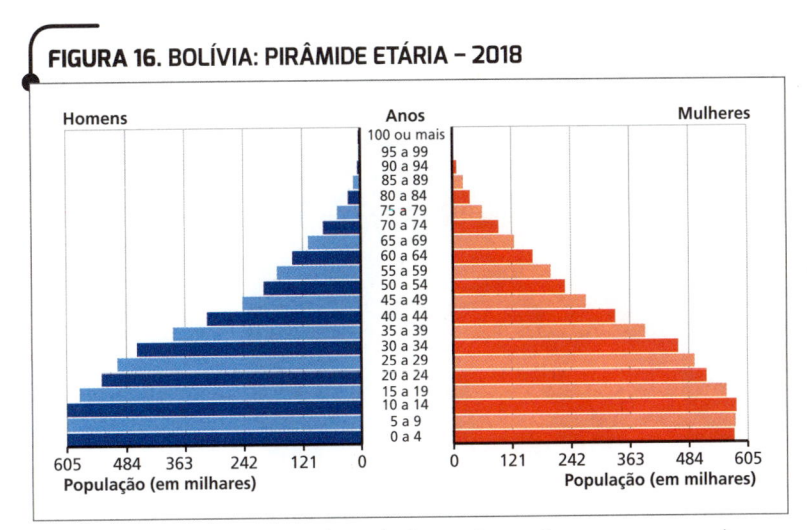

FIGURA 16. BOLÍVIA: PIRÂMIDE ETÁRIA – 2018

Fonte: U. S. Census Bureau. Disponível em: <https://www.census.gov/data-tools/demo/idb/region.php?N=%20Results%20&T=12&A=separate&RT=0&Y=2018&R=150&C=BL>. Acesso em: 7 maio 2018.

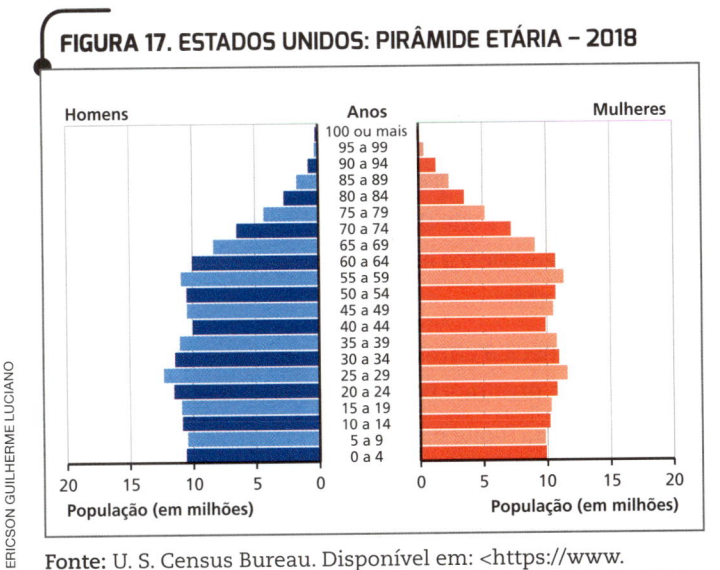

FIGURA 17. ESTADOS UNIDOS: PIRÂMIDE ETÁRIA – 2018

Fonte: U. S. Census Bureau. Disponível em: <https://www.census.gov/data-tools/demo/idb/region.php?N=%20Results%20&T=12&A=separate&RT=0&Y=2018&R=150&C=US>. Acesso em: 7 maio 2018.

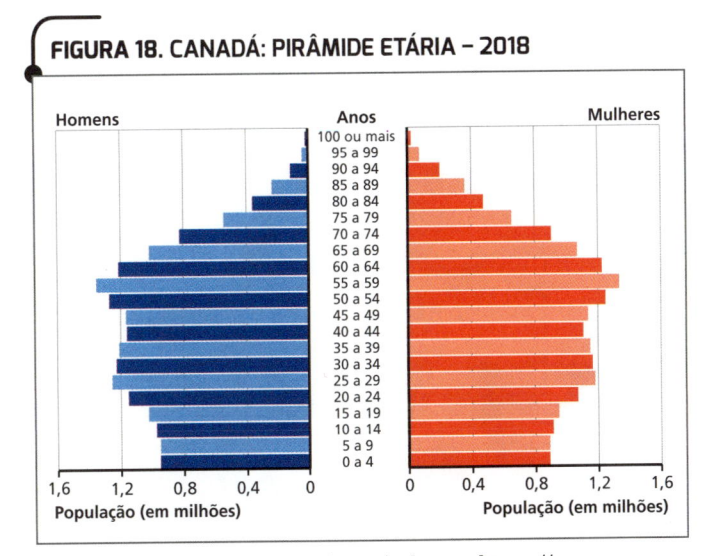

FIGURA 18. CANADÁ: PIRÂMIDE ETÁRIA – 2018

Fonte: U. S. Census Bureau. Disponível em: <https://www.census.gov/data-tools/demo/idb/region.php?N=%20Results%20&T=12&A=separate&RT=0&Y=2018&R=-1&C=CA>. Acesso em: 7 maio 2018.

TEMA 4

ECONOMIA

Como é organizada a economia na América?

EXPLORAÇÃO DOS RECURSOS NATURAIS

O território americano é rico em recursos naturais: a formação geológica do continente propicia a exploração de minérios; a presença de dois oceanos (Atlântico e Pacífico) favorece a atividade pesqueira; a existência de uma extensa rede hidrográfica facilita a obtenção de energia elétrica; os diversos tipos de clima, as variadas formas de relevo e os diferentes tipos de solo contribuem para a prática da agropecuária (figura 19). A biodiversidade das florestas da América também é aproveitada pelas indústrias para o desenvolvimento de inúmeros produtos.

Figura 19. Plantação de mandioca, planta originária da América do Sul, em Cabrobó (PE, 2017).

EXTRAÇÃO MINERAL

As jazidas minerais e de combustíveis fósseis exploradas na América se encontram espalhadas pelo continente (figura 20).

Na América Anglo-Saxônica, a presença de grandes jazidas, principalmente de petróleo, carvão, ferro, urânio e gás natural, associada à disponibilidade de capitais, possibilitou o desenvolvimento de uma grande quantidade de indústrias.

Estados Unidos e Canadá empregam modernas técnicas para a extração de minérios. Nesses países, as leis ambientais controlam a produção das empresas por meio de fiscalização rigorosa e aplicação de multas aos infratores de leis ambientais.

Para escapar desse tipo de fiscalização e obter mais lucro, várias empresas mineradoras da América Anglo-Saxônica migraram para a América Latina, onde encontram grande quantidade de recursos naturais, poucas leis contra a exploração predatória e mão de obra barata.

Na América Latina, o México, o Equador e a Venezuela são grandes produtores de petróleo, estando neste país as maiores reservas de petróleo do mundo. O Brasil se destaca na produção de ferro e também de petróleo.

Figura 20. Exploração de petróleo em Utah (Estados Unidos, 2016).

CHILE

A economia de muitos países latino-americanos — como Bolívia, Jamaica, Equador e Venezuela — depende da extração e da exportação de minérios. Apesar de possuir muitas jazidas em seu território, a maior parte desses países não dispõe de tecnologia para pesquisa, extração e beneficiamento dos minérios, permitindo que esses recursos sejam extraídos por empresas transnacionais. Um desses recursos é o cobre, cujo principal produtor é o Chile (tabela 3).

TABELA 3. MAIORES PRODUTORES DE COBRE – 2016			
	Produção (milhares de toneladas)	Participação na produção mundial (%)	Participação nas reservas mundiais (%)
Chile	5.500	28,3	29,2
Peru	2.300	11,8	11,4
Estados Unidos	1.400	7,2	4,6
Austrália	970	5,0	12,2
Rússia	710	3,5	4,2

Fontes: COCHILCO. Ministerio. *Anuario de estadísticas del cobre y otros minerales 1997-2016*. Disponível em: <https://www.cochilco.cl/Lists/Anuario/Attachments/17/Anuario-%20avance7-10-7-17.pdf>; ICSG. *The world copper factbook 2017*. Disponível em: <http://www.icsg.org/index.php/component/jdownloads/finish/170/2462>; GEOLOGICAL SURVEY. *Mineral Commodity Summaries 2017*. Disponível em: <https://minerals.usgs.gov/minerals/pubs/mcs/2017/mcs2017.pdf>. Acessos em: 8 maio 2018.

O Chile é responsável por cerca de um terço da produção mundial de cobre, cujo montante superou 5 milhões de toneladas em 2016 (figura 21). Além desse mineral, o país é um importante produtor de ouro, prata, ferro, lítio e manganês.

A extração e a exportação de minérios é de extrema importância para a economia do país, representando cerca de 14% do PIB nacional e 55% das exportações do país. As principais minas de exploração mineral estão localizadas na região do deserto de Atacama e, recentemente, o país vem realizando esforços para modernizar os sistemas produtivos e as relações de trabalho nas minas, com a finalidade de minimizar os impactos socioambientais provocados por essa atividade.

De olho na tabela

1. Dos cinco países apresentados na tabela, quais estão localizados no continente americano?
2. O Chile pode ser considerado o principal produtor de cobre no mundo? Explique.

PARA ASSISTIR

- **Violeta foi para o céu**
  Direção: Andrés Wood. Argentina/Brasil/Chile: Imovision, 2011.

  O filme narra a trajetória de vida da compositora e artista chilena Violeta Parra, desde sua infância, nos Andes, até se tornar uma das mais importantes expressões da cultura latino-americana.

Figura 21. Extração de cobre em Rancagua (Chile, 2018).

VENEZUELA

A Venezuela se destaca entre os países da América Latina pela grande quantidade de riquezas minerais: o país possui uma das maiores reservas de petróleo do mundo – 24,8% do petróleo comercializado entre os países-membros da Organização dos Países Exportadores de Petróleo (Opep).

A exploração do petróleo corresponde a 90% das exportações venezuelanas (figura 22). O petróleo venezuelano é extraído e processado por multinacionais devido ao baixo grau de tecnologia que as empresas do país possuem. Já a exportação desse recurso é realizada por empresas estatais, que repassam os lucros ao governo.

A Venezuela também abriga grandes reservas de metais preciosos, como ouro e diamante, além de minas de ferro, manganês e bauxita, localizadas na Bacia do Rio Orinoco, na região amazônica do país.

TABELA 4. OPEP: RESERVAS DE PETRÓLEO BRUTO POR PAÍS-MEMBRO – 2016

País	Reserva de petróleo (em %)
Venezuela	24,8
Arábia Saudita	21,9
Irã	12,9
Iraque	12,2
Kuait	8,3
Emirados Árabes Unidos	8,0
Líbia	4,0
Nigéria	3,1
Catar	2,1
Argélia	1,0
Angola	0,8
Equador	0,7
Gabão	0,2

Fonte: OPEP. Disponível em: <http://www.opec.org/opec_web/en/data_graphs/330.htm>. Acesso em: 8 maio 2018.

Figura 22. Refinaria de petróleo em Maracaibo (Venezuela, 2018).

AGROPECUÁRIA

A produção agropecuária é bastante diversificada no continente americano. A distribuição dos tipos de produção agrícola e pecuária varia muito de um país para outro (figura 23).

AMÉRICA ANGLO-SAXÔNICA

Na América Anglo-Saxônica, a agricultura se destaca como uma das mais desenvolvidas do mundo, empregando técnicas modernas como a seleção de sementes, o uso intensivo de fertilizantes para corrigir os solos e de agrotóxicos para combater as doenças.

O alto grau de mecanização contribui para reduzir o número de trabalhadores rurais, mas favorece a produtividade. Esses fatores tornam os países da América Anglo-Saxônica grandes produtores agrícolas, principalmente de trigo, soja, centeio e cevada, cultivos voltados para o mercado interno. A produção é de tal ordem, que os dois países são grandes exportadores de grãos, estando entre os maiores do mundo.

A pecuária também adota tecnologia avançada, como inseminação artificial e modificação genética, técnicas que aumentam a produtividade.

AMÉRICA LATINA

Em vários países da América Latina, grande parte da produção agropecuária é voltada para exportação e praticada em extensas propriedades monocultoras. Essa estrutura produtora é herança dos tempos coloniais, das *plantations*: grandes áreas monocultoras de produtos tropicais (açúcar, banana, café) destinados à exportação e cultivados por mão de obra escrava.

Atualmente, muitos países, como Colômbia, Paraguai, Cuba e Guatemala, continuam economicamente dependentes da exportação de produtos agropecuários, principalmente café, cacau, cana-de-açúcar e banana, em geral produzidos com o emprego de técnicas tradicionais, o que resulta em baixa produtividade. Em contrapartida, em países como Brasil, Argentina, México e Chile, a produção agropecuária de algumas regiões se caracteriza pelo uso intensivo de máquinas e sofisticada tecnologia, o que resulta em alta produtividade.

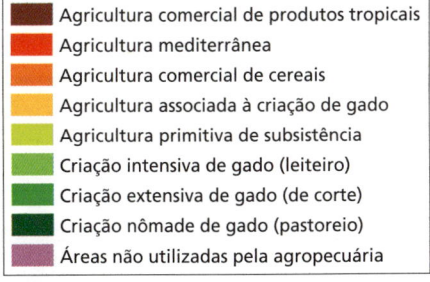

FIGURA 23. AMÉRICA: AGROPECUÁRIA

- Agricultura comercial de produtos tropicais
- Agricultura mediterrânea
- Agricultura comercial de cereais
- Agricultura associada à criação de gado
- Agricultura primitiva de subsistência
- Criação intensiva de gado (leiteiro)
- Criação extensiva de gado (de corte)
- Criação nômade de gado (pastoreio)
- Áreas não utilizadas pela agropecuária

Fonte: FERREIRA, Graça M. L. *Moderno atlas geográfico*. 6. ed. São Paulo: Moderna, 2016. p. 26.

INDÚSTRIA

A atividade industrial concentra-se na América Anglo-Saxônica e em algumas áreas da América Latina. Os países da América Anglo-Saxônica são mais industrializados e utilizam tecnologia de ponta.

Nos Estados Unidos, formou-se uma das maiores e mais antigas áreas industriais do mundo, conhecida como *manufacturing belt*, ou cinturão da manufatura, que concentra as indústrias dos ramos automobilístico, siderúrgico, metalúrgico, mecânico, têxtil e naval (figura 24).

No sul dos Estados Unidos, há uma região industrial mais recente, conhecida como *Sun Belt*, ou Cinturão do Sol, onde se destacam as indústrias dos ramos aeroespacial e petroquímico.

No Canadá, Ontário e Quebec destacam-se como centros industriais. A siderurgia é um dos setores mais importantes no país.

INDÚSTRIA E TECNOLOGIA

A tecnologia, que consiste na aplicação do conhecimento científico e inclui técnicas, procedimentos e métodos, é utilizada pelas indústrias para melhorar os processos de produção e o aproveitamento das matérias-primas.

Estados Unidos e Canadá dedicam parte relevante de seu orçamento a pesquisas, educação e formação profissional. Esses países abrigam as principais zonas de desenvolvimento tecnológico, os chamados **tecnopolos**, com destaque para a Califórnia e a região dos Grandes Lagos, ambas em território estadunidense.

No oeste dos Estados Unidos, na região conhecida como Vale do Silício, na Califórnia (figura 25), concentram-se as indústrias de tecnologia de ponta, como informática, eletrônica e robótica. O Vale do Silício também abriga universidades e centros de pesquisa, além de contar com mão de obra qualificada.

Figura 24. Indústria aeroespacial na Califórnia (Estados Unidos, 2017).

Figura 25. Empresas de alta tecnologia no Vale do Silício, na Califórnia (Estados Unidos, 2017).

DEPENDÊNCIA TECNOLÓGICA

A industrialização da América Latina, iniciada mais tardiamente que a da América Anglo-Saxônica, apresenta como característica uma **grande dependência de capital e de tecnologia**, provenientes, principalmente, de empresas transnacionais sediadas na América Anglo-Saxônica, na Europa e no Japão. Essa condição leva os países latino-americanos a exportar matérias-primas para nações com maior desenvolvimento tecnológico e importar delas produtos industrializados.

Países como Brasil, México e Argentina, no entanto, concentram as principais e mais modernas áreas industriais do território latino-americano, com variados tipos de indústria e produção diversificada de bens (figura 26).

No Brasil também existem tecnopolos. Cidades como Campinas, São Carlos e São José dos Campos, localizadas no estado de São Paulo, abrigam grandes centros de pesquisa, empresas e universidades.

Figura 26. Nos países latino-americanos predominam indústrias como as têxteis, de alimentos e bebidas, que empregam baixa tecnologia no processo produtivo e mão de obra barata e pouco qualificada. Na foto, um lanofício (manufatura de lã), em San Jose (Uruguai, 2017).

COMÉRCIO E SERVIÇOS

A partir da década de 1970, o desenvolvimento e a implantação de novas tecnologias na indústria, além da concentração de terras e da modernização do campo, favoreceram a urbanização e o crescimento do setor terciário. A mão de obra dispensada pelos setores primário e secundário migrou para o comércio e a prestação de serviços.

Atualmente, o setor terciário compõe parte expressiva da economia de países desenvolvidos e em desenvolvimento, ocupando a maior parte da população economicamente ativa.

Nos países mais industrializados do continente americano, o crescimento da produção industrial foi alavancado pela utilização de novas tecnologias, enquanto o crescimento do comércio e dos serviços teve como base a incorporação de mão de obra, em um primeiro momento.

Nos países latino-americanos também se percebe a força da participação do setor terciário na economia, embora a importância de algumas atividades do setor primário ainda seja relativamente alta.

As cidades são as principais áreas de concentração das atividades de comércio e de serviços, mas em quase todos os países da América Latina elas não conseguiram absorver o grande contingente de mão de obra. Essa situação agravou os problemas sociais nas áreas urbanas, aumentando os índices de favelização, desemprego e criminalidade, entre outros (figura 27).

Figura 27. O trabalho informal é uma constante nas grandes cidades latino-americanas. Na foto, vendedora de artesanato, na cidade do México (México, 2015).

Trilha de estudo

Vai estudar? Nosso assistente virtual no *app* pode ajudar!
<http://mod.lk/trilhas>

ATIVIDADES

ORGANIZAR O CONHECIMENTO

1. Cite dois países da América Anglo-Saxônica e dois da América Latina.

2. Como se caracteriza o oeste do continente americano em termos de relevo?

3. Indique a alternativa correta sobre a agricultura na América.
   a) É desenvolvida em toda a extensão do território.
   b) É desenvolvida apenas na América do Norte.
   c) É desenvolvida apenas nos Estados Unidos e no Canadá.
   d) É voltada para a exportação em grande parte da América Latina.
   e) Caracteriza-se pelo cultivo de grãos na faixa equatorial.

4. Em relação à população da América, é correto afirmar que:
   a) ela não se concentra em áreas litorâneas.
   b) o crescimento demográfico é homogêneo em todo o continente.
   c) de maneira geral, a expectativa de vida é alta.
   d) a população latino-americana é predominante composta de jovens.
   e) as condições de assistência médico-hospitalar na América Latina explicam o alto IDH da maioria dos países da região.

APLICAR SEUS CONHECIMENTOS

5. Analise a pirâmide etária do Haiti em 2018. Podemos dizer que esse país é desenvolvido? Por quê?

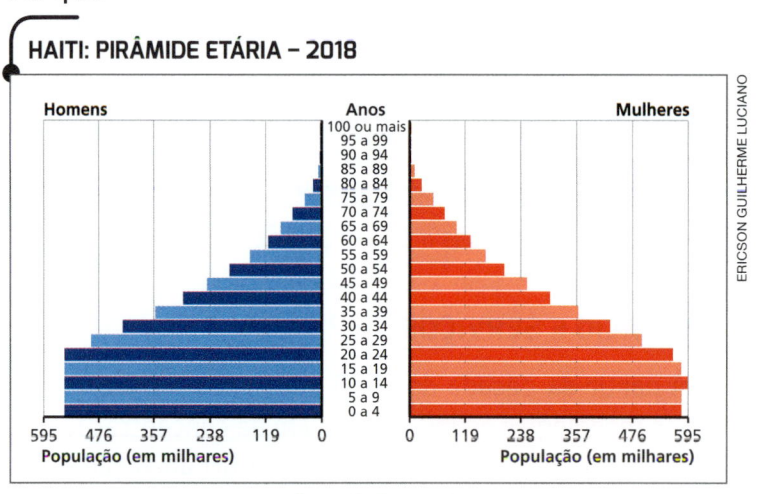

HAITI: PIRÂMIDE ETÁRIA – 2018

Fonte: U. S. Census Bureau. Disponível em: <https://www.census.gov/data-tools/demo/idb/region.php?N=%20Results%20&T=12&A=separate&RT=0&Y=2018&R=1&C=HA>. Acesso em: 10 maio 2018.

6. Observe as imagens e compare, no caderno, os dois tipos de indústria, indicando as regiões da América das quais eles são representativos.

Indústria aeroespacial, em Lafayette (Estados Unidos, 2017).

Fábrica de doces e chocolate, na Cidade do México (México, 2017).

7. Interprete a tabela e responda às questões.

PAÍSES SELECIONADOS: PIB POR SETORES DA ECONOMIA (EM %) – 2018			
País	Agricultura	Indústria	Serviços
Brasil	6,2	21,0	72,8
Argentina	10,9	28,2	60,9
Chile	4,4	31,4	64,3
Bolívia	13,0	37,4	54,1
Guiana	17,5	37,8	44,7
Peru	7,5	36,3	56,1
Equador	6,5	33,8	59,7
Paraguai	17,9	27,7	54,5
Guatemala	13,2	23,6	63,2

Fonte: CIA. *The World Factbook*. Disponível em: <https://www.cia.gov/library/publications/resources/the-world-factbook/geos/bl.html>. Acesso em: 9 maio 2018.

a) No início do século XXI, há um setor econômico que sobressai em termos de participação no PIB dos países selecionados? Se sim, qual é esse setor?

b) Explique os fatores que contribuem para que isso ocorra.

8. Leia o texto abaixo e responda à questão.

"A falta de diversificação está por trás dos problemas econômicos da Venezuela. De acordo com cifras de 2015 da Organização dos Países Exportadores de Petróleo (Opep), a Venezuela tem as maiores reservas de petróleo bruto do mundo, com mais de 300 milhões de barris. Isso coloca o país à frente de Arábia Saudita (266 milhões de barris), Irã (158 milhões de barris) e Iraque (142 milhões de barris). [...] Mais de 90% das exportações da Venezuela e aproximadamente metade da receita do governo vêm do petróleo."

Deutsch Welle. Disponível em: <http://www.dw.com/pt-br/petr%C3%B3leo-%C3%A9-b%C3%AAn%C3%A7%C3%A3o-e-maldi%C3%A7%C3%A3o-para-venezuela/a-38492277>. Acesso em: 10 maio 2018.

- Qual é a principal crítica no texto a respeito da economia da Venezuela?

DESAFIO DIGITAL

9. Acesse o objeto digital *Por dentro do Vale do Silício*, disponível em <http://mod.lk/desv8u3>, e responda às questões.

a) Quais são as características das empresas localizadas no Vale do Silício?

b) Que condições favoreceram a instalação de empresas no local?

c) Por que muitos equipamentos projetados no Vale do Silício são produzidos em outros países?

Mais questões no livro digital

REPRESENTAÇÕES GRÁFICAS

Pirâmides etárias

No Tema 3 desta Unidade, comparamos as pirâmides etárias de alguns países americanos. Agora, vamos entender um pouco melhor esse tipo de gráfico.

Para conhecer a população de um país, um pesquisador coleta dados como: número de habitantes, composição por sexo e idade e fatos históricos que marcaram a evolução dessa população (guerras, êxodos etc.).

A **pirâmide etária** fornece algumas dessas informações, em dado momento, e permite que se perceba visualmente a diferença na estrutura etária de certa população.

A pirâmide etária é composta de dois gráficos de barras: um representa as mulheres, e o outro, os homens. O eixo vertical traz as faixas de idade, com valores que crescem para o alto; o eixo horizontal informa o número de habitantes, com valores que aumentam em direção às bordas.

Observe os exemplos ao lado e, em seguida, pratique a interpretação das pirâmides etárias.

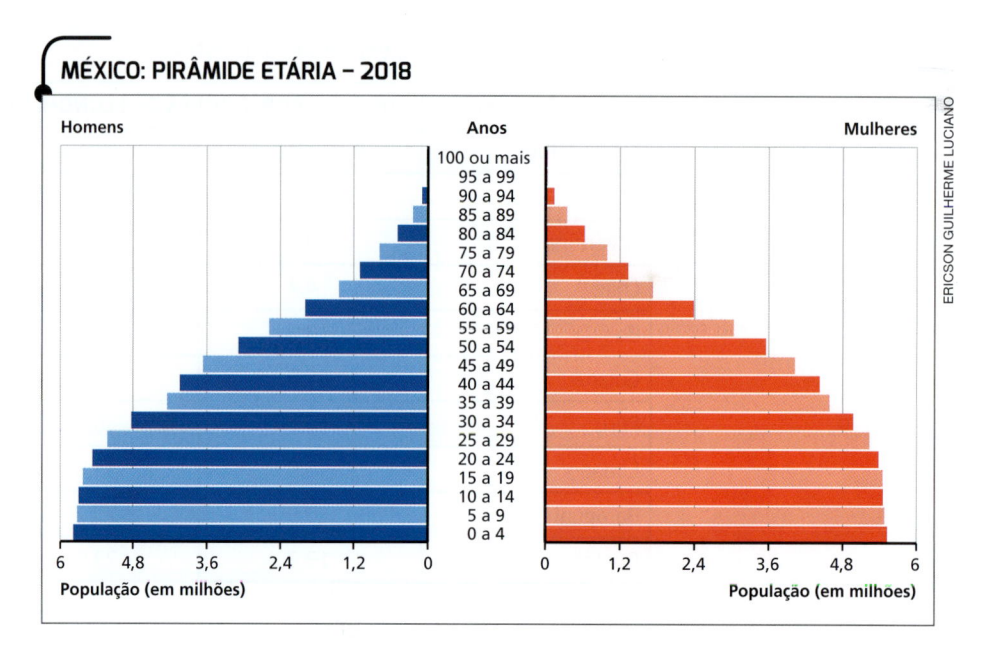

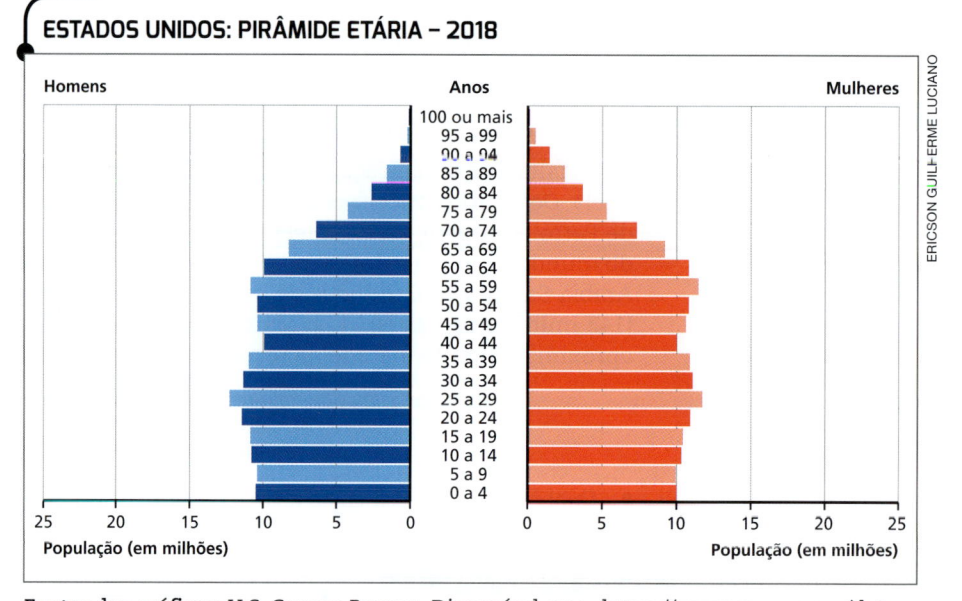

MÉXICO: PIRÂMIDE ETÁRIA – 2018

ESTADOS UNIDOS: PIRÂMIDE ETÁRIA – 2018

Fontes dos gráficos: U.S. Census Bureau. Disponível em: <https://www.census.gov/data-tools/demo/idb/region.php?N=%20Results%20&T=12&A=separate&RT=0&Y=2018&R=-1&C=MX>; <https://www.census.gov/data-tools/demo/idb/region.php?N=%20Results%20&T=12&A=separate&RT=0&Y=2018&R=-1&C=CA>. Acessos em: 8 maio 2018.

ATIVIDADES

1. Qual dos países representados acima tem a população mais numerosa? Como se pode chegar a essa resposta apenas comparando as pirâmides etárias?

2. Que país apresenta maior participação de população economicamente ativa (PEA) na população total? Quais são as consequências desse fato?

ATITUDES PARA A VIDA

Escola Comum

A América Latina abriga algumas cidades muito numerosas, como São Paulo, onde uma parcela da população vive em áreas periféricas, muitas vezes desprovidas de serviços urbanos essenciais. Não é raro encontrar jovens que se preocupam com as condições precárias existentes, despontando como lideranças que lutam pelos direitos das comunidades onde vivem.

"Alexia Oliveira tem apenas 19 anos e já está muito segura sobre seu 'projeto de vida'. Ela quer abrir um cursinho pré-vestibular no bairro onde vive [...]. Atualmente está se preparando para o Enem [...] ao mesmo tempo que segue buscando as ferramentas necessárias, uma base, para um dia levar adiante seu plano. Recentemente encontrou a Escola Comum, um inédito projeto de ensino [...] que pretende formar novos e jovens líderes nas periferias brasileira.

O projeto pedagógico foi idealizado por um grupo de acadêmicos e ativistas [...] que já trabalhavam com formação de lideranças e periferia. Com a Escola Comum, querem [...] transmitir os valores 'do compartilhamento, comprometimento social, comunidade, coletividade e bem-comum' para as escolhas de vida de cada um dos 26 jovens que participam da primeira turma.

Edifício que abriga a Escola Comum, localizada na cidade de São Paulo (SP, 2017).

'Esperamos que no final desse período tenha sido formada uma liderança cosmopolita, que saiba olhar para as diversas soluções que estão acontecendo no mundo, e que seja capaz de pensar sempre coletivamente', acrescenta [a cientista social e antropóloga Rosana Pinheiro-Machado]."

A escola que quer formar novos líderes nas periferias brasileiras. *El País*, 1º abr. 2018. Disponível em: <https://brasil.elpais.com/brasil/2018/03/23/politica/1521840757_143100.html>. Acesso em: 10 maio 2018.

ATIVIDADES

1. A aluna Alexia Oliveira vem escolhendo alguns caminhos, como se preparar para o Enem, cursar a Escola Comum e buscar outras ferramentas, para que, futuramente, possa atingir seus objetivos, isto é, abrir um cursinho pré-vestibular no bairro onde vive. Assinale a alternativa que indica as atitudes desenvolvidas por Alexia nesse momento da vida dela.

   a) **Questionar e levantar problemas** e **aplicar conhecimentos prévios a novas situações**.

   b) **Controlar a impulsividade** e **pensar com flexibilidade**.

   c) **Pensar de maneira interdependente** e **imaginar, criar e inovar**.

   d) **Persistir** e **escutar os outros com atenção e empatia**.

2. De que forma o grupo de acadêmicos e ativistas está explorando a atitude "aplicar conhecimentos prévios a novas situações" no projeto Escola Comum?

3. Releia a reportagem e identifique outra atitude trabalhada no projeto Escola Comum. Antes de responder, veja novamente as atitudes descritas nas páginas finais deste livro.

COMPREENDER UM TEXTO

Carta da Organização dos Estados Americanos

Primeira parte

Capítulo II – Princípios

"Os Estados americanos reafirmam os seguintes princípios:

a) O direito internacional é a norma de conduta dos Estados em suas relações recíprocas;

b) A ordem internacional é constituída essencialmente pelo respeito à personalidade, soberania e independência dos Estados e pelo cumprimento fiel das obrigações emanadas dos tratados e de outras fontes do direito internacional;

c) A boa-fé deve reger as relações dos Estados entre si;

d) A solidariedade dos Estados americanos e os altos fins a que ela visa requerem a organização política dos mesmos, com base no exercício efetivo da democracia representativa;

e) Todo Estado tem o direito de escolher, sem ingerências externas, seu sistema político, econômico e social, bem como de organizar-se da maneira que mais lhe convenha, e tem o dever de não intervir nos assuntos de outro Estado. Sujeitos ao acima disposto, os Estados americanos cooperarão amplamente entre si, independentemente da natureza de seus sistemas políticos, econômicos e sociais;

f) A eliminação da pobreza crítica é parte essencial da promoção e consolidação da democracia representativa e constitui responsabilidade comum e compartilhada dos Estados americanos;

g) Os Estados americanos condenam a guerra de agressão: a vitória não dá direitos;

h) A agressão a um Estado americano constitui uma agressão a todos os demais Estados americanos;

i) As controvérsias de caráter internacional, que surgirem entre dois ou mais Estados americanos, deverão ser resolvidas por meio de processos pacíficos;

j) A justiça e a segurança sociais são bases de uma paz duradoura;

k) A cooperação econômica é essencial para o bem-estar e para a prosperidade comuns dos povos do Continente;

l) Os Estados americanos proclamam os direitos fundamentais da pessoa humana, sem fazer distinção de raça, nacionalidade, credo ou sexo;

m) A unidade espiritual do Continente baseia-se no respeito à personalidade cultural dos países americanos e exige a sua estreita colaboração para as altas finalidades da cultura humana;

n) A educação dos povos deve orientar-se para a justiça, a liberdade e a paz. [...]"

OEA. *Carta da Organização dos Estados Americanos*. Secretaria Geral da OEA, 1948. Disponível em: <http://www.oas.org/dil/port/tratados_A-41_Carta_da_Organiza%C3%A7%C3%A3o_dos_Estados_Americanos.htm>. Acesso em: 5 maio 2018.

A Carta da Organização dos Estados Americanos entrou em vigor em 1951 e sofreu algumas adaptações nos anos de 1970, 1988, 1996 e 1997. Composta de 3 partes divididas em 22 capítulos e 146 artigos, a Carta é o instrumento de referência por meio do qual as relações entre os países do continente americano são conduzidas. O texto procura expressar os mecanismos de garantia à soberania, integridade territorial e independência de cada um dos 35 países signatários. Os princípios da Carta são mencionados no capítulo II e estão separados em 14 itens, que devem, por princípio, ser compartilhados entre os países americanos.

Recíproca: que vale para os dois lados, uma interação de mesmo valor entre duas partes.

Emanada: procedente de algo ou alguma coisa.

Ingerência: intromissão, influência externa.

Controvérsia: polêmica, algo contestável, passível de discussão e outras opiniões.

ATIVIDADES

OBTER INFORMAÇÕES

1. Identifique no texto o princípio da Carta da OEA em relação à guerra.

2. Qual é o princípio que rege a Carta da OEA sobre os temas da diversidade e liberdades individuais?

INTERPRETAR

3. No item "j" da Carta da OEA, há os seguintes dizeres: "A justiça e a segurança sociais são bases de uma paz duradoura". Em sua opinião, qual é o significado e a importância dessa afirmação para os países americanos?

4. O item "m" dos princípios da Carta da OEA indica que "A unidade espiritual do Continente baseia-se no respeito à personalidade cultural dos países americanos". Diante dessa afirmação, você diria que a América é um continente culturalmente plural e diversificado? Se sim, cite algum exemplo de como efetivar o respeito à diversidade cultural.

PESQUISAR

5. Faça uma pesquisa sobre três instituições ou organizações do continente americano que reúnam múltiplos países para cooperarem entre si. No caderno, anote a sigla de cada organização, seu significado, os países que a compõem e, principalmente, a finalidade da organização.

REFLETIR

6. Qual é a importância desse documento para as relações entre os países do continente americano?

UNIDADE 4

ESTADOS UNIDOS E CANADÁ

Os Estados Unidos e o Canadá são países de colonização Anglo-Saxônica, e possuem a renda *per capita* e o Índice de Desenvolvimento Humano (IDH) mais elevados do continente americano. Nesses países, ocorre intensa exploração dos recursos naturais e amplo uso da tecnologia.

A hegemonia dos Estados Unidos no mundo é histórica e se expressa pelo seu potencial econômico, político e militar. Atualmente, um dos grandes desafios do país é lidar com a crescente desigualdade social. Já o Canadá, apesar de ser um dos países mais desenvolvidos do mundo, ainda é dependente de recursos dos Estados Unidos.

Após o estudo desta Unidade, você será capaz de:

- compreender a importância dos recursos energéticos, da indústria de ponta e da agricultura mecanizada para a economia dos Estados Unidos;
- debater questões envolvendo os imigrantes e as desigualdades sociais nos Estados Unidos;
- interpretar o papel de liderança econômica, política e militar mundial exercido pelos Estados Unidos;
- contextualizar as principais características populacionais e econômicas do Canadá.

ATITUDES PARA A VIDA

- Pensar e comunicar-se com clareza.
- Pensar de maneira interdependente.

Os Estados Unidos são um dos países do mundo que mais investem em tecnologia. Na foto, empresas localizadas na cidade de Mountain View, no Vale do Silício (estado da Califórnia), região que concentra algumas das transnacionais mais importantes do mundo. Foto de 2017.

Os Estados Unidos possuem o maior potencial militar do mundo, investindo altas quantias nesse setor. Na foto, militares estadunidenses durante conflitos civis na Síria, país localizado na Ásia, em 2018.

HUSSEIN MALLA/AP PHOTO/GLOW IMAGES

ROBERT MCGOUEY/ALAMY/FOTOARENA

Em 2016, Estados Unidos e Canadá detinham quase 23% das reservas mundiais de carvão. Na foto, usina de extração e trem de carga de carvão mineral, na província de Alberta (Canadá, 2017).

COMEÇANDO A UNIDADE

1. Como o avanço tecnológico e em pesquisas científicas ajuda a explicar o desenvolvimento de um país?

2. Os Estados Unidos e o Canadá são grandes consumidores de carvão e petróleo. Como esse fato se relaciona com o alto nível de desenvolvimento industrial e tecnológico desses países?

3. Observe a foto dos militares estadunidenses na Síria e responda: que tipo de poderio a foto retrata? De que outras formas os Estados Unidos exercem seu domínio em outros países?

101

TEMA 1

ESTADOS UNIDOS: ECONOMIA

Qual é a importância da tecnologia para que os Estados Unidos se mantenham como potência econômica no mundo atual?

CARACTERÍSTICAS GERAIS

Os Estados Unidos são um país de extensão continental. São o terceiro maior do mundo, com cerca de 9.833.517 km², incluindo os estados situados em território não contínuo: o Alasca, a noroeste do Canadá, e o Havaí, arquipélago localizado no Pacífico. Limitado ao norte com o Canadá e ao sul com o México, o país é banhado pelos oceanos Atlântico, na costa leste, Pacífico, na costa oeste, e Glacial Ártico, no Alasca (figura 1).

Do ponto de vista físico, o território continental dos Estados Unidos pode ser dividido em quatro grandes unidades: a leste, o relevo apresenta planaltos desgastados, como os **Montes Apalaches**; a oeste, estão as cordilheiras resultantes de dobramentos modernos, como as **Montanhas Rochosas**; no centro, encontram-se as **planícies centrais**; no litoral do Atlântico, localiza-se a **Planície Costeira**, formada por terrenos sedimentares. Reveja as altitudes do relevo americano no mapa da figura 6, da página 76.

FIGURA 1. ESTADOS UNIDOS: LOCALIZAÇÃO

Fonte: FERREIRA, Graça M. L. *Moderno atlas geográfico*. 6. ed. São Paulo: Moderna, 2016. p. 31.

RIQUEZAS MINERAIS E ENERGÉTICAS

Em virtude da complexa formação geológica do território estadunidense, no seu subsolo há grande variedade de recursos minerais e energéticos, como petróleo e gás natural, ferro, alumínio e cobre, entre outros. As grandes bacias de carvão existentes nos Montes Apalaches e na região dos Grandes Lagos foram essenciais para o êxito do desenvolvimento industrial dos Estados Unidos, no século XIX, sobretudo do nordeste do país, até hoje a região mais industrializada.

A EXPLORAÇÃO DO XISTO

Os Estados Unidos produzem cerca de 80% da energia que consomem. As principais fontes de recursos energéticos são os combustíveis fósseis, em especial o petróleo, extraído sobretudo no estado do Texas.

No início da década de 2000, o avanço da tecnologia possibilitou aos Estados Unidos explorar de maneira intensa o gás de xisto (figura 2), dando início a uma revolução energética que alterou o cenário econômico do país. O xisto é um tipo de rocha rico em material oleoso, que, quando aquecido a uma temperatura de cerca de 500 °C, libera óleos e gases que podem ser refinados e transformados, entre outras coisas, em gás e óleo combustível. Graças à exploração desse recurso natural, a importação de petróleo pelos Estados Unidos tem sofrido reduções.

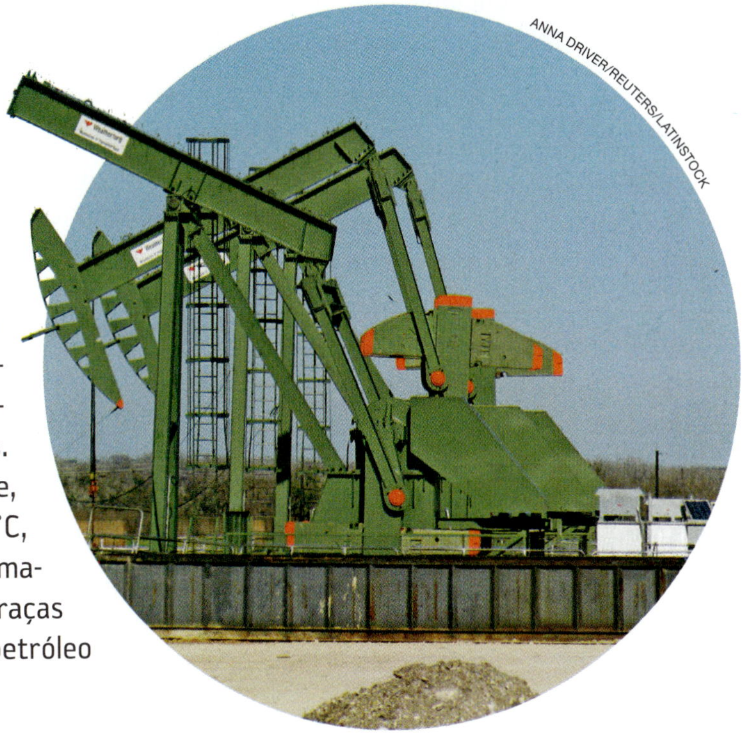
ANNA DRIVER/REUTERS/LATINSTOCK

Figura 2. Exploração de gás de xisto no condado de Dewitt, localizado no estado do Texas (Estados Unidos, 2016).

RELAÇÕES INTERNACIONAIS E QUESTÕES AMBIENTAIS

Com o desenvolvimento da produção de petróleo a partir do xisto, em 2018 previa-se que os Estados Unidos passassem de terceiro a segundo maior produtor de petróleo no mundo, atrás apenas da Rússia. Por outro lado, é esperado que até 2020 a China se torne o maior importador mundial de petróleo. Essa nova realidade impacta o cenário político global, visto que a dependência estadunidense de petróleo do Oriente Médio passa a ser menor (diminuindo o peso dessa região em seus interesses estratégicos), enquanto a China passa a depender cada vez mais do petróleo produzido no Oriente Médio e na África.

Devido ao alto consumo de combustíveis fósseis, os Estados Unidos são o segundo maior emissor de CO_2 do planeta, atrás apenas da China. Atualmente, 50% da eletricidade consumida no país é gerada em termelétricas altamente poluidoras, que utilizam carvão mineral como fonte de energia. A extração do xisto também traz problemas ao meio ambiente. Segundo ambientalistas, o método usado para sua obtenção pode contaminar com produtos químicos os lençóis freáticos localizados acima da camada de xisto. O país também investe pesadamente na obtenção de energia renovável, como a eólica e a proveniente de biocombustíveis.

ATIVIDADES ECONÔMICAS

A indústria e a agricultura dos Estados Unidos estão entre as mais produtivas e modernas do mundo. Essas atividades econômicas, juntamente com as infrestruturas que conectam as áreas de produção e consumo, são fundamentais na organização do espaço estadunidense.

INDÚSTRIA

De industrialização antiga e tradicional, o nordeste do país é conhecido como **Manufacturing Belt** (Cinturão Industrial) em razão da grande concentração de fábricas. Entre as indústrias locais destacam-se a siderúrgica, a química, a metalúrgica, a automobilística e a eletrônica. Nessa região situam-se a capital, Washington, e o principal centro econômico-financeiro do país: a cidade de Nova York.

Em virtude da concorrência dos carros japoneses e de outros produtos asiáticos, na década de 1980 as indústrias do nordeste entraram em crise e, logo depois, em decadência. Consequentemente, a região ficou conhecida como **Rust Belt** (Cinturão Enferrujado).

Na década de 1990, essa região industrial retomou a liderança global em alguns setores, como o automobilístico. Muitas indústrias foram remodeladas com base no uso da **tecnologia**, da **automação** e da **microeletrônica**. Embora nem todas tenham conseguido se recuperar, indústrias de alta tecnologia foram criadas em parceria com centros de pesquisa de grandes universidades.

Após a Segunda Guerra Mundial, o governo dos Estados Unidos investiu em obras de infraestrutura para desconcentrar a indústria do nordeste, dinamizando novas áreas no sul e no oeste do país. Essa iniciativa teve como principais fatores o crescimento do comércio com o Japão e a segurança do território, além da exploração de petróleo no Golfo do México e na Califórnia, que atraiu investimentos, empresas e pessoas para essas regiões.

Esse foi um período de afluxo de imigrantes no país, principalmente de mexicanos no sul, de cubanos na Flórida e de asiáticos na costa do Pacífico, o que gerou disponibilidade de mão de obra barata. Além disso, 3 milhões de pessoas deixaram o *Manufacturing Belt* para se dirigir a esses novos polos industriais que se formavam (figura 3).

Figura 3. Houston, no Texas, é a quarta maior cidade dos Estados Unidos. Em 1961, lá foi inaugurado o Centro de Controle da Agência Espacial (Nasa), responsável pelo monitoramento das viagens espaciais que partiam da Flórida. Com a presença da Nasa, desenvolveram-se indústrias de alta tecnologia na região, o que atraiu população do nordeste dos Estados Unidos para lá (foto de 2017).

VALE DO SILÍCIO

Nesses novos polos, instalados próximo a grandes universidades e centros de pesquisa, desenvolveram-se indústrias de **alta tecnologia**. Na Califórnia, o **Vale do Silício** concentra empresas de informática, tecnologia e telecomunicações. Essa área tem muita importância estratégica para os Estados Unidos, pois está mais próxima dos mercados asiáticos — os que mais crescem na economia global (figura 4).

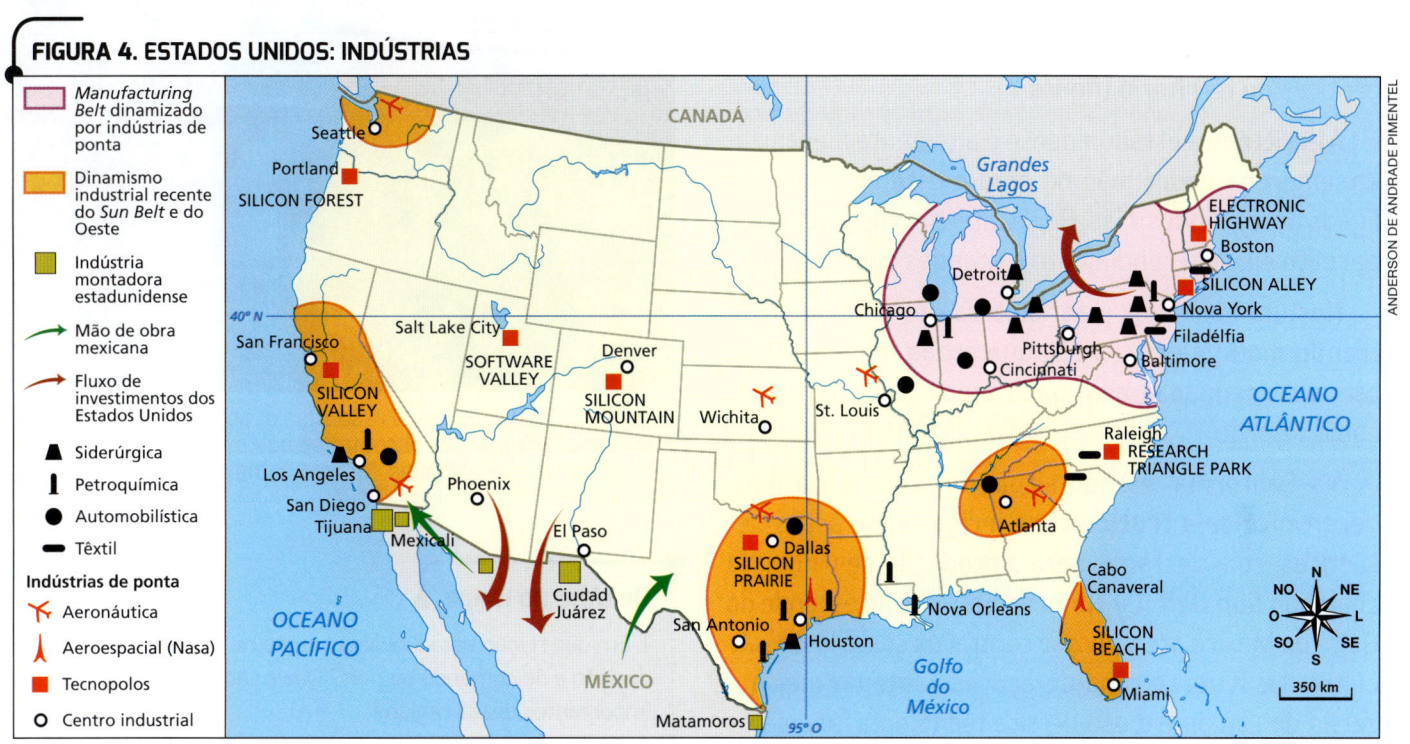

FIGURA 4. ESTADOS UNIDOS: INDÚSTRIAS

Fonte: FERREIRA, Graça M. L. *Atlas geográfico*: espaço mundial. 4. ed. São Paulo: Moderna, 2013. p. 75.

AGRICULTURA

A agricultura estadunidense, **intensiva** e **altamente mecanizada**, é a mais produtiva do mundo e emprega apenas 2% da População Economicamente Ativa (PEA) do país. Além de abastecer seu mercado interno, os Estados Unidos são o maior exportador mundial de alimentos, com destaque para a produção de trigo, soja e milho (figuras 5 e 6).

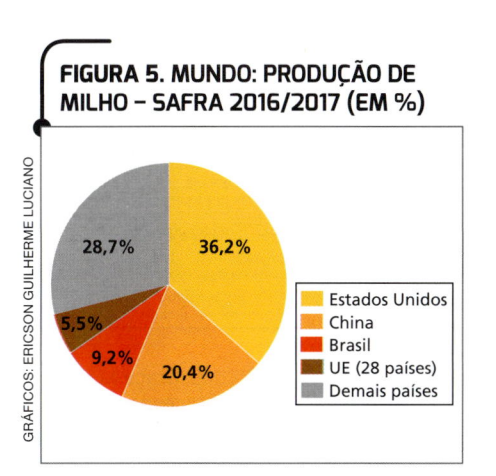

De olho nos gráficos

Qual é a posição dos Estados Unidos em relação à produção e à exportação de milho no mundo? Compare a atuação dos Estados Unidos no mercado mundial com a dos demais grandes produtores.

FIGURA 5. MUNDO: PRODUÇÃO DE MILHO – SAFRA 2016/2017 (EM %)

- Estados Unidos: 36,2%
- China: 20,4%
- Brasil: 9,2%
- UE (28 países): 5,5%
- Demais países: 28,7%

FIGURA 6. MUNDO: EXPORTAÇÃO DE MILHO – SAFRA 2016/2017 (EM %)

- Estados Unidos: 36,5%
- Brasil: 19,8%
- Argentina: 16,2%
- Ucrânia: 13,3%
- Demais países: 14,2%

Fonte: FIESP. Safra Mundial de Milho 2017/18. Disponível em: <http://www.fiesp.com.br/indices-pesquisas-e-publicacoes/safra-mundial-de-milho-2/attachment/file-20180411191854-boletimmilhoabril2018/>. Acesso em: 11 maio 2018.

OS *BELTS* (CINTURÕES)

Cultivo de hortaliças, pecuária leiteira – conhecida como **Dairy Belt** (Cinturão dos Laticínios) – e moderna avicultura são atividades encontradas nas áreas próximas à região dos Grandes Lagos e às grandes cidades.

O **Wheat Belt** (Cinturão do Trigo) e o **Corn Belt** (Cinturão do Milho) são áreas situadas na região considerada o celeiro agrícola dos Estados Unidos, nas planícies centrais do território (figura 7).

A agricultura estadunidense é altamente mecanizada, emprega pouca mão de obra e está intimamente ligada às agroindústrias. O uso intensivo de tecnologia permite elevado rendimento e grandes colheitas.

Nos últimos anos, a agricultura dos *belts* vem sofrendo modificações, visto que áreas monocultoras têm sido ocupadas pelo gado e por novas culturas, como o sorgo.

Na Califórnia, estado situado no oeste do país, desenvolve-se a **fruticultura irrigada** em áreas desérticas, com destaque para a produção de vinho. No chamado **Sun Belt** (Cinturão do Sol), que se estende do Golfo do México até a porção central da costa leste, são cultivadas frutas e cana-de-açúcar. A intensa mecanização do campo e o uso de alta tecnologia fazem dos Estados Unidos a grande potência agrícola do mundo atual (figura 8).

Figura 7. Os Estados Unidos são o maior produtor de milho do mundo e sua produção concentra-se no *Corn Belt*, com lavouras intensamente mecanizadas. Na foto, colheita de milho em Princeton (Estados Unidos, 2017).

De olho no mapa

1. Em que região estadunidense estão os principais polos de decisão e de comando do país? Quais são as cidades mais importantes dessa região?
2. Podemos dizer que o espaço estadunidense está bastante integrado aos países vizinhos nas áreas de fronteira?

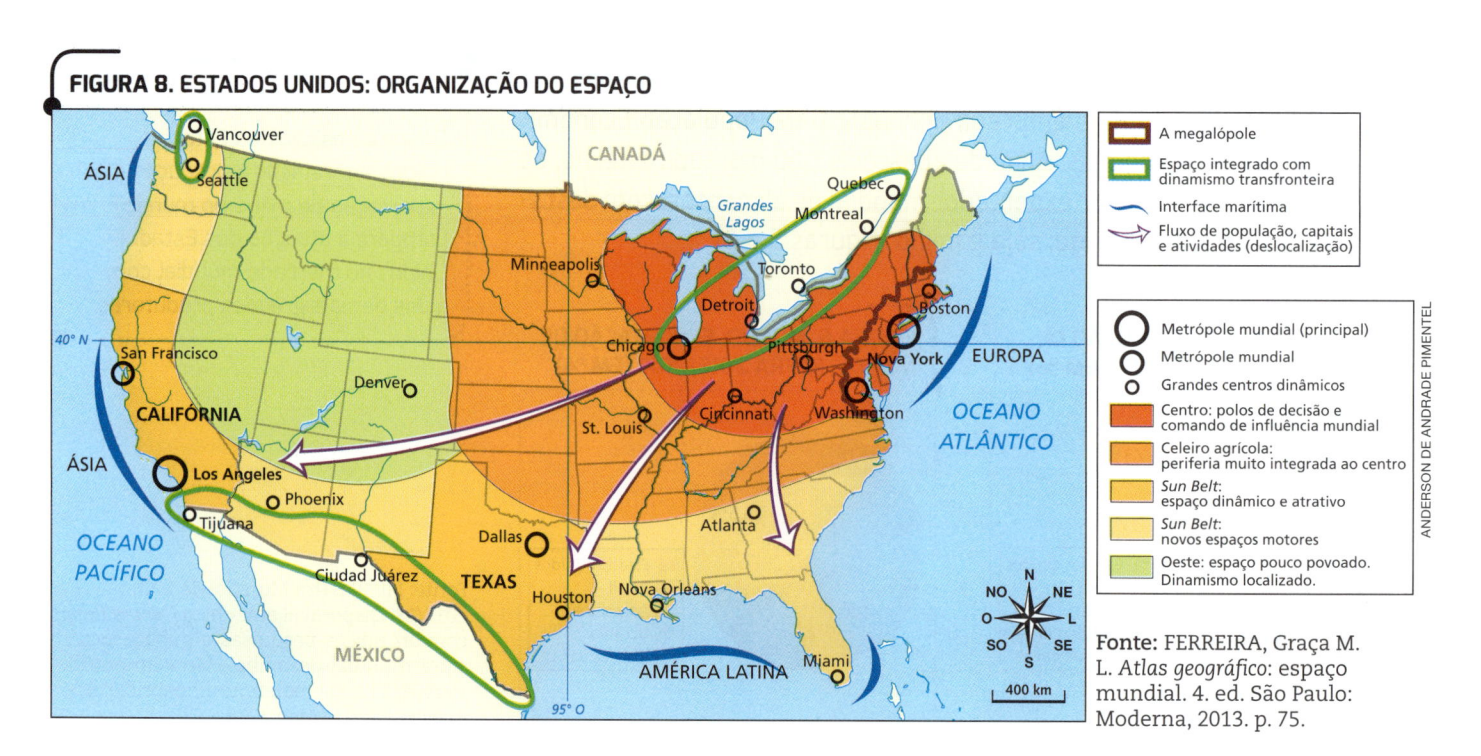

FIGURA 8. ESTADOS UNIDOS: ORGANIZAÇÃO DO ESPAÇO

Fonte: FERREIRA, Graça M. L. *Atlas geográfico*: espaço mundial. 4. ed. São Paulo: Moderna, 2013. p. 75.

TECNOLOGIA E GEOGRAFIA

O uso de drones na agricultura

"De acordo com estudo do *Bank of America e Merrill Lynch Global Research*, o mercado de *drones* para agropecuária vai movimentar cerca de US$ 82 bilhões até 2025 apenas nos Estados Unidos.

Esse indicador aferido na maior economia mundial é um termômetro do que deve ser uma tendência mundial nos próximos anos.

Os *drones* e vants (veículos aéreos não tripulados) já são uma realidade na agricultura de precisão, trabalhando como um braço da tecnologia da informação no monitoramento de pragas e doenças, contagem de mudas, pés e animais, análise de áreas para aplicação de defensivos e fertilizantes e diagnóstico de falta de água ou nutrientes, entre outras ações.

'A agricultura é o que certamente vai puxar o mercado de *drones* daqui em diante', afirmou à Agência Datagro o especialista em tecnologia de *drones* para a agropecuária, Northon Napoleão.

De acordo com ele, essa expansão se justifica pela combinação da redução de custos (equipamentos e mão de obra) com ganhos de eficiência na execução das tarefas.

'Dependendo do equipamento e da necessidade, os *drones* podem também executar tarefas mais complexas como semeadura e aplicação de insumos em áreas que são de difícil acesso para as máquinas agrícolas tradicionais', explica.

Em relação aos custos dos equipamentos, que hoje são altos, Napoleão projeta que gradativamente os *drones* se tornarão mais acessíveis também aos pequenos produtores.

Isso porque devem aumentar o número de empresas fazendo a montagem destes equipamentos. [...]"

IEPEC. *Mercado de drones para agropecuária vai gerar US$ 82 bilhões até 2025 nos EUA*. Disponível em: <http://iepec.com/mercado-de-drones-para-agropecuaria-vai-gerar-us-82-bilhoes-ate-2025-nos-eua>. Acesso em: 11 maio 2018.

Uso de *drone* em uma plantação de soja, em St. Louis (Estados Unidos, 2015).

ATIVIDADES

1. De que maneira os *drones* podem favorecer o desenvolvimento da agricultura?

2. Caracterize a agricultura dos Estados Unidos quanto ao uso de tecnologia.

TEMA 2

ESTADOS UNIDOS: POPULAÇÃO

A desigualdade e o racismo são características da população estadunidense?

CARACTERÍSTICAS GERAIS

Em 2018, a população dos Estados Unidos era de mais de 328 milhões de habitantes, a **terceira maior população** do mundo, superada apenas pelas da China e da Índia (figura 9). O crescimento populacional estadunidense era de 0,78% ao ano, e não era mais baixo em virtude do intenso fluxo migratório, vindo principalmente da América Central e da Ásia.

Além da migração legal, há décadas os Estados Unidos recebem, a cada ano, milhares de imigrantes ilegais, que formam parte da mão de obra menos qualificada que atua na agricultura e nos centros urbanos.

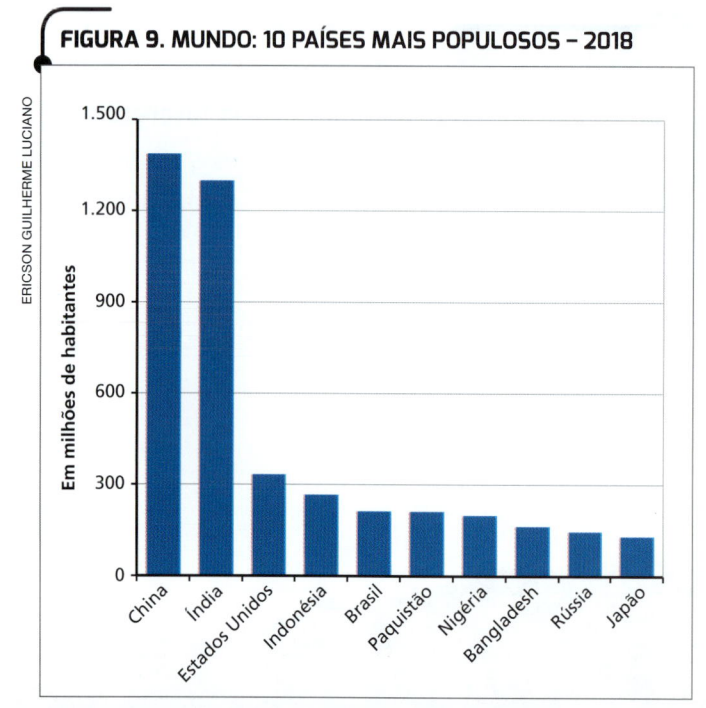

FIGURA 9. MUNDO: 10 PAÍSES MAIS POPULOSOS – 2018

[Gráfico de barras em milhões de habitantes: China ~1.400; Índia ~1.300; Estados Unidos ~330; Indonésia ~265; Brasil ~210; Paquistão ~200; Nigéria ~195; Bangladesh ~165; Rússia ~145; Japão ~125]

Fonte: Estes serão os países mais populosos de 2018. *Época Negócios*, 20 dez. 2017. Disponível em: <https://epocanegocios.globo.com/Mundo/noticia/2017/12/estes-serao-os-paises-mais-populosos-de-2018.html>. Acesso em: 15 maio 2018.

O atual perfil populacional dos Estados Unidos começou a tomar forma no século XVI, com a chegada dos colonizadores europeus, que praticamente dizimaram os indígenas nativos. No século XVII, um grande número de africanos escravizados foi levado para trabalhar, principalmente, nas plantações e, no século XIX, milhões de imigrantes, especialmente europeus, desembarcaram no país.

Hoje a população estadunidense é composta, em sua maioria, de brancos, que representam 76,9% do total de habitantes. Os afrodescendentes somam 13,3%; os asiáticos, 5,7%; os indígenas e os nativos do Alasca, 1,3%; outros grupos, 3,0%.

Estudos mostram que, nas próximas décadas, a composição da população estadunidense sofrerá significativas mudanças: até 2043, a população branca será minoria, e os afrodescendentes e os latinos constituirão a maioria dos habitantes do país.

DISTRIBUIÇÃO DA POPULAÇÃO

A população dos Estados Unidos se distribui pelo território de maneira irregular. No **nordeste** estão as maiores densidades demográficas, especialmente na região de Boston, Nova York e Washington. As outras áreas com bastante concentração populacional são a região dos **Grandes Lagos**, com destaque para a cidade de Chicago, e, na **costa oeste**, as cidades de Seattle, San Diego, San Francisco e Los Angeles (figura 10).

Em virtude de condições naturais que dificultam a ocupação humana, existem no país vastos espaços pouco povoados. São exemplos o Alasca, de clima muito frio; o Arizona, de clima árido e semiárido; e as áreas de relevo montanhoso, no oeste, como as Montanhas Rochosas.

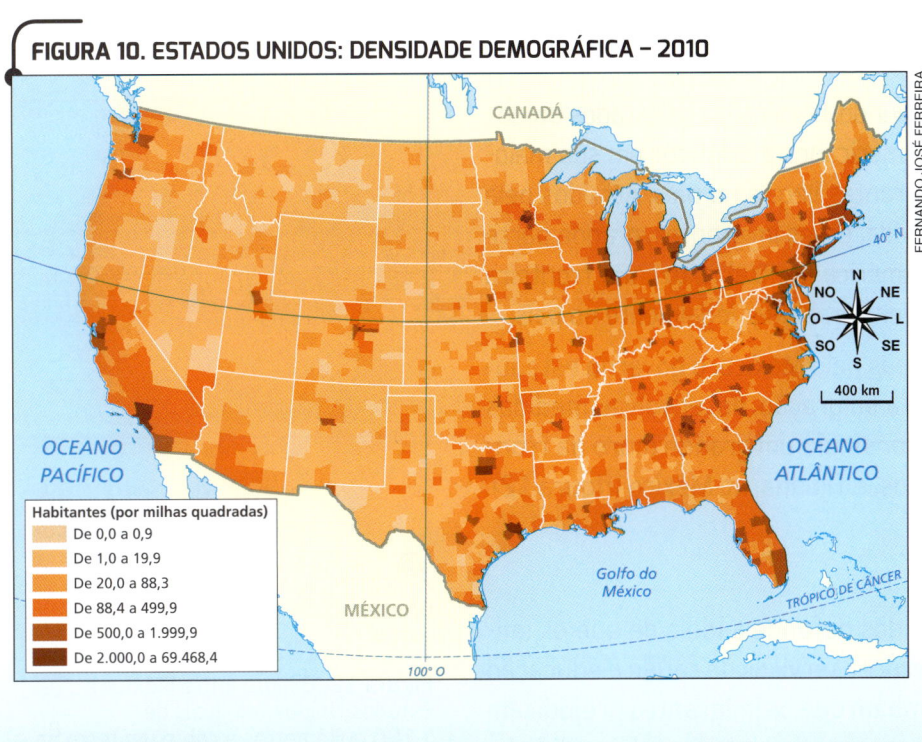

FIGURA 10. ESTADOS UNIDOS: DENSIDADE DEMOGRÁFICA – 2010

Habitantes (por milhas quadradas)
- De 0,0 a 0,9
- De 1,0 a 19,9
- De 20,0 a 88,3
- De 88,4 a 499,9
- De 500,0 a 1.999,9
- De 2.000,0 a 69.468,4

Uma milha equivale a aproximadamente 1,6 quilômetros.

Fonte: UNITED STATES CENSUS BUREAU. Population Density by County or County Equivalent: 2010. Disponível em: <https://www2.census.gov/geo/pdfs/maps-data/maps/thematic/us_popdensity_2010map.pdf>. Acesso em: 15 maio 2018.

MEGALÓPOLES

Os Estados Unidos abrigam três megalópoles. A maior delas, conhecida como **Bos-Wash**, que se estende de Boston a Washington (figura 11), no nordeste do território, concentrava cerca de 17% da população estadunidense, segundo o Censo de 2010. A segunda maior, chamada **San-San**, situa-se na costa oeste, entre San Francisco e San Diego, na Califórnia. Nela vivem 9% dos habitantes do país. A terceira, **Chi-Pitts**, que abrange a área situada entre Chicago e Pittsburgh, próxima à região dos Grandes Lagos, acolhe 6% da população.

Apesar de sua importância econômica, financeira e cultural, não são as megalópoles que mais crescem nos Estados Unidos. As áreas urbanas que registram maior crescimento são as regiões metropolitanas de várias cidades do Texas (como Houston e Austin), Orlando, na Flórida, Las Vegas, em Nevada, e Atlanta, na Geórgia.

Figura 11. Washington é a capital dos Estados Unidos, onde estão as sedes dos poderes Executivo, do Legislativo e do Judiciário. Em Washington também estão as sedes de importantes instituições nacionais e internacionais, como a do Fundo Monetário Internacional, a do Banco Mundial e a da Organização dos Estados Americanos. Foto de 2018.

IMIGRAÇÃO

Pelo fato de ser a maior economia do mundo, há décadas os Estados Unidos atraem milhões de imigrantes — latino-americanos e asiáticos em sua maioria. Hoje há cerca de 11 milhões de imigrantes ilegais no país. Atraídos pela possibilidade de melhores condições de vida, esses imigrantes, grande parte proveniente do México e de países da América Central, cruzam a fronteira sem a documentação necessária para viver e trabalhar legalmente no país.

Para conter a entrada ilegal de pessoas pelo México, o governo estadunidense estabeleceu rígidas leis contra a imigração, desenvolveu medidas de repressão policial nas fronteiras e construiu um grande muro na fronteira entre San Diego, nos Estados Unidos, e Tijuana, no México (figura 12).

PRECONCEITO E DISCRIMINAÇÃO

Parte da população dos Estados Unidos defende a ideia de que os imigrantes oneram o Estado, que deve oferecer serviços de saúde e educação a eles. Parte da população acredita também que os imigrantes prejudicam os não imigrantes por concorrerem a postos de trabalho. Na realidade, porém, os imigrantes realizam os trabalhos mais pesados e de baixa remuneração, pouco atrativos aos cidadãos estadunidenses. As minorias étnicas são discriminadas em termos econômicos e sociais, e os imigrantes se concentram em comunidades formadas por pessoas que compartilham o mesmo local de origem.

Onerar: sobrecarregar, impor gastos.

Figura 12. O muro entre México e Estados Unidos tem mais de 1.100 quilômetros e cobre um terço da fronteira entre os dois países. Em 2018, Donald Trump, eleito pela população como presidente do país, anunciou que tinha intenções de estender o muro por toda a fronteira entre os dois países, postura que gerou forte oposição. Na foto, vista do muro em Ciudad Juárez (México, 2018).

Figura 13. Um homem toma água em um bebedouro destinado apenas a negros, em Oklahoma (Estados Unidos, 1939). Nessa época, a segregação racial se aplicava a todos os aspectos da vida cotidiana do país.

DESIGUALDADES SOCIAIS

Apesar de serem um país desenvolvido, os Estados Unidos apresentam alguns índices sociais semelhantes aos de nações em desenvolvimento. Enquanto, por exemplo, 6,3% da população da Suécia vive com menos de 11 dólares por dia, nos Estados Unidos essa porcentagem chega a 13,6%. Da mesma forma, enquanto em alguns países desenvolvidos a expectativa de vida dos habitantes é cerca de 84 anos, nos Estados Unidos ela é de 79,2, média inferior à de alguns países em desenvolvimento, como Chile, Costa Rica e Cuba.

DIFERENÇAS SOCIAIS

Uma característica dos indicadores populacionais estadunidenses é a diferença entre as médias verificadas entre pessoas brancas com alta escolaridade e pessoas afrodescendentes com baixa escolaridade: enquanto a expectativa de vida de um homem branco com educação universitária, por exemplo, é de 80 anos, a de um homem afro-americano com baixa escolaridade é de 66 anos.

As diferenças entre as condições de vida de pessoas afrodescendentes e as de pessoas brancas nos Estados Unidos é histórica (figura 13). Até meados do século XX, por exemplo, a separação entre negros e brancos era praticada no sul do país — onde predominou a escravidão até o século XIX — e os afrodescendentes não tinham muitos de seus direitos civis assegurados, como o do voto. Diferenças econômicas e sociais perduram até os dias de hoje, quando a maioria da população negra vive em condições sociais e econômicas inferiores às da maioria da população branca. Embora tenham sido implantadas políticas de inclusão, o preconceito persiste e parte da população afrodescendente e latina ainda sofre violência e vive em condições precárias (figura 14).

Figura 14. Manifestação contra a violência e a discriminação sofridas pelos afrodescendentes em Chicago (Estados Unidos, 2018).

ATIVIDADES

ORGANIZAR O CONHECIMENTO

1. Marque V para as afirmações verdadeiras e F para as afirmações falsas.

    (   ) Os Estados Unidos têm um subsolo pobre em minérios.

    (   ) O carvão está provocando uma revolução energética nos Estados Unidos.

    (   ) A exploração de xisto tem crescido nos Estados Unidos e pode contaminar os lençóis freáticos.

    (   ) A agricultura estadunidense é moderna, intensiva e muito produtiva.

    (   ) A exploração do gás de xisto só foi possível graças aos recentes avanços tecnológicos.

2. Assinale a alternativa que melhor caracteriza a indústria dos Estados Unidos.

    a) O *Rust Belt* é uma área de industrialização recente, localizado no nordeste, e concentra o maior polo de tecnologia do país.

    b) Com o intuito de desconcentrar as indústrias do noroeste, o governo investiu em outras áreas, e fábricas foram para a região central do país.

    c) As indústrias do *Manufacturing Belt* têm investido na automação e na microeletrônica, em parceria com centros de pesquisas de universidades.

    d) No Vale do Silício, as empresas de informática, tecnologia e telecomunicações estão em uma região estratégica, próxima aos mercados da América Latina.

3. Caracterize os cinturões agropecuários dos Estados Unidos quanto à localização e ao tipo de cultivo realizado.

4. Comente a distribuição territorial da população dos Estados Unidos e explique os vazios demográficos existentes no país.

5. Por que a questão racial nos Estados Unidos ainda é um problema a ser resolvido?

APLICAR SEUS CONHECIMENTOS

6. A anamorfose a seguir mostra a distribuição do PIB no continente americano. Após analisá-la, assinale a alternativa correta.

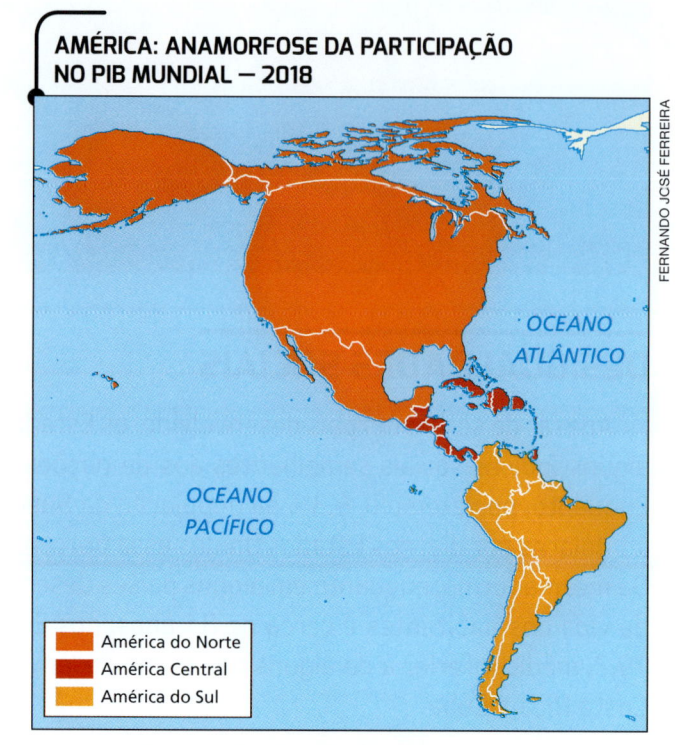

    AMÉRICA: ANAMORFOSE DA PARTICIPAÇÃO NO PIB MUNDIAL – 2018

    Fonte: WORLD MAPPER. GDP Wealth 2018.
    Disponível em: <https://worldmapper.org/maps/gdp-2018/>.
    Acesso em: 14 maio 2018.

    a) Os países que compõem a América Anglo-Saxônica possuem PIB semelhante.

    b) Existe um desnível na geração de riqueza entre a América Anglo-Saxônica e a América Latina.

    c) Entre os países da América do Sul, o Brasil é o único que possui PIB parecido com o dos Estados Unidos.

    d) As riquezas geradas no continente americano são parecidas, mas há um claro destaque para Estados Unidos e Canadá.

7. Interprete o texto abaixo, sobre o muro na fronteira entre Estados Unidos e México, e, em seguida, assinale a alternativa correta.

    "O fechamento completo da fronteira teria um impacto negativo na economia das cidades localizadas em ambos os lados, tendo reflexo na relação econômica dos dois países – algo que muitos políticos americanos gostariam de evitar.

    Muitas comunidades do lado americano dependem economicamente de cidades irmãs mexicanas. Diversas cidades mexicanas abrigam fábricas que empregam milhares de trabalhadores e, por sua vez, consumidores mexicanos gastam todo ano bilhões de dólares nos Estados americanos localizados ao longo da fronteira.

[...] O muro pode ter ainda um impacto mais amplo na relação econômica entre os dois países. O México é o segundo maior mercado para as exportações americanas e os EUA são o maior mercado dos mexicanos.

Os dois países mantêm uma 'profunda' relação econômica, como explica Christopher Wilson, vice-diretor do Mexico Institute do Wilson Centre. Wilson estima que só nos EUA, cinco milhões de empregos dependam diretamente desta relação. Um estudo do Wilson Centre sugere que se o comércio bilateral deixasse de existir, seriam fechados 4,9 milhões de postos de trabalho nos Estados Unidos."

6 coisas que poderiam derrubar o muro de Donald Trump. *BBC Brasil*, 21 jun. 2017. Disponível em: <http://www.bbc.com/portuguese/resources/idt-9d416ffc-17e9-49a6-8cd1-e949f4833aa0>. Acesso em: 15 maio 2018.

a) O México é o país que mais importa produtos dos Estados Unidos, então o fechamento das fronteiras seria ruim para o país latino.

b) O fechamento da fronteira traria benefícios econômicos para os Estados Unidos, já que o México contribui pouco para a economia estadunidense.

c) Apesar de trazer problemas econômicos para os dois países, o fechamento da fronteira não afetaria os postos de trabalho.

d) A ampliação do muro traria graves consequências econômicas para os dois países, já que existem fábricas que empregam muitos trabalhadores.

8. Observe as fotos a seguir e responda às questões.

Plantio irrigado de soja, em San Diego (Estados Unidos, 2016).

Colheita de trigo, em Kirkland, uma localidade no estado de Illinois (Estados Unidos, 2014).

a) Por meio dos elementos das imagens, o que é possível dizer sobre a agricultura dos Estados Unidos?

b) Os locais representados nas imagens integram quais *belts* dos Estados Unidos?

9. (Fatec, 2015) A escolha de um local para a instalação de uma planta industrial não é aleatória. Essa escolha, geralmente, recai sobre um lugar que ofereça mais rentabilidade para o empreendimento. Cada empresa avalia os elementos mais importantes para tomar a decisão. Esses elementos são chamados de fatores locacionais e variam dependendo do tipo de indústria.

As empresas que produzem tecnologia vestível procuram se instalar nos chamados tecnopolos como o Vale do Silício nos Estados Unidos que, além de outras vantagens, oferecem:

a) mão de obra barata e contiguidade às redes bancárias, comerciais e hospitalares.

b) proximidade de universidades e centros de pesquisa e de tecnologia.

c) amplo mercado consumidor e grande quantidade de matéria-prima.

d) energia abundante e barata e informalidade da mão de obra.

e) incentivos fiscais e legislação ambiental deficiente.

DESAFIO DIGITAL

10. Acesse o objeto digital *A fronteira entre os Estados Unidos e o México*, disponível em <http://mod.lk/desv8u4>. Em seguida, responda às atividades.

a) Por que a construção do muro entre Estados Unidos e México é um problema?

b) Além do muro, que outras restrições os Estados Unidos impõem aos imigrantes? Responda utilizando exemplos do objeto digital.

TEMA 3

ESTADOS UNIDOS: PRESENÇA MUNDIAL

Como os Estados Unidos exercem influência em grande parte dos países do mundo atual?

POTÊNCIA ECONÔMICA E MILITAR

Os Estados Unidos marcam presença em diversas partes do mundo por meio de empresas transnacionais, bases militares (figura 15) e uma frota marítima em todos os oceanos com o objetivo de defender seus interesses econômicos, estratégicos e geopolíticos.

AÇÃO POLÍTICA

Os Estados Unidos exercem protagonismo nas relações internacionais, tendo grande poder de decisão nas questões políticas atuais e forte influência sobre instituições internacionais, como a ONU (Organização das Nações Unidas) e a Otan (Organização do Tratado do Atlântico Norte), até mesmo agindo contrariamente a elas, algumas vezes. Na ordem mundial do pós-guerra, o país passou a intervir livremente em questões e conflitos locais ou mundiais.

Como um dos cinco membros permanentes do Conselho de Segurança da ONU, a partir do pós-guerra, o país passou a utilizar em muitas situações a força diplomática para influenciar a política interna de outras nações com base nos seus interesses geopolíticos e geoeconômicos – ora fortalecendo regimes simpatizantes aos seus interesses, como na América Latina, durante as décadas de 1960 e 1970, ora apoiando a queda de governos não alinhados à política do país, como o do Iraque e o do Afeganistão durante a década de 2000.

De olho no mapa

1. As informações representadas no mapa confirmam que os Estados Unidos exercem pressão militar no mundo? Explique.
2. Em quais países ou regiões do mundo havia mais efetivos militares estadunidenses em 2012?

FIGURA 15. ESTADOS UNIDOS: EFETIVOS MILITARES NO MUNDO – 2012

Fonte: SCIENCES PO. Atelier de cartographie. Disponível em: <http://cartotheque.sciences-po.fr/media/Les_Etats-Unis_de_Bush_a_Obama__deploiement_des_militaires_2000-2012/1826/>. Acesso em: 15 maio 2018.

Nota: no mapa, foram representados os efetivos militares estadunidenses localizados fora do território dos Estados Unidos.

Figura 16. Nos Estados Unidos, o cinema não é apenas uma expressão cultural, mas uma indústria do entretenimento, que, ao estar presente na maioria dos países do mundo, dissemina os valores e os costumes dessa sociedade. Na foto, cartaz de filme estadunidense em uma estação de metrô de Pequim (China, 2017).

POTÊNCIA ECONÔMICA

Do ponto de vista econômico, os Estados Unidos emergiram como grande potência durante o pós-guerra, e sua influência no cenário mundial perdura até hoje: o país mantém-se como a maior economia do mundo – em 2018, o PIB nacional desse país ultrapassou os 18 trilhões de dólares, representando 24,5% do PIB mundial.

Parte integrante do G-8, isto é, do grupo dos países mais industrializados do mundo, os Estados Unidos adotam diversas ações estratégicas para manter seu elevado grau de influência em diversas regiões do mundo. Entre elas, destacam-se:

- O estabelecimento de diversos acordos bilaterais, regionais e multilaterais, que facilitam as trocas comerciais com outros países e favorecem os interesses econômicos estadunidenses. Entre os acordos, destacam-se o Nafta (Acordo de Livre Comércio da América do Norte) e a Apec (Cooperação Econômica Ásia-Pacífico).

- A implantação de empresas transnacionais estadunidenses em diversas partes do mundo. Em 2017, das 200 maiores empresas do planeta, 63 eram estadunidenses (veja a tabela ao lado).

- O investimento no desenvolvimento do setor industrial e na criação de tecnologias de ponta com o objetivo de manter sua liderança mundial nesse campo. De acordo com dados de 2016, os Estados Unidos investiram cerca de 2,7% do seu PIB (cerca de 465 bilhões de dólares) em pesquisa e inovação (desse total, a maior parte foi realizada pelo governo).

- A difusão de valores, hábitos, costumes e outros elementos da cultura estadunidense no mundo, por meio da indústria cinematográfica, televisiva, musical etc. (figura 16).

- O investimento no setor de defesa e na indústria de armamento. De acordo com dados da CIA (agência central de inteligência do país), os Estados Unidos investem anualmente cerca de 3,7% do PIB nesses setores.

TABELA. MUNDO: 200 MAIORES EMPRESAS POR PAÍS DE ORIGEM - 2016	
Estados Unidos	63
China	41
Japão	20
Alemanha	15
França	14
Reino Unido	8
Países Baixos	8
Suíça	5
Brasil	5
Coreia do Sul	4
Itália	3
Rússia	3
México	2
Espanha	2
Austrália, Índia, Luxemburgo, Malásia, Tailândia, Taiwan, Cingapura	1 cada

Fonte: WORLD ECONOMIC FORUM. *The new Fortune Global 500 is out. It shows a shift in the world's business landscape.* Disponível em: <https://www.weforum.org/agenda/2016/07/new-fortune-global-500-shift-business-landscape/>. Acesso em: 11 maio 2018.

ESTADOS UNIDOS E CHINA

A partir dos anos 1980, com o início do processo de abertura comercial chinesa, as relações entre os Estados Unidos e a China intensificaram-se. Interessadas na mão de obra barata e nas taxas mais baixas cobradas pelo governo chinês, as empresas estadunidenses levaram suas fábricas para a China com o objetivo de aumentar a produtividade e os lucros (figura 17).

Como contrapartida, o estado chinês exigia que as empresas estadunidenses transferissem tecnologia para as empresas chinesas (estatais e privadas), a fim de que estas se desenvolvessem e pudessem também atuar em outras regiões do mundo.

Com o tempo, as relações entre Estados Unidos e China foram se intensificando e, atualmente, ambos são respectivamente os principais parceiros comerciais: em 2017, por exemplo, cerca de 22% das importações estadunidenses foram de produtos chineses (figura 18).

> **De olho no mapa**
> Em 2016, qual foi o saldo da balança comercial entre Estados Unidos e China?

Figura 17. Um dos mais importantes itens chineses de importação pelos Estados Unidos são os produtos agrícolas. Na foto, trabalhadores em uma fábrica de processamento de frutas, em Guangxi (China, 2016).

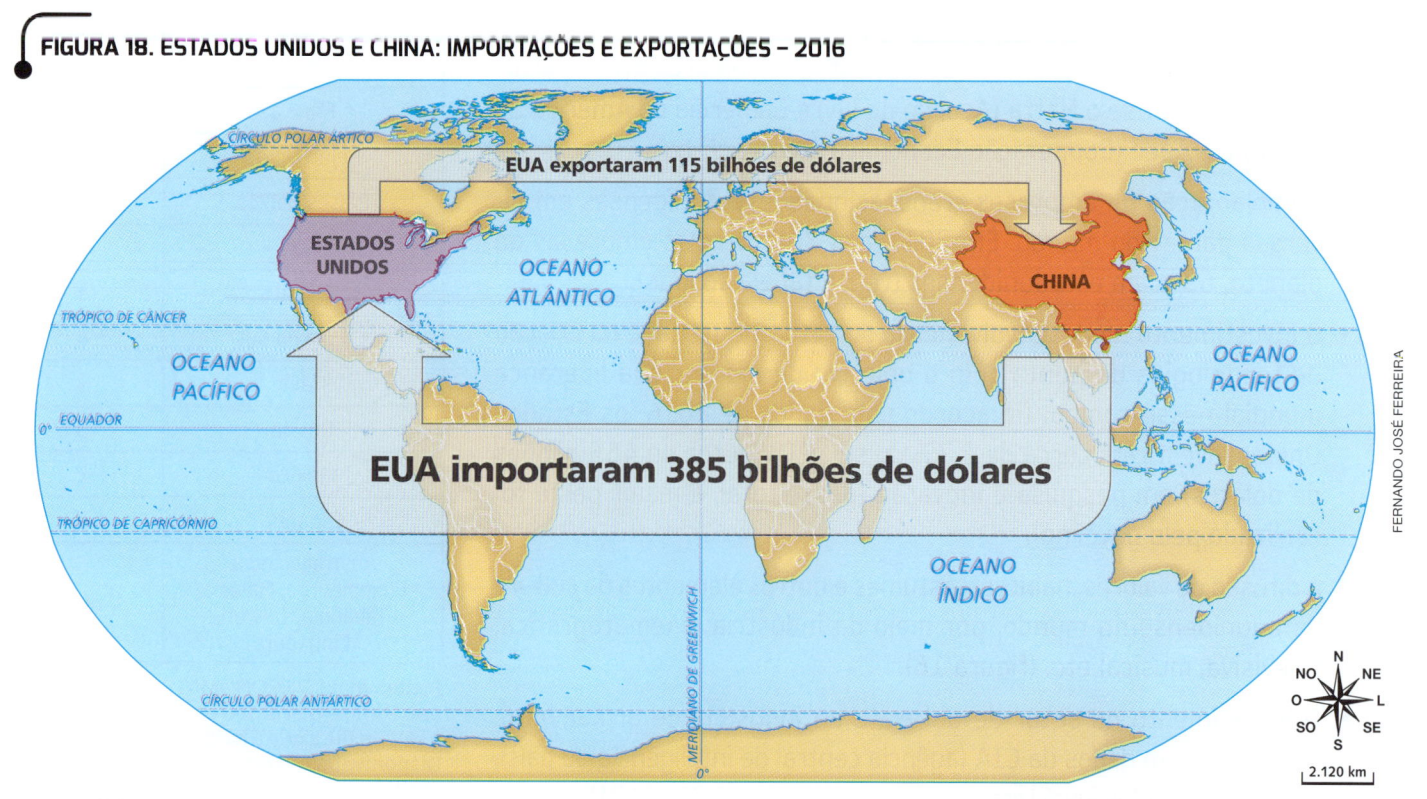

FIGURA 18. ESTADOS UNIDOS E CHINA: IMPORTAÇÕES E EXPORTAÇÕES – 2016

EUA exportaram 115 bilhões de dólares

EUA importaram 385 bilhões de dólares

Fonte: elaborado com base em OEC. Estados Unidos. Disponível em: <https://atlas.media.mit.edu/pt/profile/country/usa/>. Acesso em: 11 maio 2018.

ESTADOS UNIDOS E AMÉRICA LATINA

Desde antes do período da Guerra Fria, a América Latina se inseria em um dos principais campos de influência geopolítica dos Estados Unidos. Diversas economias do continente estabeleceram acordos bilaterais ou regionais com o país, que geraram, muitas vezes, uma relação de dependência econômica. Atualmente, por exemplo, 81% das exportações mexicanas são para os Estados Unidos (figura 19).

Estados Unidos, México e Canadá fazem parte do Acordo de Livre Comércio da América do Norte. Criado em 1994, o Nafta estabeleceu o livre comércio entre esses países por meio da eliminação de taxas para a realização de transações comerciais. Diferente de outros blocos regionais, o Nafta não incorpora a livre circulação de pessoas entre os países. O governo estadunidense, inclusive, pratica diversas ações para dificultar a entrada de imigrantes mexicanos no seu território.

Figura 19. Funcionários em uma linha de produção de uma fábrica de sapatos, na cidade de Léon (México, 2013).

ESTADOS UNIDOS E BRASIL

As relações comerciais entre os Estados Unidos e o Brasil se iniciaram no século XIX e, durante muitas décadas, os Estados Unidos foram o principal parceiro econômico do nosso país. Atualmente, diversos acordos entre esses países existem para facilitar as trocas de mercadorias e os investimentos entre eles.

Apesar do aumento da participação da China na atual conjuntura econômica brasileira, os Estados Unidos ainda possuem uma posição de destaque no destino das exportações do Brasil, tanto de produtos primários (como ferro, aço, combustível, café e madeira) como de manufaturados (como máquinas mecânicas e aviões) (figura 20).

Os Estados Unidos também exercem influência direta em diversas organizações supranacionais, como a Organização dos Estados Americanos (OEA). Fundada em 1948, a OEA constitui um importante fórum governamental político, jurídico e social da América. Foi fundada com o objetivo de garantir a democracia, os direitos humanos, a segurança e o desenvolvimento econômico dos países americanos. Durante muitas décadas, porém, Cuba foi proibida de participar desssa organização por influência direta dos Estados Unidos durante a Guerra Fria. O país ingressou somente em 2009, a partir da retomada do diálogo entre os dois países.

FIGURA 20. BRASIL: PRINCIPAIS PRODUTOS EXPORTADOS PARA OS ESTADOS UNIDOS – 2016

- Máquinas mecânicas
- Aviões
- Ferro e aço
- Combustíveis
- Café, mate e especiarias
- Madeira
- Pastas de madeira
- Obras de pedra, gesso, cimento
- Máquinas elétricas
- Automóveis

Fonte: MRE, DPR, DIC. *Brasil – Estados Unidos.* Balança Comercial (janeiro 2017). Disponível em: <https://investexportbrasil.dpr.gov.br/arquivos/IndicadoresEconomicos/web/pdf/INDEstadosUnidos.pdf>. Acesso em: 11 maio 2018.

TEMA 4 — CANADÁ

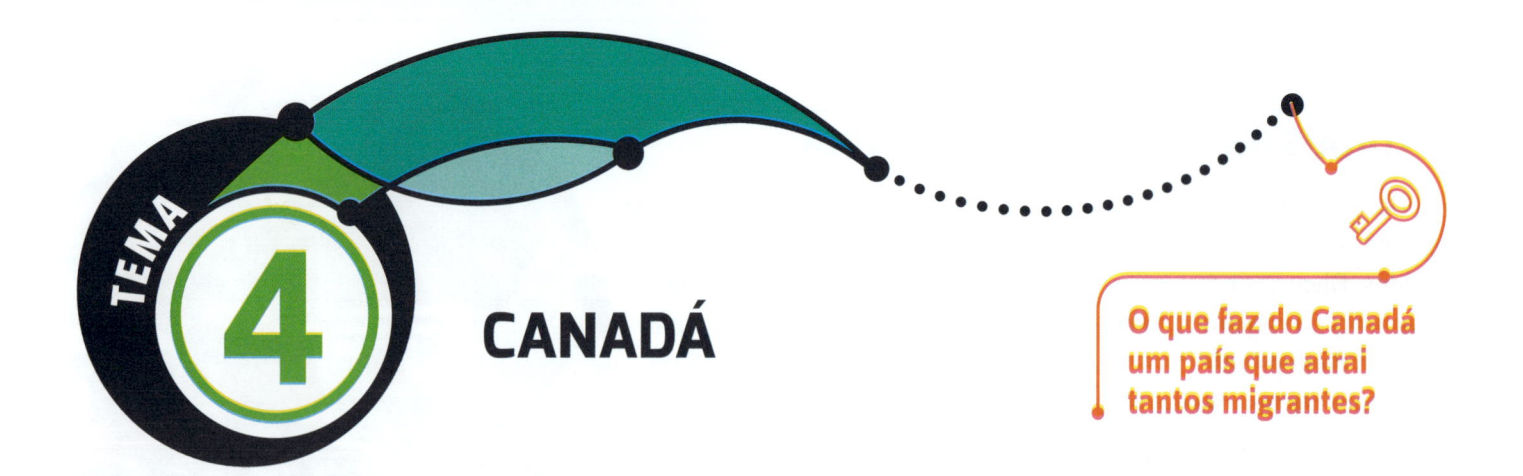

O que faz do Canadá um país que atrai tantos migrantes?

TERRITÓRIO E POPULAÇÃO

Os descendentes de britânicos e de franceses compõem a maioria da população canadense. Outros grupos, formados por indígenas, inuítes, imigrantes europeus, asiáticos e latino-americanos, complementam a composição multiétnica do país.

Uma característica do Canadá é a desproporção entre a população do país (cerca de 35 milhões de habitantes em 2016) e o tamanho de seu território (cerca de 9.984.670 km²). Essas características fazem do Canadá um país pouco povoado e, em razão disso, aberto à imigração.

Ao longo da fronteira com os Estados Unidos, onde as condições climáticas são mais amenas, encontra-se a maior concentração populacional do país. As áreas mais densamente povoadas, que reúnem cerca de 62% da população, são a região dos Grandes Lagos e o Vale do Rio São Lourenço. Nesses locais, a densidade demográfica ultrapassa 200 hab./km². As cidades mais populosas são Toronto, Montreal, Quebec e Ottawa, a capital do país (figura 21).

O norte do território canadense, onde ocorrem os climas mais frios, é muito pouco povoado. A densidade demográfica nessa região chega a ser inferior a 1 hab./km².

IMIGRAÇÃO E QUALIDADE DE VIDA

O Canadá tem baixo crescimento vegetativo e escassez de mão de obra. Para enfrentar esse problema, na década de 1990, o governo ofereceu facilidades para a entrada de imigrantes no país, iniciativa que atraiu cerca de 1 milhão de pessoas, interessadas em oportunidades de trabalho e elevado nível de vida.

Nos últimos anos, o governo canadense tem feito diversas exigências aos candidatos à imigração, dando preferência aos profissionais qualificados em áreas nas quais o país necessita de mão de obra.

Em 2014, o Canadá ocupava a nona posição no *ranking* do Índice de Desenvolvimento Humano (IDH): 0,913 (muito elevado).

Figura 21. Vista de Ottawa, a capital do Canadá, que em 2016 abrigava 934 mil habitantes (Canadá, 2018).

Figura 22. Toras de madeira extraídas em Vancouver (Canadá, 2016).

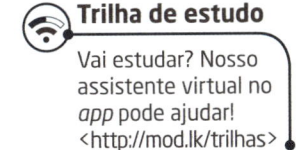

Trilha de estudo
Vai estudar? Nosso assistente virtual no *app* pode ajudar!
<http://mod.lk/trilhas>

Figura 23. Vista aérea de Vancouver (Canadá, 2016). A capital da província da Colúmbia Britânica é a maior área metropolitana do oeste do país. Além de importante centro industrial, o intenso movimento portuário estabelece ligações com a costa oeste dos Estados Unidos e com a Ásia.

ECONOMIA

A importância do extrativismo, a presença de uma agropecuária moderna e altamente produtiva e a industrialização dependente da economia estadunidense são características econômicas do Canadá.

EXTRAÇÃO VEGETAL E MINERAL

A exploração da **taiga**, ou floresta de coníferas, vegetação nativa encontrada em grande parte do Canadá, torna o país o maior produtor mundial de papel e celulose. Atualmente, a extração da madeira é feita em áreas reflorestadas, com técnicas e equipamentos modernos (figura 22).

O subsolo canadense é rico em **recursos minerais e energéticos**, como urânio, cobre, ouro, chumbo, zinco, ferro, petróleo, gás natural e carvão mineral. O Canadá tem a terceira maior reserva de **petróleo** do mundo, além de grandes jazidas de carvão.

O relevo montanhoso a oeste favorece a produção de energia hidrelétrica, que constitui 60% da produção energética do país.

INDÚSTRIA E AGRICULTURA

A agricultura canadense é altamente produtiva e intensiva, com grande utilização de tecnologia. O Canadá se destaca na produção e na exportação de grãos, como trigo e cevada.

Após 1945, a indústria canadense recebeu grandes investimentos dos Estados Unidos e se desenvolveu de maneira complementar à indústria estadunidense. A região mais industrializada do Canadá está localizada no Vale do Rio São Lourenço, próxima dos Grandes Lagos, na fronteira com os Estados Unidos. Nessa porção do território estão instaladas indústrias modernas e de alta tecnologia. Vancouver, no oeste do país, é também um importante centro industrial (figura 23).

DEGELO DO ÁRTICO

Com o degelo das calotas polares, provocado pelo aquecimento global, áreas do Oceano Ártico antes cobertas de gelo durante boa parte do ano tornam-se vulneráveis à exploração de seu subsolo. Essa região é rica em petróleo e outros recursos minerais, e os países banhados pelo Ártico já disputam essa nova fronteira, entre eles o Canadá e os Estados Unidos.

Esse degelo, no entanto, pode acarretar sérios riscos ambientais com a elevação do nível do mar.

ATIVIDADES

ORGANIZAR O CONHECIMENTO

1. Assinale V para as frases verdadeiras e F para as falsas.
   - ( ) Os Estados Unidos e o Canadá são dois dos maiores países do mundo, com territórios que abrangem mais de nove milhões de quilômetros quadrados.
   - ( ) Os Estados Unidos e o Canadá têm subsolos ricos em minérios.
   - ( ) A exploração do gás de xisto no Canadá vai trazer autossuficiência energética para o país até 2030.
   - ( ) O norte do Canadá é muito povoado.
   - ( ) Os Estados Unidos, graças ao gás de xisto, praticamente não poluem mais a atmosfera.

2. As frases a seguir contêm erros. Reescreva-as corretamente no caderno.
   a) Os Estados Unidos não exercem liderança nas questões geopolíticas, mas exercem influência sobre as instituições internacionais.
   b) Canadá, Estados Unidos e Brasil fazem parte do Acordo de Livre Comércio da América do Norte (Nafta), criado em 1994.
   c) O Canadá é um país muito povoado e é um dos únicos do mundo abertos à imigração.
   d) Em 2016, as maiores empresas do mundo estavam concentradas principalmente no México, no Canadá e nos Estados Unidos.

3. Explique a distribuição da população do território canadense.

4. Que tipo de relação a indústria canadense mantém com a dos Estados Unidos?

5. Explique a importância econômica do degelo do Ártico para o Canadá e os Estados Unidos.

6. Aponte e explique a principal iniciativa dos Estados Unidos, a partir dos anos 1980, em relação ao processo de abertura comercial chinesa.

APLICAR SEUS CONHECIMENTOS

7. Leia e interprete o gráfico a seguir e responda às questões.

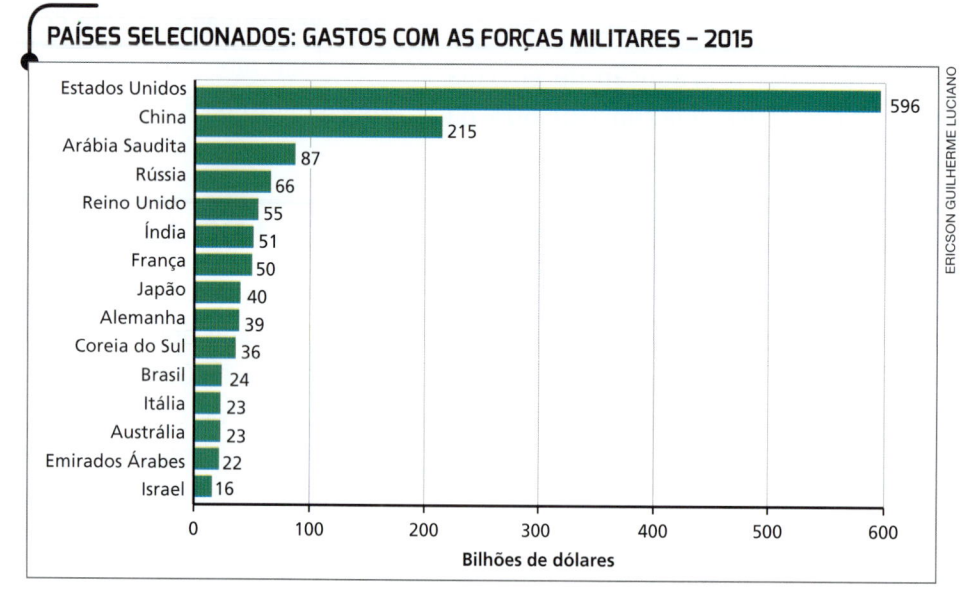

PAÍSES SELECIONADOS: GASTOS COM AS FORÇAS MILITARES – 2015

País	Bilhões de dólares
Estados Unidos	596
China	215
Arábia Saudita	87
Rússia	66
Reino Unido	55
Índia	51
França	50
Japão	40
Alemanha	39
Coreia do Sul	36
Brasil	24
Itália	23
Austrália	23
Emirados Árabes	22
Israel	16

Fonte: IISS. *The Military Balance*. Disponível em: <https://www.iiss.org/en/publications/military-s-balance/militarybalanceplus>. Acesso em: 16 maio 2018.

a) Qual é o país com maior orçamento para despesas militares? De quanto é aproximadamente o seu investimento?

b) O que representa esse investimento no cenário mundial?

c) Em sua opinião, investimentos em inovação e pesquisa também tornam um país mais competitivo no mercado internacional? Justifique.

8. Observe a imagem a seguir e explique com que objetivo esse recurso natural tem sido explorado no Canadá.

Vista do Parque Nacional Banff, em Alberta (Canadá, 2017).

9. Leia o texto a seguir.

Produção recorde dos Estados Unidos

"Os Estados Unidos venceram o clima. A safra 2016/17, em plena colheita, será recorde e sem precedentes na história do agronegócio moderno do país e do mundo [...].

O cenário surpreende o mercado, os analistas e os próprios produtores. Com rendimentos médios acima de 11 mil quilos no milho e mais de 3,5 mil quilos/hectare na soja, os norte-americanos inauguram um novo patamar de produtividade. O desafio agora é garantir preço e rentabilidade a tamanha produção."

BERNARDES, Flávio; FERREIRA, Giovani. Produção recorde dos Estados Unidos desafia o mercado. *Gazeta do Povo*, 24 out. 2016. Disponível em: <http://www.gazetadopovo.com.br/agronegocio/expedicoes/expedicao-safra/2016-2017/producao-recorde-dos-estados-unidos-desafia-o-mercado-36przlivexr2fose9o6vj9o5u>. Acesso em: 16 maio 2018.

Indique a alternativa que representa um dos fatores para o aumento da produtividade dos Estados Unidos.

a) O aumento do uso da terra.

b) A redução dos custos de material.

c) A redução do uso de agrotóxicos.

d) O aumento da oferta de empregos.

e) O aumento do uso de tecnologia.

10. Observe os dados do gráfico abaixo.

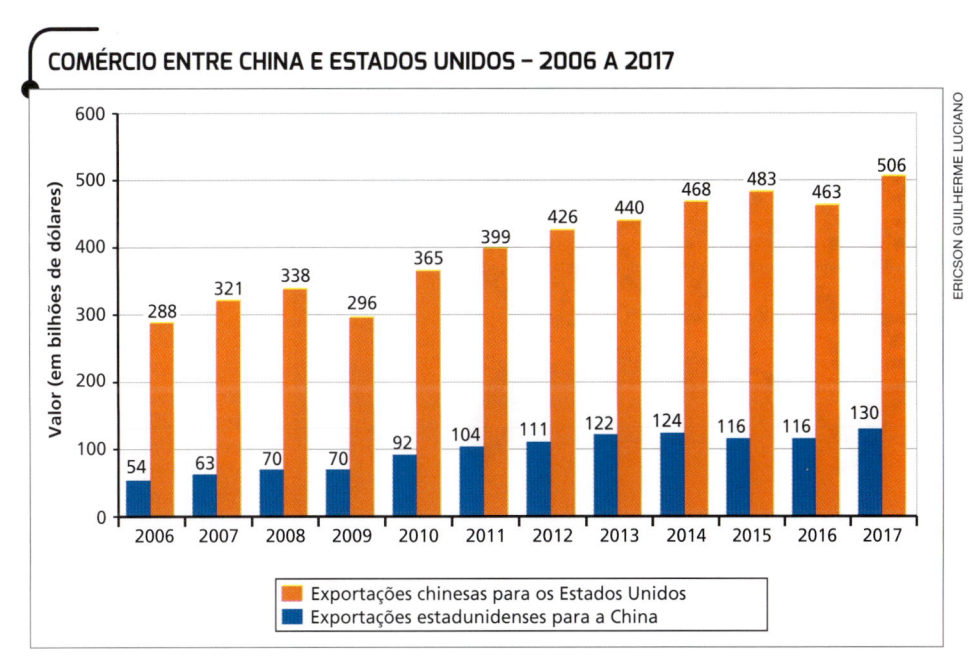

COMÉRCIO ENTRE CHINA E ESTADOS UNIDOS – 2006 A 2017

Ano	Exportações chinesas para os Estados Unidos	Exportações estadunidenses para a China
2006	288	54
2007	321	63
2008	338	70
2009	296	70
2010	365	92
2011	399	104
2012	426	111
2013	440	122
2014	468	124
2015	483	116
2016	463	116
2017	506	130

Valor (em bilhões de dólares)

Fonte: China diz aos EUA que "não tem medo de guerra comercial". *ISTOÉ Dinheiro*, 23 mar. 2018. Disponível em: <https://www.istoedinheiro.com.br/china-diz-aos-eua-que-nao-tem-medo-de-guerra-comercial/>. Acesso em: 11 maio 2018.

a) Como é possível descrever a relação comercial entre Estados Unidos e China entre 2006 e 2017?

b) Em que momento os dois países iniciaram o processo de intensificação de suas relações comerciais? Quais foram os principais interesses dos Estados Unidos em ampliar os investimentos na China?

Mais questões no livro digital

REPRESENTAÇÕES GRÁFICAS

Mapas quantitativos e o método coroplético

Os mapas quantitativos evidenciam a relação de proporcionalidade entre os objetos. Uma das maneiras de representá-los é por meio do método coroplético, isto é, das quantidades por área. Esse método estabelece que a ordem crescente dos valores seja reproduzida por uma progressão de tonalidades ou uma sequência ordenada de cores que aumentam de intensidade, da mais clara para a mais escura. Seu uso é adequado para retratar diferenças de magnitude, densidade ou intensidade de um fenômeno no espaço.

O mapa abaixo representa a porcentagem de população que vivia em áreas urbanas de unidades administrativas dos Estados Unidos em 2010.

A legenda agrupa os valores em cinco classes, de modo que as cores mais claras representam áreas com menor porcentagem de população urbana; e as cores mais escuras correspondem às áreas com maior porcentagem de população urbana.

Observe no mapa que uma faixa no centro do território concentra unidades sem população urbana.

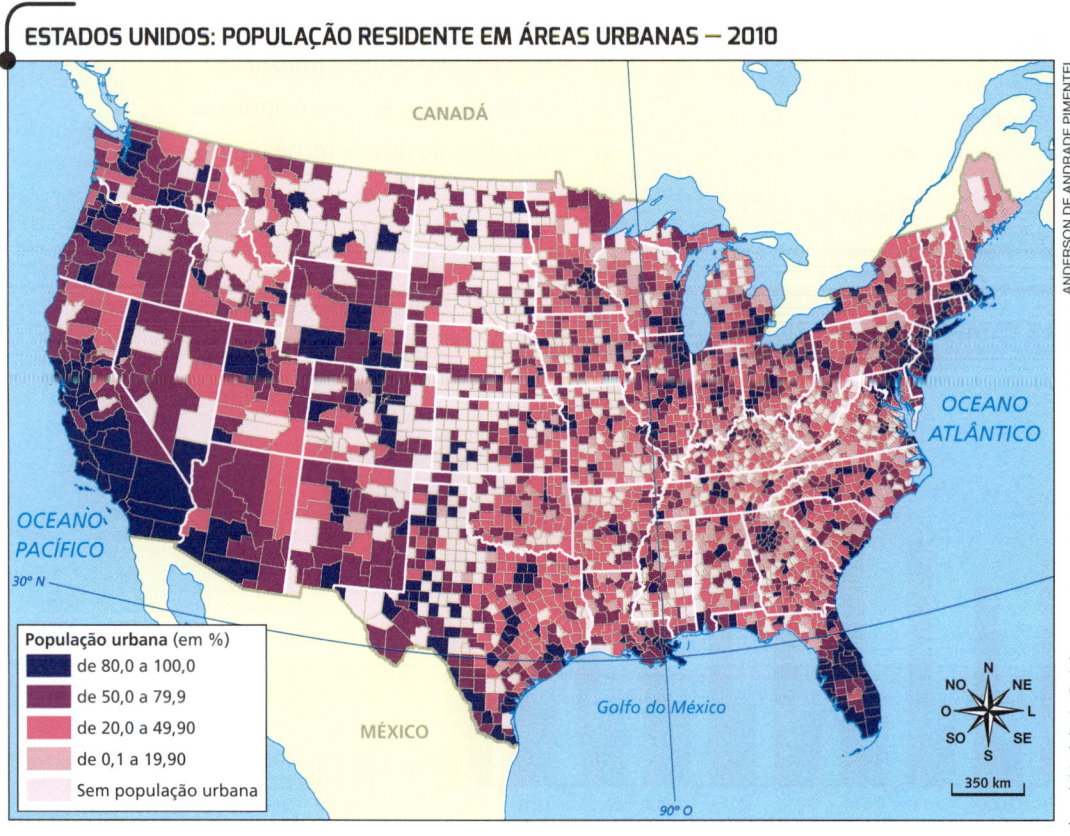

ESTADOS UNIDOS: POPULAÇÃO RESIDENTE EM ÁREAS URBANAS — 2010

População urbana (em %)
- de 80,0 a 100,0
- de 50,0 a 79,9
- de 20,0 a 49,90
- de 0,1 a 19,90
- Sem população urbana

Fonte: CENSUS BUREAU. *Geography, 2010 Census urban area thematic maps*. Disponível em: <www.census.gov/geo/maps-data/maps/thematic_2010ua.html>. Acesso em: 10 maio 2018.

ATIVIDADES

1. Quais são as áreas mais urbanizadas dos Estados Unidos?
2. Nesse caso, optou-se por usar tons de uma mesma cor na elaboração do mapa. É possível também construir um mapa coroplético com cores diferentes? Em que condições?
3. Dê exemplo de outro tipo de mapa elaborado pelo método coroplético.

ATITUDES PARA A VIDA

Discurso de Martin Luther King

"Nascido no dia 15 de janeiro de 1929, Martin Luther King, Jr., ficou conhecido mundialmente a partir da década de 50, quando se tornou o principal líder do movimento contra a segregação racial nos Estados Unidos.

'O feriado de Martin Luther King, Jr. celebra a vida e o legado de um homem que trouxe esperança e cura para os Estados Unidos. Comemoramos também os valores que ele nos ensinou por meio de seu exemplo [...]' escreve a viúva do pastor, Coretta Scott King.

No dia 28 de agosto de 1963, o pastor fez história ao compartilhar com o público seu discurso 'Eu tenho um sonho', no qual relembra a necessidade de haver liberdade para os negros, bem como liberdade entre negros e brancos. O discurso é emocionante e, claro, é considerado um dos mais importantes da história [...] parte dele como o conhecemos foi improvisada no momento.

Repare que as reflexões podem ser trazidas para os dias de hoje. Leia [um trecho do discurso] abaixo: [...]

'A maravilhosa nova militância que surgiu da comunidade negra não deve fazer com que nós desconfiemos de todos os brancos, pois muitos dos nossos irmãos brancos, como é comprovado pela presença deles aqui, perceberam que o destino deles está entrelaçado com o nosso destino. Eles perceberam que a liberdade deles está ligada à nossa liberdade. Não podemos andar sozinhos' [...]".

Três reflexões de Martin Luther King que precisam ser relembradas. *Revista Galileu*, 18 jan. 2016. Disponível em: <https://revistagalileu.globo.com/Sociedade/noticia/2016/01/tres-reflexoes-de-martin-luther-king-que-precisam-ser-relembradas.html>. Acesso em: 17 abr. 2018.

Martin Luther King discursando em 28 de agosto de 1963, na histórica "Marcha sobre Washington" (Estados Unidos).

Militância: prática daqueles que defendem ou lutam por alguma causa.

ATIVIDADES

1. De acordo com a viúva de Martin Luther King, o discurso realizado por seu marido, o líder do movimento contra a segregação racial, no dia 28 de agosto de 1963, foi emocionante e é um dos mais importantes da história dos Estados Unidos. Na sua opinião, qual atitude está por trás de um discurso para que possa ser capaz de comover os ouvintes?

2. O discurso realizado por Martin Luther King mostra que o combate contra a segregação racial nos Estados Unidos deve ser pensado de maneira interdependente. Em qual momento do discurso essa atitude é observada?

COMPREENDER UM TEXTO

A *polêmica das* fake news

"As *fake news*, ou notícias falsas, têm mais aderência entre eleitores com posicionamento políticos mais extremados. Esta é uma das conclusões da pesquisa empreendida por Brendan Nyhan (Dartmouth College), Andrew Guess (Princeton University) e Jason Reifler (University of Exeter) buscando avaliar os impactos das *fake news* na campanha presidencial americana que levou Donald Trump ao poder. [...]

Para chegarem a essas conclusões, eles usaram uma ferramenta para registrar os *sites* visitados, entre 7 de outubro e 14 de novembro de 2016 (durante a campanha e uma semana depois da votação), por 2.525 eleitores americanos acima de 18 anos, que autorizaram ter sua navegação monitorada de forma anônima. [...]

A partir dos resultados, foi observado que 27% dos eleitores leu pelo menos uma notícia falsa no período analisado e que estas representaram 2,6% de todos os textos lidos em *sites* noticiosos (incluindo os veículos tradicionais), sendo a maioria dos textos falsos 'esmagadoramente pró-Trump'. [...]

Assim, não surpreendentemente, os eleitores pró-Trump eram três vezes mais propensos a visitar *sites* de *fake news* do que aqueles que se declaravam pró-Hillary. Eleitores acima de 60 anos de idade também eram mais inclinados a visitar esse tipo de página. [...]

Apesar de os pesquisadores não poderem afirmar que as *fake news* influenciaram de forma efetiva o resultado das eleições americanas, visto que apenas cerca de 10% dos eleitores são consumidores mais frequentes dessas notícias falsas, eles não desconsideram o potencial de disseminação dessas notícias e os danos que elas podem causar à qualidade do debate político."

O impacto das *fake news* nas eleições presidenciais. *CNseg Notícias*, 16 jan. 2018. Disponível em: <http://cnseg.org.br/cnseg/servicos-apoio/noticias/o-impacto-das-fake-news-nas-eleicoes-presidenciais.html>. Acesso em: 17 jul. 2018.

Fake news é o nome dado a um recurso utilizado na internet nos últimos anos: em português, significa notícia falsa, ou seja, mentira divulgada como notícia verdadeira. A propagação de notícias falsas no meio digital ocorre com certa frequência, fazendo com que a verificação das fontes de informação seja um procedimento considerado sempre fundamental. As *fake news* costumam ser divulgadas nas redes sociais, em perfis falsos criados especialmente para esse fim, e podem ter objetivos comerciais, políticos e muitos outros, estando a serviço do interesse de uma pessoa ou de um grupo de pessoas, empresas etc. Em 2016, na eleição presidencial ocorrida nos Estados Unidos, acredita-se que algumas notícias falsas tenham sido criadas e disseminadas na internet com o objetivo de beneficiar um dos candidatos, confundindo os eleitores.

ATIVIDADES

OBTER INFORMAÇÕES

1. Qual é a polêmica abordada no texto sobre a campanha eleitoral estadunidense de 2016?

2. Identifique no texto a maneira como os pesquisadores levantaram dados e atingiram os resultados da pesquisa.

INTERPRETAR

3. De acordo com a pesquisa, como é possível relacionar a difusão de notícias falsas a um grupo específico de eleitores?

4. De que forma as redes sociais são utilizadas na disseminação das notícias falsas?

REFLETIR

5. Em sua opinião, existe alguma maneira de combater a criação e a disseminação de notícias falsas?

JOVEM EM FOCO

Consumismo e internet

Um dos avanços tecnológicos que possibilitaram a integração econômica, social e cultural dos últimos anos ocorreu nos meios de comunicação. As consequências da intensa circulação de informações são complexas e devem ser analisadas em seus aspectos positivos e negativos.

Até duas décadas atrás, por exemplo, o uso da internet não fazia parte das atividades praticadas por crianças e adolescentes. Nos últimos anos, porém, o desenvolvimento das tecnologias de comunicação e a expansão do acesso à internet alteraram os hábitos de maneira que, hoje, é difícil para algumas pessoas imaginar a vida sem esse recurso.

Ao mesmo tempo que essa tecnologia favoreceu a disseminação de informações, ela foi apropriada por pessoas e empresas para divulgar intensamente seus produtos e incentivar o aumento do consumo.

Veja nos gráficos da página seguinte alguns dados de uma pesquisa realizada no Brasil com adolescentes de 13 a 14 anos.

BRASIL: FREQUÊNCIA DE USO DA INTERNET POR ADOLESCENTES

- Mais de uma vez por dia: 70%
- Pelo menos uma vez por dia: 15%
- Pelo menos uma vez por semana: 12%
- Pelo menos uma vez por mês: 2%
- Menos de uma vez por mês: 1%

BRASIL: TIPOS DE PRODUTOS PEDIDOS POR ADOLESCENTES APÓS CONTATO COM PROPAGANDA NA INTERNET*

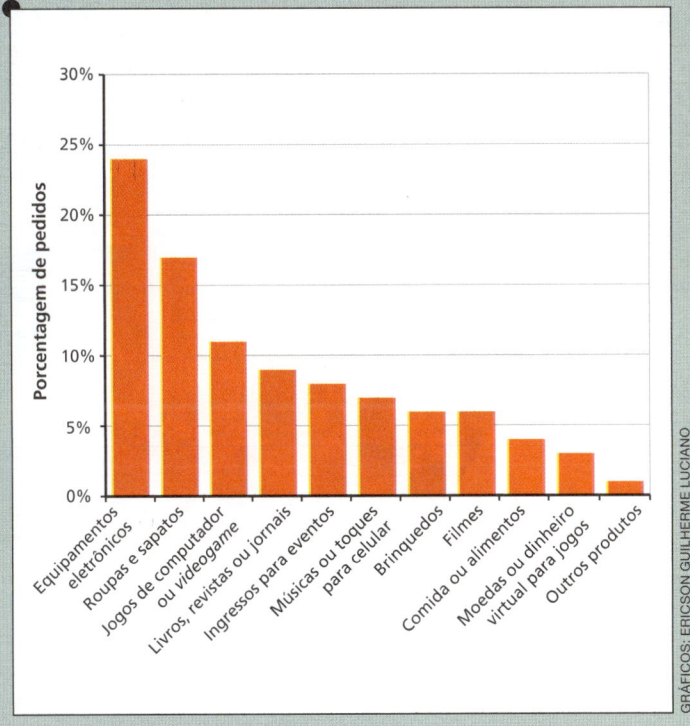

- Equipamentos eletrônicos: 24%
- Roupas e sapatos: 17%
- Jogos de computador ou videogame: 11%
- Livros, revistas ou jornais: 9%
- Ingressos para eventos: 8%
- Músicas ou toques para celular: 7%
- Brinquedos: 6%
- Filmes: 6%
- Comida ou alimentos: 4%
- Moedas ou dinheiro virtual para jogos: 3%
- Outros produtos: 1%

Os dados dos gráficos foram coletados entre novembro de 2015 e junho de 2016.

Fonte dos gráficos: NIC.BR. *Pesquisa sobre o uso da internet por crianças e adolescentes no Brasil: TIC Kids online Brasil 2015*. São Paulo: Comitê Gestor da Internet no Brasil, 2016. p. 375, 426, 427, 428.

GRÁFICOS: ERICSON GUILHERME LUCIANO

Você e seus colegas percebem quando são expostos a propagandas e estimulados ao consumo? Como reagem a isso? Com ajuda do professor, organizem uma investigação seguida de discussão sobre como a turma lida com as propagandas veiculadas pelos meios de comunicação, seguindo as etapas abaixo.

I. Elaborem no quadro uma lista com os meios em que a turma reconhece que há veiculação de propagandas (televisão, *sites* de vídeos e jogos, redes sociais, revistas, jornais, mensagens instantâneas, *e-mails* etc.).

II. Para cada meio, façam a contagem do número de colegas que se lembram de ter sido expostos a propagandas na última semana.

III. Organizem uma discussão sobre o comportamento da turma diante da publicidade orientando-se pelas seguintes questões:

- Você percebe com clareza quando está sendo estimulado a consumir por uma propaganda? Dê exemplos de como isso acontece nos 5 meios mais mencionados pelos colegas.

- Que estratégias que os profissionais de publicidade usam para capturar sua atenção?

- Você tem vontade de consumir algum dos produtos mostrados no gráfico ao lado quando usa a internet? Com que frequência?

- Todos os produtos que você gostaria de ter são necessários em sua vida? O que o leva a querer um produto?

- Como você envolve outras pessoas para satisfazer seus desejos de consumo?

IV. Como fechamento da atividade, respondam coletivamente às perguntas: *Como a turma avalia sua postura diante do assédio das propagandas nos meios de comunicação? Que atitudes devem ser tomadas para agir de modo crítico e consciente diante delas?*

UNIDADE 5

MÉXICO E AMÉRICA CENTRAL

Sítio arqueológico com vestígios materiais da civilização maia no Parque Nacional de Tikal, em El Petén (Guatemala, 2015).

O México é um país que do ponto de vista econômico e territorial está vinculado à América do Norte. Entretanto, culturalmente, encontra-se ligado à América Latina, região à qual também pertencem os países centro-americanos – característica que se deve, principalmente, ao passado colonial desses territórios.

Além da semelhança quanto ao histórico de colonização, México e América Central também compartilham outros aspectos culturais. Exemplo disso são os vestígios da civilização maia em países como Honduras, Guatemala, El Salvador e na região central do México, que acabam por atrair visitantes de vários países.

YAACOV DAGAN/ALAMY/FOTOARENA

Após o estudo desta Unidade, você será capaz de:

- analisar aspectos que influenciam na atual dinâmica populacional do México;
- explicar por que a economia mexicana é diversificada, mas dependente dos Estados Unidos;
- identificar as principais características sociais e econômicas da América Central continental;
- reconhecer os aspectos sociais e econômicos que se destacam na porção insular da América Central.

Praça e Catedral de Havana (Cuba, 2018).

Vista da Praça da Constituição, na Cidade do México (México, 2017).

> **COMEÇANDO A UNIDADE**
>
> 1. Que foto retrata vestígios de uma civilização pré-colombiana? Que civilização é essa?
> 2. Que características do passado colonial podem ser identificadas nas fotos de Havana e da Cidade do México?
> 3. Que atividades econômicas podem ser realizadas nas localidades retratadas?

ATITUDES PARA A VIDA

- Pensar com flexibilidade.
- Escutar os outros com atenção e empatia.
- Pensar de maneira interdependente.

TEMA 1

MÉXICO: POPULAÇÃO

Como é a dinâmica populacional atual do México?

O TERRITÓRIO E SUA OCUPAÇÃO

Segundo o Instituto Nacional de Estatística e Geografia do México, em 2016 a população mexicana era estimada em 122.273.473 habitantes, distribuídos de maneira irregular por um território de 1.964.375 km². Cerca de 75% dos mexicanos vivem no **Planalto do México**, que apresenta solos férteis de origem vulcânica e climas favoráveis à ocupação humana.

O Planalto do México é cercado por formações de maior altitude, que são prolongamentos das Montanhas Rochosas e recebem as denominações **Serra Madre Ocidental**, a oeste, e **Serra Madre Oriental**, a leste. Nos trechos mais elevados, o clima frio inibe a ocupação humana, enquanto os desertos, no noroeste do país, têm baixa densidade demográfica.

CIDADE DO MÉXICO

A Cidade do México, capital do país, e sua área metropolitana abrigavam quase um quinto da população nacional em 2016 — cerca de 21,1 milhões de habitantes. Essa concentração populacional faz dela a segunda maior metrópole americana, atrás apenas de São Paulo, no Brasil. Com problemas típicos das grandes aglomerações urbanas em países pobres, na Cidade do México observa-se a existência de áreas de pobreza extrema, falta de infraestrutura, índices elevados de poluição atmosférica e tráfego caótico, entre outros. Ao mesmo tempo, há regiões com boa qualidade de vida e infraestrutura adequada (figura 1).

Figura 1. Vista do *Paseo de la Reforma*, na região central da Cidade do México (México, 2017). No centro da foto, vê-se o Anjo da Independência, monumento erguido em 1910 em comemoração ao centenário da Guerra de Independência do país (1810-1821). Em 2016, a capital mexicana tinha 8.833.416 habitantes.

POPULAÇÃO

A população mexicana é formada predominantemente pela miscigenação entre ameríndios e descendentes dos colonizadores espanhóis.

Embora em 2016 o México tenha apresentado IDH considerado elevado, ocupando a 77ª posição no *ranking* mundial – à frente do Brasil, classificado no 79º lugar –, os indicadores sociais do país revelam contrastes. A população convive com altas taxas de analfabetismo e de mortalidade infantil e mostra lentos avanços sociais. Em 2016, cerca de 43,6% da população se encontrava abaixo da linha de pobreza. Contudo, em determinadas regiões do país, como a porção mais ao sul, a parcela pobre da população é ainda maior. Nos estados de Chiapas e Oaxaca, por exemplo, 77,4% e 70,4% da população, respectivamente, é considerada pobre ou extremamente pobre. Entretanto, no estado de Baixa Califórnia esse índice é de 22,1% e, em Nuevo Léon, 14,6% – dados que revelam uma profunda desigualdade quanto às condições de vida entre diferentes regiões do México (figura 2).

A estrutura etária do país apresenta elevado percentual de jovens, apesar do declínio registrado nas taxas de fertilidade: decresceu de 6,1 filhos por mulher, em 1974, para 2,2, em 2018, o que significa que ainda há reposição de população. Desde meados de 1980, o crescimento vegetativo diminuiu de 3,2% para 1,2% ao ano. Projeções do crescimento da população nas próximas décadas estimam que o desenho da pirâmide etária mexicana permanecerá semelhante ao de 2018 (figura 3).

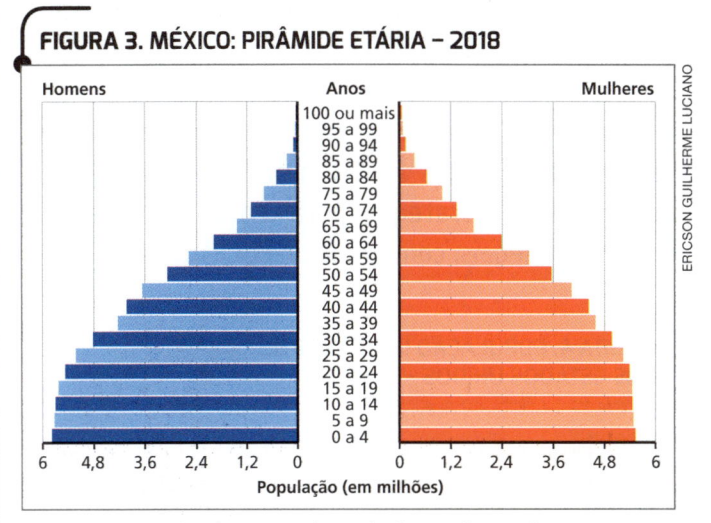

FIGURA 3. MÉXICO: PIRÂMIDE ETÁRIA – 2018

Fonte: U. S. Census Bureau. Disponível em: <https://www.census.gov/data-tools/demo/idb/region.php?N=%20Results%20&T=12&A=separate&RT=0&Y=2018&R=-1&C=MX>. Acesso em: 15 maio 2018.

De olho no gráfico

O México pode ser considerado um país jovem? Justifique sua resposta com base na pirâmide etária.

FIGURA 2. MÉXICO: CONDIÇÃO DE VIDA

1. Puebla
2. Estado do México
3. Cidade do México
4. Tlaxcala
5. Guanajuato
6. Querétano
7. Hidalgo

Nível de condição de vida:
- Muito alto
- Alto
- Regular
- Baixo
- Muito baixo

Fonte: FERREIRA, Graça M. L. *Atlas geográfico*: espaço mundial. 4. ed. São Paulo: Moderna, 2013. p. 72.

PROCESSOS MIGRATÓRIOS

Atraída pela economia estadunidense, entre as décadas de 1980 e 1990, a parte empobrecida da população mexicana fez com que a taxa de **emigração** do México para os Estados Unidos, tanto legal quanto ilegal, apresentasse um crescimento surpreendente (figura 4). Em 2014, mais de 11,7 milhões de imigrantes mexicanos residiam nos Estados Unidos, representando 28% dos 42,4 milhões de habitantes nascidos no exterior que viviam naquele país (figura 5).

A imigração tomou tal proporção que os Estados Unidos estabeleceram forte vigilância na fronteira e desenvolveram uma série de estratégias para tentar conter a entrada dos imigrantes ilegais, como vimos na Unidade 4.

Figura 5. Os imigrantes mexicanos constituem parte significativa da força de trabalho nos Estados Unidos. Na foto, mexicanos trabalhando na colheita de batata-doce no estado da Carolina do Norte (Estados Unidos, 2014).

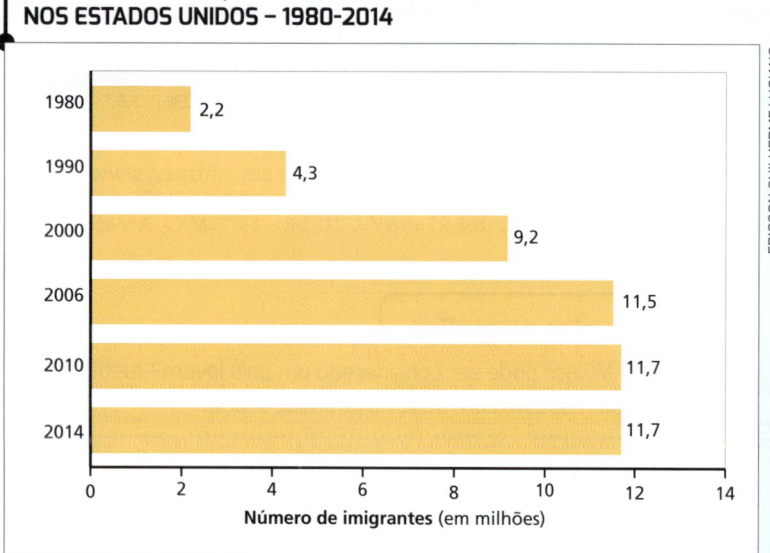

FIGURA 4. POPULAÇÃO IMIGRANTE MEXICANA NOS ESTADOS UNIDOS – 1980-2014

Ano	Número de imigrantes (em milhões)
1980	2,2
1990	4,3
2000	9,2
2006	11,5
2010	11,7
2014	11,7

Fonte: MPI. *Mexican immigrants in the United States.* Disponível em: <https://www.migrationpolicy.org/article/mexican-immigrants-united-states>. Acesso em: 15 maio 2018.

REVERSÃO DA EMIGRAÇÃO

Nos últimos anos, o fluxo migratório do México para os Estados Unidos começou a desacelerar. Alguns fatores contribuíram para isso, entre eles, a crise econômica que se abateu sobre os Estados Unidos nesse período, reduzindo as ofertas de trabalho no país, tanto para a população estadunidense quanto para os estrangeiros; o aumento da segurança na fronteira do território, que dificultou a entrada ilegal nos Estados Unidos; a aprovação de leis que criaram obstáculos para a contratação de mão de obra imigrante; e a retomada do crescimento econômico do México, que ampliou a oferta de empregos e as oportunidades no país.

CORREDOR DA IMIGRAÇÃO

A despeito da construção do muro e da intensa fiscalização, o México é naturalmente uma porta de entrada para os Estados Unidos, em razão de sua vizinhança com o território estadunidense. A maior parte dos imigrantes que tenta cruzar a fronteira é procedente de Honduras, Guatemala e El Salvador. Em 2011, a polícia de fronteira estadunidense barrou cerca de 46 mil imigrantes ilegais, oriundos principalmente desses três países. Em 2012, esse número saltou para quase 100 mil pessoas.

CHEGADA DE MIGRANTES

Com a crise na Europa e nos Estados Unidos e o recente crescimento econômico verificado no México, o país tem atraído muitos imigrantes nos últimos anos. O aumento do número de estrangeiros residentes em território mexicano tem sido registrado, principalmente, em cidades como Guadalajara, apontada como o Vale do Silício do México (figura 6). Essas áreas recebem desde executivos até trabalhadores menos qualificados, vindos de praticamente todo o mundo — inclusive dos Estados Unidos.

Entretanto, a forte desigualdade social e econômica, os baixos níveis educacionais e os altos índices de criminalidade ameaçam a estabilidade do país.

PARA ASSISTIR

- **Um dia sem mexicanos**
Direção: Sérgio Arau. Estados Unidos: Isaac Artenstein, 2004.

O filme retrata a situação de mexicanos que vivem nos Estados Unidos, promovendo uma reflexão sobre a importância desses imigrantes em território estadunidense.

Figura 6. Muitos consultores estadunidenses aposentados que trabalhavam no Vale do Silício têm se fixado em cidades como Guadalajara e San Luís Potosí, na porção central do México, onde financiam iniciativas empresariais na área da tecnologia da informação, como o desenvolvimento de aplicativos para *smartphones*. Na foto, vista de centro comercial na cidade de Guadalajara (México, 2015).

TEMA 2

MÉXICO: ECONOMIA

Qual é a importância das relações econômicas que o México mantém com os Estados Unidos?

ECONOMIA DIVERSIFICADA, MAS DEPENDENTE

Nos últimos anos, o México tem atraído investimentos estrangeiros e encontrado formas de garantir o crescimento de sua economia. O país apresenta estrutura produtiva diversificada, com atividades industriais, extrativistas e agropecuárias. O petróleo é o principal produto de exportação, e o turismo representa uma das principais fontes de renda para o país (figura 7).

A economia mexicana está fortemente ligada à dos Estados Unidos. Graças ao Nafta, que, desde 1994, integra comercialmente Canadá, Estados Unidos e México, a maior parte das exportações do país é destinada aos Estados Unidos (em 2016, 81%).

INDÚSTRIA

A industrialização mexicana se intensificou a partir da segunda metade do século XX, com a entrada de capital estrangeiro no país, atraído pela oferta de mão de obra e matérias-primas baratas. Empresas **transnacionais**, sobretudo dos Estados Unidos, passaram a dominar o parque industrial mexicano.

A atividade industrial se concentra em grandes centros urbanos, como Cidade do México, Guadalajara, Monterrey, Veracruz e Tampico. Destacam-se os setores têxtil, alimentício, automobilístico, petroquímico, siderúrgico e metalúrgico.

Figura 7. O México atrai turistas de todo o mundo. Na foto, praia e hotéis, ao fundo, na cidade de Cancún (México, 2015).

Figura 8. Instalações de unidades *maquiladoras* na cidade de Hermosillo (México, 2018).

MAQUILADORAS

Com o objetivo de atrair capital estrangeiro e, com isso, ampliar o parque industrial mexicano, na década de 1960 foi criada uma **zona franca** na região fronteiriça com os Estados Unidos. A implantação dessa área contou com o apoio de uma legislação especial, garantindo menores impostos e facilidades para exportar a produção para esse país, que também foi beneficiado com a baixa remuneração da mão de obra mexicana. Esse processo deu origem a um modelo de unidade fabril conhecida como indústria *maquiladora* (figura 8). Essas indústrias recebem peças fabricadas nos Estados Unidos e finalizam a montagem do produto em solo mexicano.

A primeira *maquiladora* foi estabelecida em **Ciudad Juárez**, em 1966. Atualmente, essas indústrias são encontradas em diversas cidades mexicanas, embora ainda se concentrem ao longo da fronteira com os Estados Unidos. A produção é diversificada: equipamentos eletroeletrônicos, artigos têxteis, móveis, brinquedos, empacotamento e enlatamento de alimentos, entre outros.

MAQUILADORAS HOJE

Atualmente, em virtude do aumento dos salários pagos aos trabalhadores na China e da alta dos custos do transporte no comércio global, o parque industrial mexicano retomou seu espaço na competição internacional. O perfil das *maquiladoras* está mudando, com a instalação de empresas mais sofisticadas em Tijuana – a exemplo de uma empresa francesa de fabricação de aviões – e de outras que requerem mão de obra especializada. Observe no mapa da figura 9 as principais áreas industriais do México.

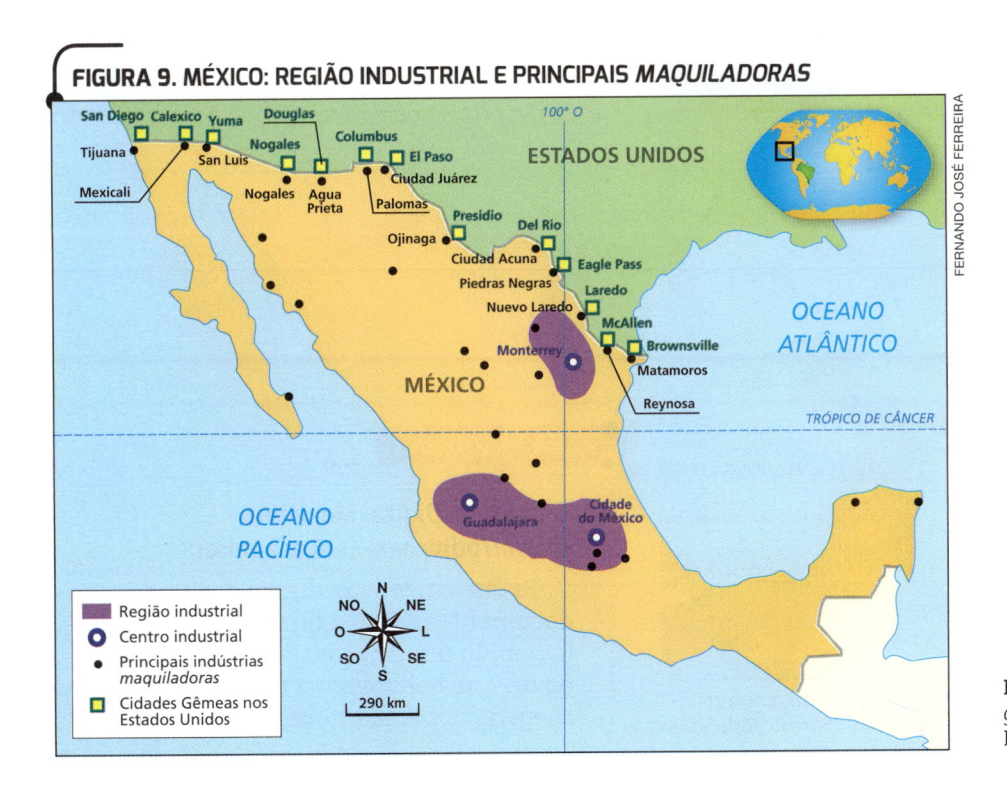

FIGURA 9. MÉXICO: REGIÃO INDUSTRIAL E PRINCIPAIS *MAQUILADORAS*

Fonte: FERREIRA, Graça M. L. *Atlas geográfico*: espaço mundial. 4. ed. São Paulo: Moderna, 2013. p. 71-72.

EXTRATIVISMO

O México se destaca na extração de diversos recursos naturais, como prata, chumbo, ferro, gás natural, cobre e petróleo. Veja o mapa da figura 10.

O país dispõe de grandes reservas de **petróleo**, principal produto de exportação, e está entre os maiores produtores mundiais. No entanto, seu petróleo bruto é muito pesado e exige refino especial para a obtenção de subprodutos, como a gasolina e o óleo diesel, o que eleva os custos.

A produção petrolífera mexicana, que teve seu ápice em 2004, com uma média de 3,4 milhões de barris diários, começou a cair a partir de 2005, até chegar a 2,5 milhões de barris por dia, em 2012. Grande parte da produção é exportada para os Estados Unidos.

Em 2014, alterações na legislação permitiram que a exploração de petróleo no país – monopolizada pela empresa estatal Petróleos Mexicanos (Pemex) desde 1938, ano em que foi nacionalizada – possa ser feita também por empresas privadas. As reformas implantadas visam estimular a exploração de petróleo em águas profundas no Golfo do México e impulsionar a extração de gás de xisto, fonte de energia que vem ganhando importância e já transformou a realidade energética dos Estados Unidos, maior produtor mundial desse gás (figura 11).

FIGURA 10. MÉXICO: RECURSOS MINERAIS

Fonte: FERREIRA, Graça M. L. Atlas geográfico: espaço mundial. 4. ed. São Paulo: Moderna, 2013. p. 71-72.

FIGURA 11. MÉXICO: RESERVAS DE GÁS DE XISTO E PETRÓLEO – 2014

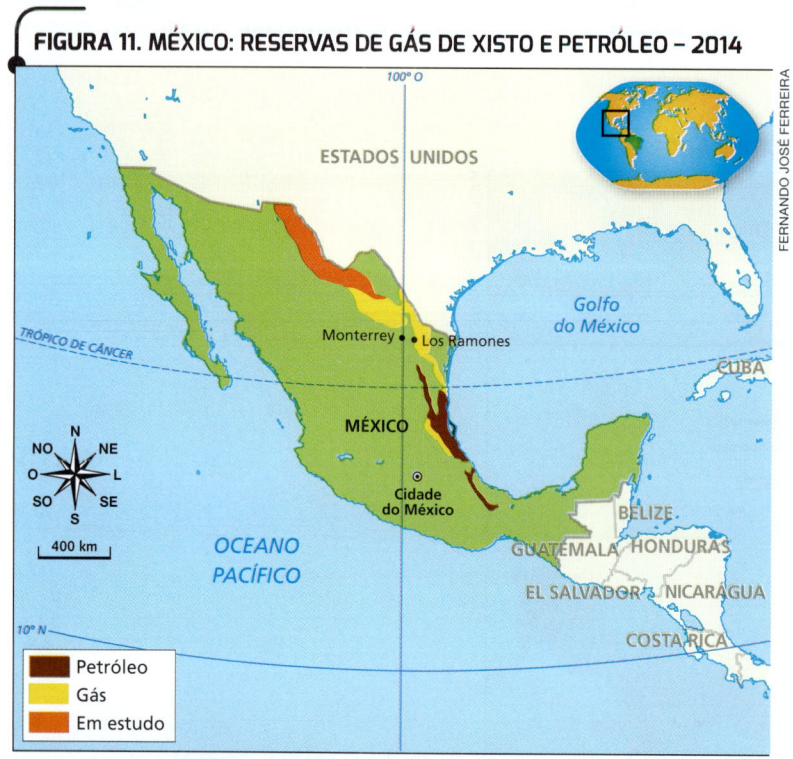

Fonte: THE ECONOMIST. Disponível em: <https://www.economist.com/the-americas/2014/05/01/on-shaky-ground?zid=305&ah=417bd5664dc76da5d98af4f7a640fd8a>. Acesso em: 16 maio 2018.

PARA PESQUISAR

- **Biblioteca Digital Mexicana** <http://bdmx.mx> (em espanhol)

  Reúne em versão digital diversos documentos sobre a história mexicana, incluindo informações referentes aos povos que habitavam a região antes da chegada dos espanhóis.

AGROPECUÁRIA

O território mexicano é pouco favorável à agropecuária, pois a existência de montanhas e climas áridos diminui a disponibilidade de áreas cultiváveis. Grande parte da produção do setor se concentra no Planalto do México, onde as temperaturas são amenas, as chuvas regulares e os solos férteis.

Na **agricultura**, predominam extensas propriedades, conhecidas como *haciendas*, que empregam grande quantidade de mão de obra e são pouco mecanizadas. Correspondem a cerca de 42% das terras cultivadas no país, com destaque para o plantio de algodão, sisal, café e cana-de-açúcar, destinados ao mercado externo. Para abastecer o mercado interno, são produzidos trigo, arroz, batata, soja e milho.

Com o Nafta, o México passou a importar grande quantidade de milho dos Estados Unidos, desestruturando a produção nacional e subordinando a obtenção de um item essencial na alimentação dos mexicanos às determinações do país vizinho.

A **pecuária**, praticada no centro-oeste do país, ocupa 40% do território e tem como principal atividade a criação de gado bovino.

Em virtude dos baixos salários no campo e da concentração de terras, muitos trabalhadores rurais mexicanos migram para os Estados Unidos. Alguns deslocam-se para o país vizinho durante a época da colheita e regressam após o término do trabalho. Esses trabalhadores são conhecidos como *braceros*.

TURISMO

O México é um dos dez países mais visitados do mundo na atualidade. O país recebe, anualmente, cerca de 20 milhões de turistas – a maioria proveniente dos Estados Unidos e da Europa –, atraídos pelo rico patrimônio histórico, cultural e natural mexicano. Um dos principais pontos turísticos é a Península de Iucatã, que abriga as ruínas de Chichén-Itzá, considerada uma das Novas Sete Maravilhas do Mundo, e as ruínas de Palenque (figura 12).

Figura 12. Além das praias, a Península de Iucatã guarda resquícios da civilização maia, que podem ser observados no conjunto de ruínas do sítio arqueológico de Palenque (México, 2016).

ATIVIDADES

ORGANIZAR O CONHECIMENTO

1. Qual é a maior metrópole do México? Cite algumas de suas características.

2. Com base no conteúdo estudado, responda às seguintes questões.
   a) Quais etnias predominam na composição da população mexicana?
   b) Em que período a emigração de mexicanos para os Estados Unidos foi mais intensa?
   c) Qual é o principal produto de exportação do México? Explique as recentes alterações relacionadas à sua exploração.

3. Assinale a afirmação correta sobre o movimento migratório da população mexicana.
   a) Continua a ser um processo bastante intenso do México para os Estados Unidos.
   b) Reverteu-se, e hoje os mexicanos estão retornando em massa dos Estados Unidos para o México.
   c) Atualmente, os mexicanos estão migrando para Guatemala, El Salvador e Honduras.
   d) Era muito intenso para os Estados Unidos e a partir de 2010 diminuiu consideravelmente.
   e) Nunca houve forte migração dos mexicanos para fora de seu país.

4. Qual é a importância do turismo para a economia mexicana? Quais são seus principais atrativos turísticos, naturais e históricos?

5. Sobre as indústrias *maquiladoras*, responda.
   a) O que são essas indústrias e em qual região estão concentradas?
   b) Para um empresário dos Estados Unidos, quais são as vantagens de realizar a montagem de seu produto no México?
   c) Quais são os principais produtos fabricados nas unidades *maquiladoras* mexicanas?

APLICAR SEUS CONHECIMENTOS

6. O México é considerado um país de profundos contrastes sociais. Observe novamente o mapa da figura 2, na página 131, e explique a desigualdade de condições de vida no território mexicano.

7. Observe os gráficos e responda às questões.

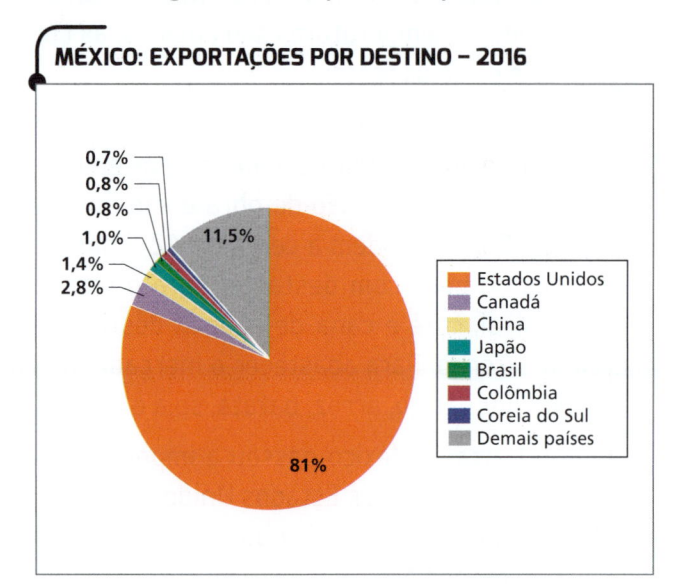

MÉXICO: EXPORTAÇÕES POR DESTINO – 2016

- Estados Unidos: 81%
- Canadá: 2,8%
- China: 1,4%
- Japão: 1,0%
- Brasil: 0,8%
- Colômbia: 0,8%
- Coreia do Sul: 0,7%
- Demais países: 11,5%

Fonte: OEC. México. *Export destinations*. Disponível em: <https://atlas.media.mit.edu/pt/visualize/tree_map/hs92/export/mex/show/all/2016/>. Acesso em: 16 maio 2018.

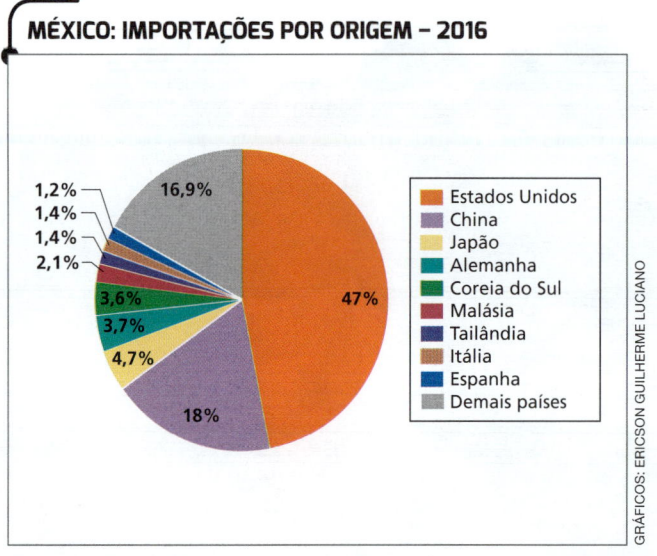

MÉXICO: IMPORTAÇÕES POR ORIGEM – 2016

- Estados Unidos: 47%
- China: 18%
- Japão: 4,7%
- Alemanha: 3,7%
- Coreia do Sul: 3,6%
- Malásia: 2,1%
- Tailândia: 1,4%
- Itália: 1,4%
- Espanha: 1,2%
- Demais países: 16,9%

Fonte: OEC. México. *Import origins*. Disponível em: <https://atlas.media.mit.edu/pt/visualize/tree_map/hs92/import/mex/show/all/2016/>. Acesso em: 16 maio 2018.

a) Considerando as informações dos gráficos, por que é possível afirmar que a economia mexicana é praticamente unidirecional?

b) Qual foi o fator determinante para que a economia mexicana passasse a apresentar essa característica unidirecional mostrada nos gráficos?

8. Leia o texto a seguir e responda às questões.

"O México, cujos problemas econômicos levaram milhões de pessoas a rumar para o norte, se transforma em um destino cada vez mais procurado por imigrantes.

O número de estrangeiros que entra legalmente no país quase dobrou entre 2000 e 2010, e as autoridades dizem que o fluxo de chegada de estrangeiros vem se acelerando, à medida que as mudanças na economia global geram novas dinâmicas de migração.

Com o aumento dos salários pagos na China e a alta dos custos do transporte, as indústrias mexicanas voltaram a ser altamente competitivas. A Europa enfrenta dificuldades e repele trabalhadores. [...]

Em Guanajuato [estado mexicano], alemães dividem carros com mexicanos para trabalhar em uma nova fábrica da Volkswagen, e é possível comer *sushi* nos hotéis, graças aos japoneses que preparam a abertura de uma nova fábrica da Honda.

Também na capital, os imigrantes ganham presença na economia e na cultura, abrindo restaurantes, projetando edifícios, financiando eventos culturais e estudando nas escolas. O fator econômico é o principal motivador dos imigrantes, tanto para os trabalhadores braçais da América Central quanto para os imigrantes de classe média. [...]"

CAVE, Damien. México reverte imigração. *The New York Times*. Disponível em: <http://www1.folha.uol.com.br/fsp/newyorktimes/131560-mexico-reverte-imigracao.shtml?loggedpaywall>. Acesso em: 16 maio 2018.

a) Qual é a ideia central do texto?
b) Que fatores têm atraído estrangeiros para o México?

9. Observe a imagem a seguir e responda às questões.

Trabalhadores mexicanos durante colheita em Brawley (Estados Unidos, 2017).

a) Como ocorre o deslocamento de trabalhadores rurais do México para os Estados Unidos?
b) Qual é a denominação atribuída a esses trabalhadores rurais mexicanos que são requisitados nas colheitas dos Estados Unidos?

10. Observe a foto reproduzida abaixo.

Vista das ruínas de Tulum, no estado mexicano de Quintana Roo, no litoral do Mar do Caribe (México, 2018).

Com base na imagem, elabore um pequeno texto com o objetivo de atrair turistas para o México e, em especial, para o local representado.

TEMA 3 — AMÉRICA CENTRAL CONTINENTAL

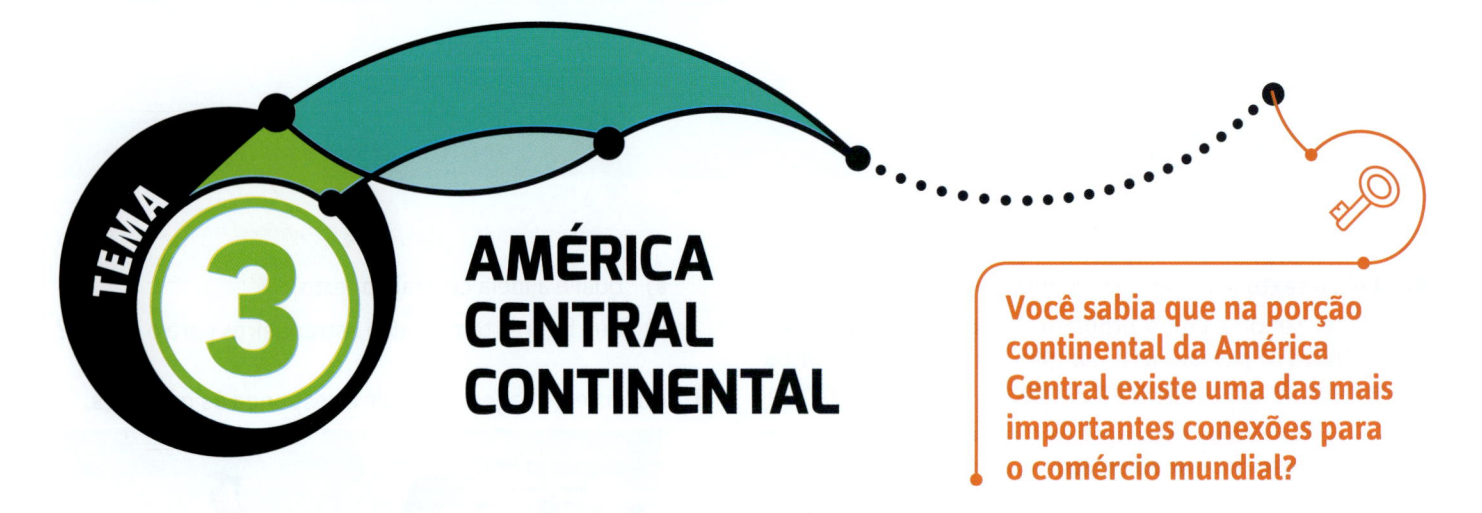

Você sabia que na porção continental da América Central existe uma das mais importantes conexões para o comércio mundial?

TERRITÓRIO

A **América Central continental** ou ístmica corresponde a uma estreita faixa de terra que liga a América do Norte à América do Sul, banhada pelos oceanos Pacífico, a oeste, e Atlântico, a leste. O Atlântico forma um imenso mar aberto denominado **Mar das Antilhas** ou **Mar do Caribe** (figura 13).

Essa parte do continente americano é formada por sete países: Guatemala, Belize, Honduras, El Salvador, Nicarágua, Costa Rica e Panamá, abrigando no total uma população de aproximadamente 45 milhões de habitantes.

O clima tropical predomina na América Central, com variações em virtude da altitude dos terrenos. A América Central é uma região sujeita a furacões, com ventos superiores a 200 km/h, que podem causar enorme destruição e até mortes.

A temporada dos furacões se inicia no final do verão, no Hemisfério Norte. Os países pobres são os mais prejudicados, pois a reconstrução requer muito esforço da população, além de altos investimentos financeiros.

POPULAÇÃO

Com mais de 19 milhões de habitantes, que correspondem a cerca de um terço de toda a população da América Central, a Guatemala é o país mais populoso. No litoral do Mar das Antilhas, os reduzidos índices de densidade demográfica decorrem, em parte, do predomínio das florestas tropicais.

A maior densidade demográfica ocorre na **costa do Pacífico**, onde a presença de planaltos com solos férteis e clima tropical úmido favoreceu a concentração populacional. Nessa área, são encontradas as principais cidades da América Central continental: as capitais de Costa Rica, San José; El Salvador, San Salvador; Nicarágua, Manágua; e Guatemala, Cidade da Guatemala (figura 14).

FIGURA 13. AMÉRICA CENTRAL CONTINENTAL

Fonte: IBGE. *Atlas geográfico escolar*. 6. ed. Rio de Janeiro: IBGE, 2009. p. 39.

Ístmico: referente a istmo, faixa estreita de terra que liga uma península a um continente ou duas porções de um continente.

Figura 14. Vista aérea de San José, capital e maior cidade da Costa Rica (foto de 2016).

COMPOSIÇÃO ÉTNICA

De maneira geral, a população da América Central continental é resultante da **miscigenação** de indígenas e espanhóis, os colonizadores da região. Na Guatemala, na Nicarágua e na Costa Rica, no entanto, encontramos muitos descendentes de negros africanos escravizados, trazidos até o século XIX para trabalhar nas *plantations* da costa atlântica.

CONDIÇÕES SOCIOECONÔMICAS

As condições de vida nessa região são precárias, com baixos índices socioeconômicos. Esse fato pode ser explicado por alguns indicadores, além de altas taxas de mortalidade infantil e analfabetismo, grandes desníveis sociais e elevada concentração de renda. El Salvador, Nicarágua, Guatemala e Honduras são os países com os mais baixos indicadores sociais, o que explica a grande emigração desses países para os Estados Unidos. Observe a tabela a seguir.

A urbanização na América Central continental se intensificou nas últimas décadas, embora Belize ainda tenha população predominantemente rural.

PARA LER

- **América Central nas Asas do Quetzal**
Eduardo Soares Batista. Porto Alegre: Literalis, 2003.

O livro relata uma viagem pela América Central continental, apresentando um panorama dos aspectos sociais, históricos e dos modos de vida dos países da região.

TABELA: AMÉRICA CENTRAL CONTINENTAL: IDH E EXPECTATIVA DE VIDA – 2016		
País	IDH	Expectativa de vida (anos)
Panamá	0,788	77,8
Costa Rica	0,766	79,6
Belize	0,706	76,3
El Salvador	0,680	73,3
Nicarágua	0,645	75,2
Guatemala	0,640	74,3
Honduras	0,625	71,4

Fonte: PNUD. *Human development report 2016 — Human development for everyone*. Nova York: Pnud, 2017. p. 198-201.

ECONOMIA

As principais atividades econômicas da América Central continental estão relacionadas ao cultivo de produtos tropicais para o abastecimento do mercado externo. Há uma enorme dependência da economia das repúblicas centro-americanas em relação aos Estados Unidos, devido à grande influência que esse país exerce na região. Hoje, o café e a banana, cultivados em grandes fazendas, estão entre os principais produtos exportados. As terras mais férteis são as áreas vulcânicas de El Salvador, Nicarágua e Guatemala, e as regiões recobertas por florestas na Costa Rica.

INDÚSTRIA E EXTRATIVISMO MINERAL

A indústria e a extração mineral são atividades pouco expressivas na América Central. Na maioria dos países, a indústria é voltada para o beneficiamento de produtos agrícolas destinados à exportação e à produção de bens de consumo para o mercado interno.

TURISMO

O turismo é hoje uma das grandes fontes de renda dos países centro-americanos continentais. Belize, Guatemala e Honduras abrigam muitos sítios arqueológicos da antiga civilização maia e têm recebido cada vez visitantes interessados na cultura desse povo pré-colombiano.

Também cresce o interesse dos turistas pelo ecoturismo, que são atraídos por roteiros em parques nacionais e formações vulcânicas (figura 15). As belas praias dessa região centro-americana também são atrativos para turistas do mundo todo.

Sítio arqueológico: lugar com grande quantidade de vestígios de ocupação humana em épocas remotas.

Figura 15. Vista do Lago de Atitlán, cercado pelos vulcões Atitlán, Tolimán e San Pedro, em Sololá (Guatemala, 2016). O Lago Atitlán é um dos destinos turísticos mais importantes da Guatemala.

FIGURA 16. AMÉRICA CENTRAL CONTINENTAL: AGRICULTURA

Fonte: FERREIRA, Graça M. L. *Moderno atlas geográfico*. 6. ed. São Paulo: Moderna, 2016. p. 37.

AGRICULTURA DE EXPORTAÇÃO E FAMILIAR

Na América Central, pratica-se agricultura comercial de produtos tropicais e familiar (figura 16). Grande parte da produção agrícola de exportação é realizada em extensas propriedades monocultoras. A maioria dessas propriedades pertence a empresas estrangeiras, principalmente dos Estados Unidos.

No litoral do Atlântico e nos altiplanos, predomina a agricultura familiar, praticada em pequenas propriedades com o emprego de técnicas tradicionais e de mão de obra familiar. Os principais produtos cultivados são o milho e a batata.

O CANAL DO PANAMÁ

Um dos grandes empecilhos ao comércio marítimo mundial foi superado em 1914, com a abertura de um canal com 80 quilômetros, no istmo do Panamá, construído pelos estadunidenses e o qual permitiu a travessia entre os oceanos Atlântico e Pacífico, antes feita apenas pelo Estreito de Magalhães, localizado ao sul da América do Sul.

Só a partir de 1999 o canal passou a ser administrado pelo Panamá. Até então, a administração foi mantida sob o controle dos Estados Unidos. Atualmente, o Canal do Panamá foi ampliado com a construção de uma terceira via, com capacidade para a travessia de embarcações de maior porte (figura 17).

Figura 17. Vista aérea mostrando a ampliação do Canal do Panamá (Panamá, 2016).

TEMA 4

AMÉRICA CENTRAL INSULAR

TERRITÓRIO

A **América Central insular** localiza-se no Mar do Caribe ou Mar das Antilhas (figura 18). Esse conjunto de pequenas e grandes ilhas possui clima tropical e está reunido em três grupos: Grandes Antilhas, Pequenas Antilhas e Bahamas.

Quais características da porção insular da América Central atraem grande número de visitantes?

FIGURA 18. AMÉRICA CENTRAL INSULAR

Fonte: IBGE. Atlas geográfico escolar. 6. ed. Rio de Janeiro: IBGE, 2009. p. 39.

Além dos países independentes, existem ilhas e arquipélagos que são territórios ultramarinos de países europeus — Reino Unido, França e Países Baixos — e os que são territórios pertencentes aos Estados Unidos (figura 19).

Grandes Antilhas: incluem Cuba, Jamaica, Porto Rico e a Ilha Hispaniola, onde se localizam o Haiti e a República Dominicana.

Pequenas Antilhas: incluem Antígua e Barbuda, Dominica, Granada, Santa Lúcia, São Cristóvão e Nevis, São Vicente e Granadinas, Trinidad e Tobago, Barbados e Guadalupe, entre outras.

Bahamas: situadas ao norte de Cuba, são um arquipélago com mais de 700 ilhas.

Território ultramarino: região além-mar considerada parte integrante do território de outro país, como a Martinica, que pertence à França, e Anguilla, ao Reino Unido.

ASPECTOS FÍSICOS

Algumas ilhas do Caribe apresentam relevo montanhoso, intercalado por estreitas planícies e planaltos que constituem as áreas mais densamente povoadas. A região é marcada pela instabilidade geológica, sujeita à atividade de vulcões e a terremotos. As ilhas também estão expostas a violentos furacões, que costumam trazer grandes prejuízos materiais, além de provocar vítimas.

Em virtude da reduzida dimensão territorial das ilhas, sua hidrografia é formada por rios de pequena extensão, o que compromete o abastecimento de água para os habitantes. A esse problema acrescentam-se as deficiências na coleta de esgoto.

POPULAÇÃO

As ilhas do Caribe foram colonizadas por espanhóis, ingleses, franceses e holandeses. A população é fruto da miscigenação do branco de origem europeia, de uma minoria de indígenas e da forte presença de negros africanos escravizados. No Haiti, por exemplo, 96% da população é constituída de afrodescendentes.

A região contava com aproximadamente 44 milhões de habitantes em 2016, sendo Cuba o país mais populoso, com cerca de 11,4 milhões de habitantes.

As capitais Havana (Cuba), Kingston (Jamaica), Porto Príncipe (Haiti), Santo Domingo (República Dominicana) e San Juan (Porto Rico) são as principais cidades do Caribe, nas quais se concentra a maioria da população.

Figura 19. Curaçao foi colonizada pelos holandeses e é um país autônomo, integrante do Reino dos Países Baixos. Na foto, centro de Willemstad (Curaçao, 2018).

Figura 20. Atualmente, o governo cubano tenta retomar a produção açucareira. Na foto, colheita de cana-de-açúcar em Guayabales (Cuba, 2015).

ECONOMIA

A principal atividade econômica do Caribe é a agricultura voltada para a exportação (herança colonial), com destaque para o cultivo da cana-de-açúcar, cujo maior produtor na região é Cuba (responsável por 68% da produção caribenha em 2016). Também são cultivados banana, tabaco, café e algodão.

Cuba também foi o grande produtor açucareiro do Caribe durante o século XIX, quando chegou a ser responsável por um terço da produção mundial. O açúcar tornou-se o principal produto de exportação do país, sendo o maior comprador os Estados Unidos.

No início da década de 1960, o governo de Washington impôs um embargo (bloqueio) econômico a Cuba. Essa medida foi uma represália ao regime socialista cubano, que havia sido implantado sob a liderança de Fidel Castro e responsável por nacionalizar empresas e propriedades estadunidenses. A partir daí a União Soviética passou a ser a principal importadora do açúcar cubano, e a ilha tornou-se a maior exportadora de açúcar do mundo. Porém, com o fim da União Soviética, em 1991, a produção açucareira em Cuba entrou em decadência.

Hoje, o açúcar ainda é um produto importante para a economia cubana, mas atrás do turismo e do tabaco (figura 20).

INDÚSTRIA E TURISMO

A atividade industrial no Caribe restringe-se ao beneficiamento das matérias-primas agrícolas e à confecção de roupas.

O turismo é a principal fonte de receita para muitos países caribenhos. A existência de lindas praias e o predomínio de clima tropical fazem do Caribe uma das principais rotas de cruzeiros marítimos do mundo. Em 2016, mais de 25 milhões de turistas visitaram a região (figura 21).

PARAÍSOS FISCAIS

Na região do Mar do Caribe há conhecidos **paraísos fiscais**, como as Ilhas Cayman, Ilhas Virgens e Bahamas. Nesses países, grandes somas de dinheiro podem ser depositadas sem a necessidade de declarar sua origem (o sigilo bancário é protegido por leis). Além disso, são oferecidas facilidades para a movimentação das contas, e os impostos cobrados são baixos.

Entre os maiores "clientes" dos paraísos fiscais estão pessoas envolvidas com o crime organizado (narcotráfico, contrabando etc.) e com o desvio de dinheiro público.

Figura 21. A República Dominicana foi o destino mais procurado pelos turistas no Caribe, em 2016, tendo recebido seis milhões de visitantes, segundo a Organização Mundial do Turismo (OMT). Na foto, praia em Punta Cana (República Dominicana, 2017).

SAIBA MAIS

Como Cuba consegue índices de países desenvolvidos na saúde?

"Como Cuba consegue ter um sistema de saúde com índices comparáveis aos países desenvolvidos com um orçamento típico de uma região em desenvolvimento? O Governo caribenho sempre se vangloriou de fomentar e cuidar do serviço básico, gratuito e universal que oferece a sua população. No entanto, também há deficiências: infraestrutura deteriorada, constantemente avariada ou obsoleta e um déficit importante de médicos por motivos diversos, como a prioridade dada pelo Estado às missões médicas internacionais ou a incessante saída de especialistas que conseguem exilar-se.

Uma das chaves para o sucesso cubano na saúde está no gasto destinado ao setor: 10,57% do PIB em 2015, muito acima de países como Estados Unidos, Alemanha, França e Espanha. [...]

O outro lado são as clínicas exclusivas para turistas, governantes e altos mandatários. O Estado reserva os melhores hospitais, equipamentos e remédios para a elite do poder e para os estrangeiros, enquanto descuidam da qualidade do serviço prestado ao cubano comum [...].

'Cuba tem dois sistemas de saúde', explica o médico Julio César Alfonzo. 'Um para os cubanos, outro para os estrangeiros, que recebem um atendimento de maior qualidade, enquanto a população nacional tem de se conformar com instalações caindo aos pedaços, falta de remédios e equipamentos e falta de pessoal especializado [...]'.

Ainda assim, segundo o relatório do Estado Mundial da Infância do Unicef, Cuba alcançou em 2015 uma taxa de mortalidade infantil abaixo de cinco por 1.000 nascidos, dado que coloca o país entre as primeiras 40 nações do mundo. O país caribenho também foi pioneiro em diversos avanços na medicina. Já em 1985 desenvolveu a primeira e única vacina contra a meningite B. Conseguiu novos tratamentos para combater a hepatite B, o pé diabético, o vitiligo e a psoríase. E desenvolveu uma vacina contra o câncer de pulmão, que está sendo testada nos Estados Unidos, e foi o primeiro país do planeta a eliminar a transmissão materno-infantil de HIV, conforme atesta a Organização Mundial da Saúde (OMS) [...]."

FUENTE. A. Como Cuba consegue índices de países desenvolvidos na saúde? *El País*, 8 fev. 2017. Disponível em: <https://brasil.elpais.com/brasil/2017/01/12/internacional/1484236280_559243.html>. Acesso em: 17 maio 2018.

Médico verifica a pressão arterial de um menino em Havana (Cuba, 2015).

ATIVIDADES

1. Por que é possível afirmar que em Cuba existem "dois sistemas de saúde"?

2. Quais são os problemas identificados no sistema de saúde cubano?

3. Quais são os principais avanços alcançados na área da saúde em Cuba?

Trilha de estudo

Vai estudar? Nosso assistente virtual no *app* pode ajudar!
<http://mod.lk/trilhas>

ATIVIDADES

ORGANIZAR O CONHECIMENTO

1. Qual é o clima predominante na América Central?

2. Por que ocorre forte emigração em Honduras, El Salvador, Guatemala e Nicarágua?

3. Cite duas consequências da herança colonial presentes na América Central.

4. Qual é a importância da atividade agrícola para o conjunto dos países centro-americanos?

5. Por que os países da América Central recebem grande quantidade de turistas todos os anos?

APLICAR SEUS CONHECIMENTOS

6. O açúcar em Cuba tem importância histórica. Em 1991, a safra cubana atingiu 8 milhões de toneladas, e em 2016 foi de cerca de 2 milhões de toneladas. Como Cuba se tornou grande produtora de açúcar e qual é sua situação atualmente?

7. Retome os conteúdos abordados na página 146, leia a charge e faça o que se pede.

a) O que a charge mostra? A que assuntos do Tema 4 desta Unidade ela se refere?

b) Forme dupla com um colega para fazer uma pesquisa sobre os paraísos fiscais e escrevam um pequeno texto sobre como eles dificultam o combate internacional ao crime organizado.

Certifiquem-se de que os textos utilizados na pesquisa sejam de pessoas ou instituições idôneas.

8. Observe a foto a seguir e responda às questões.

Cruzeiro marítimo no litoral do Caribe, na Ilha Cozumel (México, 2016).

a) Qual é a atividade econômica representada na foto? Explique sua importância especialmente na porção insular da América Central.

b) Por que no inverno do Hemisfério Norte essa região também é muito procurada?

9. Observe a foto e com base no conteúdo estudado responda.

Destruição causada pela passagem do furacão Matthew no Haiti, em 2016.

Por que nos países em desenvolvimento a destruição causada por esse fenômeno natural é normalmente tão intensa?

10. Leia o texto a seguir e, depois, responda às questões.

Agricultores de Guatemala e El Salvador aprendem com experiência brasileira de convivência com a seca

"A falta de água na agricultura é o denominador comum entre as zonas semiáridas de Guatemala, El Salvador e Brasil. Um grupo de agricultores dos dois primeiros viajou ao Brasil para conhecer as práticas de convivência com a seca que permitem produzir alimentos de maneira eficiente e resiliente.

As áreas onde os agricultores dos três países vivem e produzem sofreram as consequências da falta de chuva. A irregularidade das chuvas é cada vez mais frequente e isso apresenta grandes desafios para a produção de alimentos e a segurança alimentar de milhares de famílias que vivem nessas zonas semiáridas. [...]

Armazenamento de água, boas práticas de produção, pós-produção e armazenamento de alimentos, acesso a mercados e comercialização são algumas das experiências visitadas pela delegação de agricultores."

ONU BRASIL. *Agricultores de Guatemala e El Salvador aprendem com experiência brasileira de convivência com a seca*. Disponível em: <https://nacoesunidas.org/agricultores-de-guatemala-e-el-salvador-aprendem-com-experiencia-brasileira-de-convivencia-seca/>. Acesso em: 19 jul. 2018.

a) Qual é o problema abordado no texto?
b) Como esse problema afeta esses países?
c) Por que a agricultura é uma atividade econômica importante para esses dois países da América Central?

11. (ESPM, 2015)

O Canal do Panamá, que liga o Oceano Atlântico (através do Mar do Caribe) ao Oceano Pacífico, completa em 2014 cem anos. Em 1878, o francês Ferdinand de Lesseps, construtor do Canal de Suez, obteve da Colômbia, a quem a região pertencia naquela época, permissão para realizar a obra. Os trabalhos foram iniciados em 1880 e foram interrompidos quatro anos depois pela falência da empresa construtora.

O presidente dos EUA, Theodore Roosevelt, demonstrou interesse, em 1903, em terminar o projeto. Como o Senado colombiano se opunha ao projeto, os norte-americanos instigaram o movimento de independência do Panamá contra a Colômbia.

Com a independência do Panamá, o governo panamenho concedeu aos EUA o direito de completar a obra e controlar a zona do canal e os lucros gerados.

O Canal do Panamá atualmente funciona sob o controle:

a) dos EUA;
b) do Panamá;
c) da Colômbia;
d) de parceria EUA-Panamá;
e) de parceria EUA-Panamá-Colômbia.

DESAFIO DIGITAL

12. Acesse o objeto digital *Cuba*, disponível em <http://mod.lk/desv8u5>, e faça o que se pede.

a) Qual é a relação entre a derrubada de Fulgêncio Batista do governo cubano e o bloqueio econômico imposto pelos Estados Unidos?
b) Explique a importância da União Soviética para a economia de Cuba e cite as consequências que o país latino sofreu com a sua desintegração, em 1991.
c) Que atividades econômicas realizadas em Cuba são mencionadas no objeto digital?

Mais questões no livro digital

REPRESENTAÇÕES GRÁFICAS

Mapas qualitativos

Os **mapas qualitativos** registram a localização e/ou extensão de diferentes fenômenos ou as diversas categorias nas quais eles se enquadram, descrevendo qualidades desses espaços. A diversidade da realidade é reproduzida no mapa por diversas variáveis visuais.

Para representar a ocorrência de fenômenos pontuais, devem-se aplicar diferentes símbolos para cada um deles, sem diferenças nos tamanhos para não atribuir valores aos símbolos, já que os mapas qualitativos apontam a existência ou não do fenômeno, e não sua ordem ou proporção.

Para representar fenômenos com ocorrência em áreas determinadas, emprega-se o **método corocromático qualitativo**, isto é, de áreas coloridas. Esse método estabelece cores diferenciadas para as várias ocorrências.

Observe no mapa a seguir como as áreas coloridas representam a extensão dos diversos usos da terra no México e na América Central.

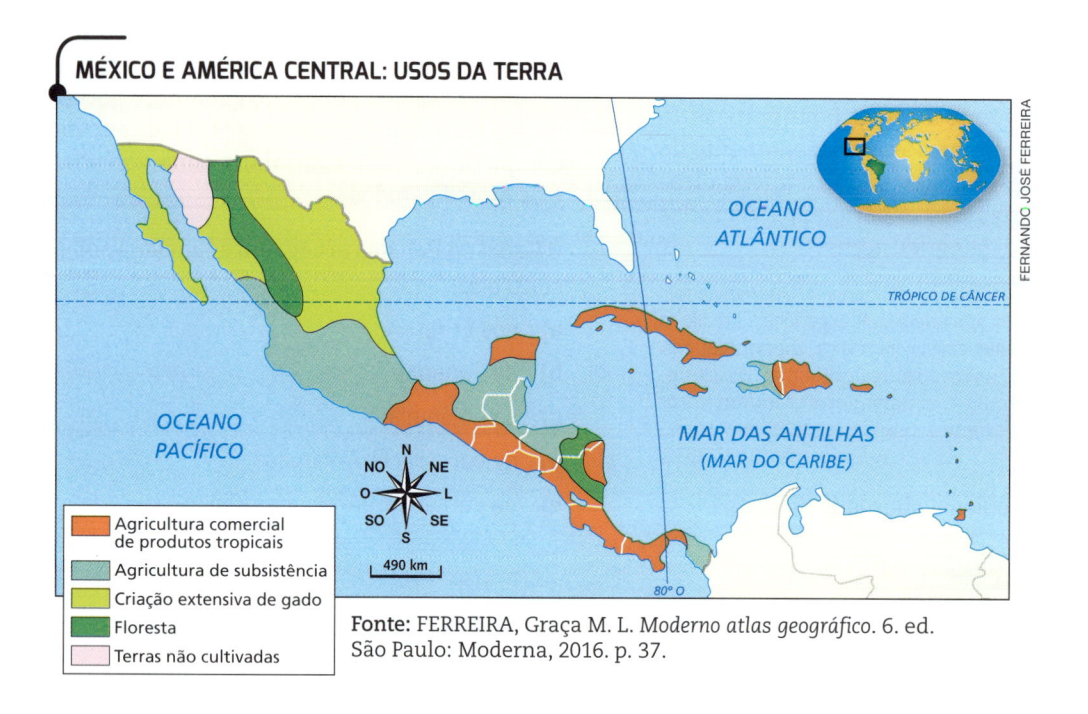

MÉXICO E AMÉRICA CENTRAL: USOS DA TERRA

Fonte: FERREIRA, Graça M. L. *Moderno atlas geográfico*. 6. ed. São Paulo: Moderna, 2016. p. 37.

ATIVIDADES

1. No mapa acima, que recurso visual foi utilizado para diferenciar no espaço a ocorrência dos tipos de uso da terra?

2. Indique três outros tipos de fenômeno que poderiam ser representados em mapas qualitativos e três que não são apropriados para esse tipo de representação, justificando suas escolhas.

ATITUDES PARA A VIDA

Projeto "Comelivros"

Implantados em alguns bairros da cidade de Puebla, no México, a ideia é criar clubes de leitura para as crianças. Leia um pouco sobre o projeto.

"Pensando na leitura como um ato poderoso, revelador e sobretudo prazeroso, o projeto tem como objetivo fazer do livro um personagem cotidiano e necessário na vida das pessoas. [...] 'O que fazemos é desmitificar o papel do livro e da leitura na sociedade', explica Juan Manuel Gutiérrez Jiménez, diretor da Comunidade Comelibros. [...].

Chegar a formar o programa de fomento de leitura em Puebla, segundo ele, foi o resultado de imensos debates a respeito do acesso aos bens culturais [...].

'Com o tempo, depois de quase seis anos de sustentar, modificar, avaliar, comprovar nossas metodologias, equivocar-nos e aprender com as crianças e a grande quantidade de companheiros que formam parte deste sonho, temos muito presente que o acesso ao livro e os direitos que o circundam está intimamente relacionado com o que os projetos podem aportar na criação de políticas públicas' [...].

Os clubes do livro da Comunidade Comelibros estão instalados em algumas vizinhanças [...]. Além de leituras em voz alta, empréstimo de livros, atividades de socialização e formação artística, a organização conta com projetos radiofônicos semanais."

IberCultura Viva. *Comunidad Comelibros*: a rede de clubes do livro que busca fomentar o prazer da leitura. Disponível em: <http://iberculturaviva.org/portfolio/es-comunidad-comelibros-la-red-de-libroclubes-que-busca-fomentar-la-lectura-placentera-en-los-ninos-y-ninas-padres-y-vecinos/>. Acesso em: 11 maio 2018.

ATIVIDADES

1. O diretor da Comunidade Comelibros explica que o programa foi o resultado de imensos debates. Qual atitude abaixo deve ser trabalhada para que em um debate as pessoas possam argumentar e compartilhar as ideias?
   - (   ) Esforçar-se por precisão.
   - (   ) Aplicar conhecimentos prévios a novas situações.
   - (   ) Escutar os outros com atenção e empatia.
   - (   ) Persistir.

2. A fala do diretor indica que foi necessário pensar com flexibilidade, isto é, considerar diferentes possibilidades para chegar à ideia final e formular o projeto, tal como foi implantado na cidade de Puebla. Indique o trecho do texto que exemplifica essa atitude sendo trabalhada.

3. O projeto foi realizado de maneira interdependente, a partir dos esforços da equipe de profissionais envolvidos e da participação das crianças e adultos da comunidade. Dê exemplo de alguma situação vivenciada por você na escola, em casa ou em outro local que faça parte de seu cotidiano, em que essa atitude foi necessária.

COMPREENDER UM TEXTO

Mudanças climáticas e o Mar do Caribe

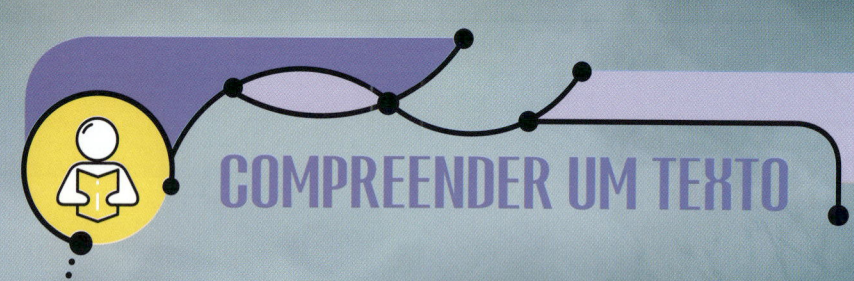

A região do Caribe e o sudeste dos Estados Unidos geralmente são atingidos por furacões, sobretudo a partir do fim do verão no Hemisfério Norte, entre os meses de agosto e setembro. Pesquisas indicam que a elevação das temperaturas dos oceanos e da atmosfera é a principal causa do aumento da intensidade e da força desses ventos.

"A temporada de furacões tem deixado um rastro de destruição humana e material em vários países do Caribe e nos Estados Unidos. Os cientistas são cada vez mais afirmativos no sentido de que as mudanças climáticas aumentam a força e a frequência dos eventos extremos, como, por exemplo, o caso dos furacões Harvey e Irma que ocorreram no mês de setembro, na região do Caribe e Sul dos Estados Unidos, principalmente os estados de Texas e Florida. Observam-se claras evidências de que o furacão Irma ganhou força por causa do aquecimento anormal do mar do Caribe. A elevação do nível dos oceanos tende a se agravar por causa das mudanças climáticas, além de potencializar os impactos dos furacões.

As nações mais pobres que tiveram 95% de suas construções destruídas nesses eventos não podem se 'adaptar' a furacões como o Irma. O primeiro-ministro de Barbuda, Gaston Browne, relatou que o furacão Irma devastou 95% das propriedades da ilha e deixou a ilha 'praticamente inabitável'. O maior problema foi nas pequenas ilhas do Caribe que foram afetadas e têm pouquíssimos recursos para se protegerem, isso sem mencionar o investimento necessário para o caso de furacões de magnitudes recorde.

Magnitudes: neste caso, refere-se ao grau de intensidade de um furacão.

O Irma foi o mais forte furacão no Atlântico em termos de ventos máximos sustentados desde o Wilma, de 2005, que passou pelo México, Haiti, Cuba e Flórida. Pesquisas recentes mostram que os furacões ficaram mais fortes nas últimas décadas. O aumento de temperatura nas superfícies da terra e do oceano eleva a energia potencial disponível para a formação dos furacões que se formam no Atlântico.

O maior desafio é o reconhecimento de que, para as populações mais vulneráveis, se 'adaptar' aos níveis futuros das mudanças climáticas é simplesmente impossível. Assim, alguns pequenos países insulares terão que ser realocados a terras mais altas."

JACOBI, Pedro Roberto; GIATTI, Leandro Luiz. Eventos extremos, urgências e mudanças climáticas. *Revista Ambiente e Sociedade*, São Paulo, v. XX, n. 3, p. I-VI, jul.-set. 2017. Disponível em: <http://www.scielo.br/pdf/asoc/v20n3/pt_1809-4422-asoc-20-03-00000.pdf>. Acesso em: 14 maio 2018.

ATIVIDADES

OBTER INFORMAÇÕES

1. De acordo com o texto, quais são as regiões afetadas pelos furacões?

2. Quais furacões são citados no texto?

INTERPRETAR

3. Qual é a solução que os países insulares do Caribe terão de encontrar para se protegerem dos furacões, segundo o autor?

4. Por que os furacões têm ficado mais fortes e devastadores nas últimas décadas?

REFLETIR

5. Por que os países menos desenvolvidos são mais afetados e têm menos condições de se prepararem para a passagem dos furacões em seus territórios?

PESQUISAR

6. Nos últimos anos, tem havido uma grande discussão a respeito das mudanças climáticas ocorridas na Terra. A maior parte da comunidade científica afirma que as atividades que envolvem a queima de combustíveis fósseis intensificam o efeito estufa e aumentam a temperatura média da superfície da Terra, alterando as condições atmosféricas do planeta. Entretanto, outro grupo de cientistas afirma que não se pode comprovar a relação entre esses processos. Faça uma pesquisa na internet sobre as justificativas apresentadas por esses dois grupos. Registre no caderno as informações obtidas, anote as fontes e traga o material para um debate a ser realizado em sala de aula.

UNIDADE 6

AMÉRICA DO SUL

Estudar as características econômicas e sociais da América do Sul nos ajuda a compreender como as desigualdades e contradições afetam as populações que vivem nesta parte do globo, tanto no campo quanto na cidade. Para entender as dinâmicas desses países, também merece destaque sua dependência financeira em relação aos recursos naturais encontrados em seus territórios.

Nas últimas décadas, os países da América Latina têm buscado o desenvolvimento econômico e social por meio de políticas de integração regional.

Após o estudo desta Unidade, você será capaz de:

- identificar as principais características econômicas e sociais da América do Sul;
- avaliar a importância dos recursos minerais e energéticos para os países sul-americanos;
- analisar os objetivos de projetos e blocos de integração regional envolvendo países latino-americanos;
- posicionar o Brasil no contexto econômico da América do Sul e no comércio internacional.

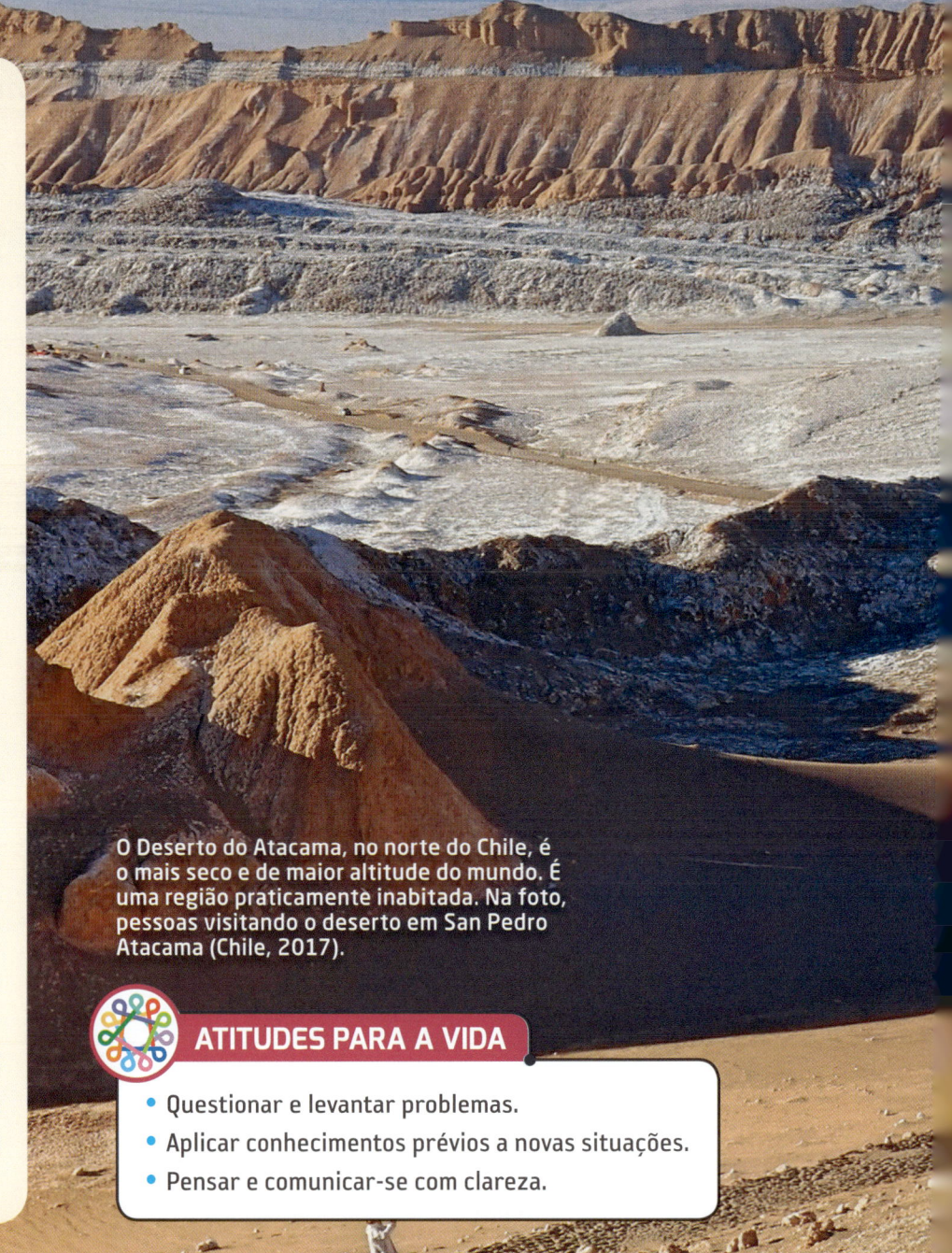

O Deserto do Atacama, no norte do Chile, é o mais seco e de maior altitude do mundo. É uma região praticamente inabitada. Na foto, pessoas visitando o deserto em San Pedro Atacama (Chile, 2017).

ATITUDES PARA A VIDA

- Questionar e levantar problemas.
- Aplicar conhecimentos prévios a novas situações.
- Pensar e comunicar-se com clareza.

COMEÇANDO A UNIDADE

1. O Deserto do Atacama, no Chile, é uma de diversas paisagens naturais da América do Sul. Que outras paisagens naturais sul-americanas você conhece?

2. Que aspecto da realidade das cidades sul-americanas a foto da rua em Bogotá retrata?

3. A soja é um dos principais produtos agrícolas da América do Sul. Qual é a principal finalidade dessa produção em larga escala?

Bairro com carência de serviços públicos na cidade de Bogotá (Colômbia, 2018).

A soja é um dos principais produtos agrícolas de exportação da Argentina. Na foto, plantação de soja nesse país, em 2015.

TEMA 1

ASPECTOS GERAIS

Quais são as principais características dos países sul-americanos?

O TERRITÓRIO DA AMÉRICA DO SUL

A América do Sul compreende doze países – Argentina, Chile, Uruguai, Brasil, Paraguai, Bolívia, Peru, Equador, Colômbia, Venezuela, Guiana e Suriname – e um departamento francês ultramarino, a Guiana Francesa (figura 1).

Uma marca do território da América do Sul é a distribuição irregular da população: existem vastas áreas pouco povoadas, como a Patagônia, na Argentina; a região Amazônica, no norte da América do Sul, e as áreas desérticas do Chile.

ECONOMIA

Commodity é uma palavra de língua inglesa utilizada para designar recursos minerais, vegetais ou animais que são comercializados no mercado internacional e que possuem valor estratégico, como, por exemplo, soja, cana-de-açúcar, petróleo, carvão, entre muitos outros. Na América do Sul, a base da economia da maior parte dos países é a exportação de *commodities*, sobretudo dos setores agrícolas e de extração mineral. A **agricultura** é fundamental para Colômbia (café), Argentina (soja e milho), Equador (banana), Brasil (soja, café, milho), Uruguai (soja e arroz), entre outros.

A extração e o processamento de **recursos minerais** e **energéticos** são muito importantes para a economia da Venezuela (petróleo), Bolívia (petróleo e minério de zinco), Equador (petróleo), Colômbia (petróleo), Peru (cobre), Chile (cobre) e Brasil (cobre e minério de ferro).

Brasil e Argentina são os países mais **industrializados** da América do Sul.

FIGURA 1. AMÉRICA DO SUL: POLÍTICO

Fonte: IBGE. *Atlas geográfico escolar*. 7. ed. Rio de Janeiro: IBGE, 2016. p. 41.

DESENVOLVIMENTO SOCIOECONÔMICO

O processo de colonização ocorrido nos países da América do Sul contribuiu, em grande parte, para a atual estruturação da economia dos países sul-americanos na produção de *commodities*. O processo de colonização também ocasionou uma grande concentração fundiária e a existência, sobretudo em alguns países, de grandes desigualdades sociais.

Em relação ao Índice de Desenvolvimento Humano (IDH), os países da América do Sul encontram-se em três níveis: muito elevado (Chile e Argentina), elevado (Uruguai, Venezuela, Brasil, Peru, Equador, Colômbia e Suriname) e médio (Paraguai, Bolívia e Guiana). Comparando dados de IDH, expectativa de vida e expectativa de escolaridade, nota-se que apresentam realidades contrastantes: enquanto no Chile, por exemplo, a população vive em média até os 80 anos, em países como Guiana e Bolívia a média não atinge mais de 69 anos.

Na América do Sul, os contrastes nas condições de vida não ocorrem apenas entre os países, mas também entre a população de cada país: a desigualdade social faz com que existam neles um grande número de pessoas que vivem em precárias condições de moradia, saúde, educação e segurança alimentar.

O **índice de Gini** é um instrumento de avaliação da desigualdade social em uma população, pois indica o grau de concentração de renda nela existente, apontando a diferença entre os rendimentos dos mais pobres e os dos mais ricos. Analisando o índice de Gini dos países sul-americanos, constata-se que, em geral, trata-se de países com elevada desigualdade social. Veja o mapa da figura 2.

TABELA 1. AMÉRICA DO SUL: DADOS SOCIOECONÔMICOS – 2015

Países	IDH	Expectativa de vida (anos)	Expectativa de escolaridade
Chile	0,847	82,0	16,3
Argentina	0,827	76,5	17,3
Uruguai	0,795	77,4	15,5
Venezuela	0,767	74,4	14,3
Brasil	0,754	74,7	15,2
Peru	0,740	74,8	13,4
Equador	0,739	76,1	14,0
Colômbia	0,727	74,2	13,6
Suriname	0,725	71,3	12,7
Paraguai	0,693	73,0	12,3
Bolívia	0,674	68,7	13,8
Guiana	0,638	66,5	10,3

FIGURA 2. AMÉRICA DO SUL: DESIGUALDADE SOCIAL – 2015

Fonte: BANCO MUNDIAL. Disponível em: <http://databank.worldbank.org/data/reports.aspx?source=poverty-and-equity&Type=TABLE&preview=on>. Acesso em: 18 maio 2018.

O índice de Gini varia de zero a um ou de zero a cem: o valor zero indica situação de igualdade, ou seja, uma situação na qual todos têm a mesma renda, e o valor cem (ou um) indica que uma só pessoa detém toda riqueza.

De olho no mapa

Considerando o índice de Gini, quais países da América do Sul apresentavam maior desigualdade social? E quais eram os dois menos desiguais?

Fonte: PNUD. *Relatório de desenvolvimento humano 2016*. Disponível em: <http://www.br.undp.org/content/dam/brazil/docs/RelatoriosDesenvolvimento/undp-br-2016-human-development-report-2017.pdf>. Acesso em: 18 maio 2018.

Figura 3. Moradia precária na zona rural da Gurita, localizada na Serra da Canastra, no município de Delfinópolis (MG, 2016).

> **De olho no mapa**
> 1. Quais são os três países da América do Sul que apresentam os maiores percentuais de famílias sem moradia ou que vivem em moradias inadequadas?
> 2. E quais são os países que apresentam os menores percentuais?

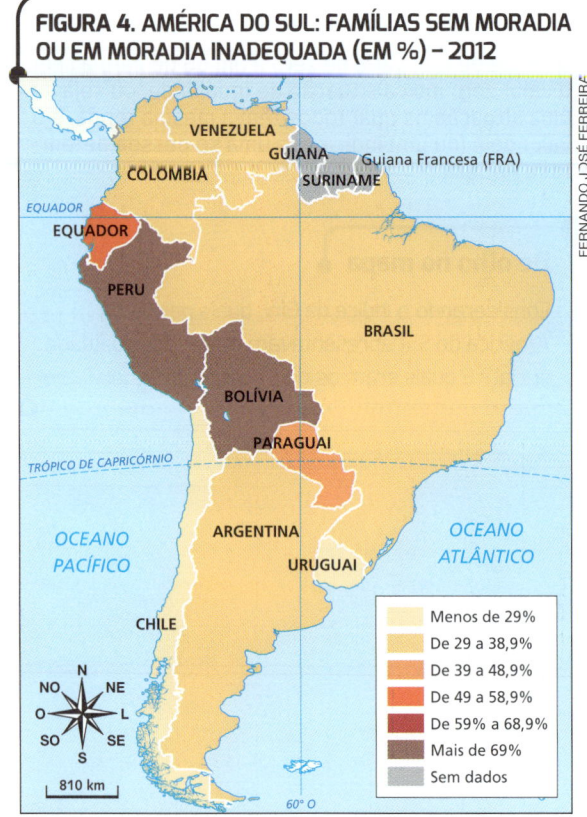

FIGURA 4. AMÉRICA DO SUL: FAMÍLIAS SEM MORADIA OU EM MORADIA INADEQUADA (EM %) – 2012

Legenda:
- Menos de 29%
- De 29 a 38,9%
- De 39 a 48,9%
- De 49 a 58,9%
- De 59 a 68,9%
- Mais de 69%
- Sem dados

Fonte: BID. *Estudo do BID revela que América Latina e o Caribe enfrentam um déficit de habitação considerável e crescente*, 14 maio 2012. Disponível em: <https://www.iadb.org/pt/noticias/comunicados-de-imprensa/2012-05-14/deficit-habitacional-na-america-latina-e-caribe%2C9978.html>. Acesso em: 18 maio 2018.

DESIGUALDADES NO CAMPO

A desigualdade social, tanto no campo como na cidade, caracteriza o espaço geográfico sul-americano. No espaço rural, a concentração de terras e a escravidão foram marcantes historicamente e ainda não foram superadas. Por isso, o acesso à terra é hoje em dia um desafio para grande parte da população do campo. Outra adversidade é a falta de condições econômicas dos pequenos produtores para a aquisição de máquinas agrícolas e demais técnicas produtivas modernas, decorrente da quase ausência de crédito e de financiamentos bancários.

A precária infraestrutura pública e as dificuldades de acesso a estradas, escolas, hospitais e outros serviços constituem igualmente sérias dificuldades para a população do campo (figura 3). A insuficiência de investimentos em serviços sociais básicos é agravada por questões étnicas e pela desigualdade de condições entre homens e mulheres.

DESIGUALDADES NA CIDADE

A precariedade nas condições de vida de grande parte dos moradores das cidades sul-americanas apresenta uma razão histórica importante: em muitos desses países, o processo de urbanização aconteceu de maneira acelerada, sendo marcado pela intensa migração de moradores rurais para as cidades. A falta de políticas de planejamento urbano associada a esse rápido crescimento fez com que as cidades se desenvolvessem de maneira desordenada e sem a infraestrutura necessária para abrigar os grandes contingentes populacionais que para elas se dirigiam.

O resultado desse processo foi a expansão das periferias, a chamada **favelização**, situação marcada pela falta de emprego, dificuldade de acesso a moradias dignas e a serviços de saúde, educação, transporte e lazer (figura 4).

OS MOVIMENTOS SOCIAIS

Em um cenário de insegurança social e instabilidade econômica, as insatisfações crescem e a política nos países sul-americanos oscila. No decorrer da história desses países, fases de regimes autoritários, que combatem de modo repressivo as lutas sociais, têm se alternado com fases de regimes democráticos, mais tolerantes às manifestações de descontentamento da sociedade. Entre os anos 1970 e 1980, por exemplo, a América do Sul passou por uma importante transição de ditaduras para democracias.

Foi nesse contexto que se formaram os **movimentos sociais** contemporâneos, que reúnem grupos de pessoas que, espontaneamente, organizam-se e atuam de modo coletivo em defesa de suas necessidades. Assim, a maior parte das reivindicações desses movimentos sociais está relacionada ao acesso à moradia, à terra, à água, a serviços de saúde e educação.

A articulação dos povos indígenas do Equador em torno do Conaie (Confederação das Nacionalidades Indígenas do Equador) é um exemplo de movimento social sul-americano. O Conaie atua em defesa da terra e de territórios ancestrais indígenas, e defende a existência de um currículo escolar bilíngue e que possa contribuir para a preservação da cultura de cada povo.

Outro exemplo de movimento social na América do Sul é o movimento das Mães da Praça de Maio, mobilizado por mães de filhos desaparecidos durante a ditadura militar na Argentina, que foi de 1976 a 1983. Essas mulheres reivindicam até hoje que o desaparecimento de seus filhos seja investigado e explicado pelo governo argentino (figura 5).

Figura 5. Semanalmente as mulheres do Movimento Mães da Praça de Maio se reúnem em Buenos Aires, em frente à Casa Rosada, sede da Presidência da República do país (Argentina, 2018).

Figura 6. Integrantes de movimento protestam por melhora de acesso ao transporte público, em São Paulo (SP, 2016).

Na Argentina também se formou o movimento dos *piqueteros*, organizado na década de 1980 por trabalhadores recém-demitidos da empresa petrolífera *Yacimientos Petrolíferos Fiscales* (YPF). Os trabalhadores organizaram manifestações para chamar a atenção da população para suas reivindicações por trabalho e para a insatisfação com o governo.

No Brasil, as demandas por transformações no campo têm sido encabeçadas por distintos movimentos sociais, organizados para a luta por interesses de pessoas desabrigadas pela construção de barragens, migrantes, pequenos agricultores, etc. Dentre os mais expressivos está o Movimento dos Trabalhadores Rurais Sem Terra (MST), surgido em 1984, em Cascavel (PR). Este movimento enfatiza a importância da reforma agrária e, atualmente, defende formas de produção agropecuária alternativas ao modelo do agronegócio. Vale ressaltar ainda a articulação internacional de movimentos sociais de camponeses no mundo, que criou em 1993 um movimento de caráter transnacional denominado Via Campesina.

No que diz respeito aos movimentos sociais urbanos, as elevadas tarifas e a má qualidade dos transportes públicos têm estimulado movimentos como o do "Passe Livre" (MPL), surgido em 2005, durante o Fórum Social Mundial realizado em Porto Alegre (RS). O movimento pleiteava a gratuidade desse serviço (figura 6).

No Brasil, também se destaca atualmente a reunião de diversos movimentos sociais em torno da Frente de Luta por Moradia (FLM), que reivindica condições dignas de habitação, defendendo projetos habitacionais voltados às famílias de baixa renda e a melhoria dos equipamentos urbanos relacionados a saúde, educação e cultura.

TEMA 2

APROVEITAMENTO DOS RECURSOS NATURAIS

Que recursos naturais são os mais importantes para a economia dos países da América do Sul?

RECURSOS MINERAIS E ENERGÉTICOS

O território sul-americano abriga importantes reservas minerais e energéticas: petróleo no Brasil, na Venezuela, na Bolívia e no Peru; minério de zinco na Bolívia e no Peru; cobre e minério de cobre no Chile (maior produtor mundial) e no Peru; minério de ferro no Brasil. A exploração mineral, contudo, gera uma série de impactos ambientais, como a retirada da vegetação, a erosão do solo e a poluição da água dos rios e depósitos subterrâneos. As reservas de recursos minerais e energéticos e as regiões industriais estão distribuídas por toda a América do Sul (figura 7).

A abundância de recursos hídricos também é uma característica da América do Sul, e esse recurso é explorado principalmente para a geração de energia elétrica e para a pesca.

De olho no mapa

Caracterize a distribuição das regiões industriais no território da América do Sul e explique como os recursos minerais e energéticos podem favorecer o desenvolvimento de indústrias.

FIGURA 7. AMÉRICA DO SUL: RECURSOS MINERAIS E REGIÕES INDUSTRIAIS

Minas e indústria:
- Carvão mineral
- Petróleo
- Gás natural
- Minério de ferro
- Manganês
- Cobre
- Chumbo e zinco
- Estanho
- Prata
- Ouro
- Bauxita
- Salitre (nitrato)
- Alta tecnologia
- Região industrial

Fonte: CHARLIER, Jacques. (Org.). *Atlas du 21ᵉ siècle*. Paris: Nathan, 2013. p. 154.

PETRÓLEO E GÁS

Na América do Sul, Brasil e Venezuela são os países que possuem as maiores reservas e que mais se destacam na exportação de petróleo. A maior reserva de petróleo pertence à Venezuela, mas, nos últimos anos, o Brasil tem exportado mais do que esse país.

Além do petróleo, cresce a importância do **gás natural** na economia dos países sul-americanos, sobretudo para uso industrial. Os principais produtores regionais são Venezuela, Bolívia e Argentina. A produção brasileira de gás natural deverá crescer muito com a maior exploração da camada do pré-sal.

Pré-sal: camada rochosa em área muito profunda, que fica entre 7.000 e 8.000 metros abaixo do leito do mar, depois de uma camada de sal.

ENERGIA HIDRELÉTRICA

A abundância de recursos hídricos favoreceu a construção de grandes hidrelétricas a partir da década de 1970 em diversos países da América do Sul, principalmente no Brasil e na Argentina, os maiores consumidores de energia elétrica dessa região (figura 8).

A construção de hidrelétricas acarreta impactos sociais e ambientais — como a alteração dos cursos dos rios e o alagamento de ambientes naturais e de áreas construídas — que implicam a perda de biodiversidade e a remoção de cidades inteiras, em alguns casos. Por outro lado, a energia que produzem é considerada renovável e limpa pelo fato de não lançar poluentes no meio ambiente. Venezuela, Peru, Chile e Paraguai também têm hidrelétricas instaladas em seus territórios.

FONTES RENOVÁVEIS DE ENERGIA

Por gerarem baixos índices de poluição, muitos países têm buscado fontes renováveis de energia: solar, eólica (vento), biomassa (matéria orgânica), geotérmica (calor do interior da Terra) e hidrelétrica (água).

Alguns países sul-americanos têm se destacado na produção de **energia de fontes renováveis**, principalmente Brasil e Argentina. O Brasil, por exemplo, é o quarto país no *ranking* mundial em capacidade de produção de energia por meio de hidrelétricas, dado seu potencial em recursos hídricos. Além disso, é o segundo maior produtor mundial de energia de **biomassa** (depois dos Estados Unidos) em virtude dos investimentos nos setores de biodiesel e etanol. Recentemente, a Argentina também tem investido na produção de biodiesel.

Embora não faça parte do quadro dos maiores produtores, o Peru tem ampliado a aplicação de recursos financeiros em fontes renováveis. O país possui importantes fontes de recursos hídricos e geotermais que permitem exploração futura.

Figura 8. A Usina de Itaipu é uma das maiores hidrelétricas do mundo em capacidade de produção de energia. Por ter sido construída com os recursos hídricos do Rio Paraná, na divisa entre Paraguai e Brasil, a usina tem caráter binacional. O acordo entre os dois países estabeleceu que a energia gerada deveria ser dividida em partes iguais e, caso um deles não utilize toda a sua cota, deve dar preferência ao sócio na venda, a preço reduzido. Na foto, vista aérea da Usina Hidrelétrica de Itaipu, em Foz do Iguaçu (PR, 2015).

A EXPLORAÇÃO DA ANTÁRTIDA

A Antártida é o continente mais frio e seco do mundo. Com uma área aproximada de 14.000.000 km², é o quarto continente em extensão territorial e corresponde a cerca de 10% das terras emersas do globo terrestre.

O gelo recobre cerca de 98% da superfície do continente antártico, podendo atingir mais de 4 quilômetros de espessura em determinados pontos e formando camadas conhecidas por geleiras continentais ou *inlandsis* (figura 9).

Ainda que essas condições climáticas tornem muito difícil a permanência humana nesse continente, a Antártida é de interesse de diversos países pelas riquezas naturais potencialmente exploráveis e por sua posição estratégica – que permite acesso aos Oceanos Índico, Pacífico e Atlântico. Os principais recursos naturais do continente são gás natural, petróleo, carvão, minério de ferro e chumbo. A água doce, por sua vez, é um recurso que pode ter grande utilidade futura em um mundo com escassez hídrica.

Alguns países defendem que a Antártida é uma área passível de ser apropriada: Inglaterra, Noruega, França, Austrália e Nova Zelândia. Na América do Sul, os governos da Argentina e do Chile adotam essa postura, argumentando que a Antártida está muito próxima de seus territórios. Para esses países, o continente é um espaço de projeção política da América do Sul. Há países, porém, que defendem que a Antártida não deve pertencer a nenhuma nação, mas ser explorada apenas para pesquisas que beneficiem a humanidade. África do Sul, Japão, Rússia, Estados Unidos e Índia adotam essa posição.

De olho no mapa

1. Que países têm áreas de reivindicações territoriais coincidentes na Antártida?
2. Que país reivindica a maior área da Antártida?

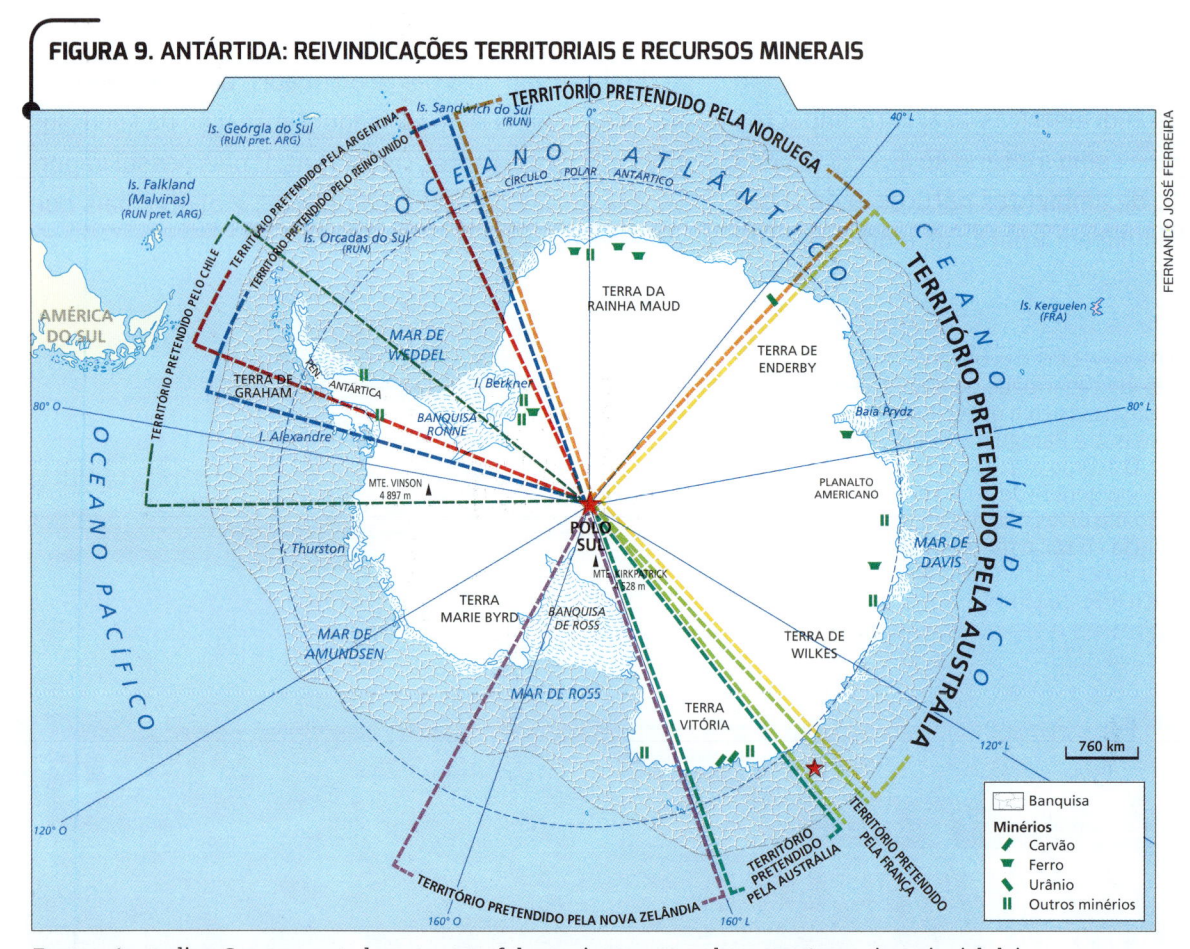

FIGURA 9. ANTÁRTIDA: REIVINDICAÇÕES TERRITORIAIS E RECURSOS MINERAIS

Fontes: Australian Government: department of the environment and energy. *Antarctic territorial claims*. Disponível em: <http://www.antarctica.gov.au/__data/assets/pdf_file/0009/179883/Antarctic-Territorial-Claims-map-13111_300dpi.pdf>. Acesso em: 21 maio 2018; FERREIRA, Graça M. L. *Atlas geográfico*: espaço mundial. 3. ed. São Paulo: Moderna, 2013. p. 114.

O SISTEMA DE TRATADOS ANTÁRTICOS

Em 1959, os países que até então reivindicavam a posse do continente assinaram o Tratado da Antártida, documento internacional que estabeleceu que todos os países poderiam explorar o continente para a realização de pesquisas científicas, sendo então proibido seu uso para fins militares.

O Tratado da Antártida inaugurou uma série de documentos internacionais para regulação do uso do território desse continente. O conjunto das normas foi denominado de Sistema de Tratados Antárticos e inclui a Convenção para a Conservação dos Recursos Vivos Marinhos Antárticos, de 1980, que estabelece a conservação dos animais e plantas do continente. No Sistema de Tratados Antárticos também está o Protocolo de Proteção Ambiental do Tratado da Antártida, também conhecido como Protocolo de Madri, de 1991, que garante a proteção do meio ambiente antártico.

Atualmente, 30 países mantêm bases permanentes ou sazonais na Antártida para o desenvolvimento de pesquisas científicas (figuras 10 e 11).

PREOCUPAÇÃO COM O FUTURO

O acordo internacional que protegeu a Antártida da exploração comercial de minérios serviu como exemplo de cooperação entre as nações. No entanto, os depósitos de carvão, petróleo e manganês sob a camada de gelo da Antártida atraem a atenção de países carentes de minérios e de grandes empresas petroleiras e mineradoras. As grandes reservas de água doce, presentes na forma de geleiras e *icebergs* no continente, também atraem governos e empresas. A China, por exemplo, solicita que a localização das estações de pesquisa sejam revistas.

O Tratado da Antártida precisará ser renovado para que os acordos sejam mantidos, mas as perspectivas da renovação não são promissoras. Em reunião da Comissão para a Conservação dos Recursos Vivos Marinhos Antárticos, em 2018, na qual participaram delegados de 24 países, não houve consenso sobre as propostas de criação de duas áreas marinhas protegidas. Por isso, ambientalistas e membros da sociedade civil têm se preocupado com a possibilidade de que a Antártida passe também a ser explorada.

FIGURA 10. ANTÁRTIDA: INSTALAÇÕES DOS PROGRAMAS NACIONAIS DE PESQUISA

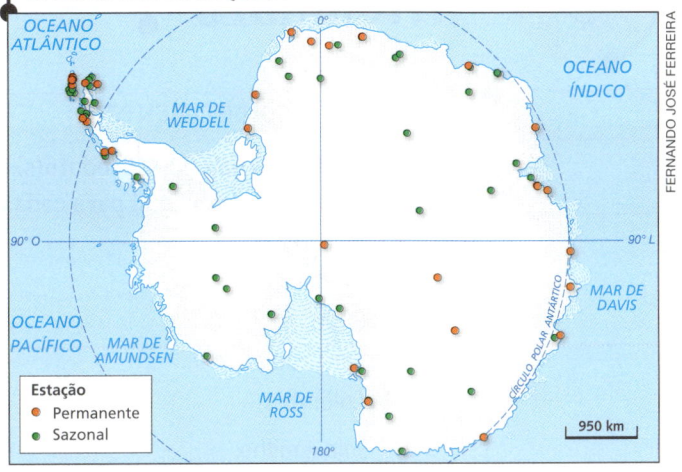

Fonte: Council of Managers of National Antartic Programs (COMNAP). Disponível em: <https://www.comnap.aq/Members/SitePages/Home.aspx>. Acesso em: 21 maio 2018.

Figura 11. O Brasil aderiu ao Tratado da Antártida em 1975 e enviou sua primeira expedição oficial ao continente em 1983. Nesse ano, iniciou-se a construção da Estação Comandante Ferraz (EACF), que funcionou a partir de 1984. Em 2012, um acidente destruiu a estação, que está sendo reconstruída. Na foto, vista da Estação Comandante Ferraz, base das pesquisas brasileiras na Antártida, em 2014.

ATIVIDADES

ORGANIZAR O CONHECIMENTO

1. Relacione cada país ao(s) produto(s) de exportação mais importante(s) para cada um.
    I. Argentina
    II. Brasil
    III. Chile
    IV. Venezuela
    V. Colômbia

    a) Soja e milho.
    b) Petróleo.
    c) Café; petróleo.
    d) Cobre e minério de ferro.
    e) Soja, café, milho; cobre e minério de ferro.

2. Quais são as principais dificuldades e problemas sociais que os moradores do espaço rural sul-americano enfrentam?

3. Descreva as características do crescimento urbano na América do Sul e suas consequências.

4. O que mede o índice de Gini e qual é a principal característica que esse índice indica nos países sul-americanos?

5. Relacione os recursos hídricos da América do Sul à produção de energia, apontando aspectos positivos e negativos.

6. Assinale o parágrafo que apresenta informações corretas sobre a Antártida.

    a) ( ) É um continente de interesse estratégico e pelos recursos naturais que possui (gás natural, petróleo, carvão, minério de ferro, chumbo e grandes reservas de água doce). Argentina e Chile são os países da América do Sul que pleiteiam a posse de parte da Antártida pela proximidade geográfica desse continente. Atualmente, um documento internacional garante que a Antártida só pode ser ocupada para a realização de pesquisas científicas.

    b) ( ) É um continente com importantes recursos naturais (gás natural, petróleo, carvão, minério de ferro e chumbo). Argentina, Chile e Brasil são os países da América do Sul que pleiteiam a posse de parte da Antártida pela proximidade geográfica desse continente. Atualmente, um documento internacional garante que a Antártida só pode ser ocupada para a realização de pesquisas científicas.

    c) ( ) É um continente com poucos recursos naturais (gás natural, petróleo, carvão, minério de ferro). Uruguai e Paraguai são os países da América do Sul que pleiteiam a posse de parte da Antártida pela proximidade geográfica desse continente. Atualmente, um documento internacional garante que a Antártida só pode ser ocupada para a realização de pesquisas científicas.

APLICAR SEUS CONHECIMENTOS

7. Leia o texto a seguir para responder às questões.

    "'Ukamau nasceu no calor do conflito gerado pela especulação e pela disputa pelo controle da terra urbana, cuja principal dinâmica era a expulsão dos pobres para as periferias, a degradação da cidade e a ocupação de terras para projetos imobiliários de alto rendimento', explica Doris González Lemunao, porta-voz nacional do movimento de colonos que reivindica em seu nome a voz aimará. No Chile, os bairros populares são chamados de 'poblaciones', para diferenciá-los dos bairros mais centrais, condomínios, complexos habitacionais ou vilas.

    O que Ukamau propõe? 'Lutamos para que nossas famílias possam ficar em seu município de origem, recuperar uma área urbana industrial degradada, nosso direito de construir um bairro e um setor da cidade e ter uma moradia decente. [...]', responde Doris."

    SOLANA, Pablo. Movimientos Urbanos en Nuestra América: qué se proponen, cómo se organizan. *Lanzas y Letras*, 4 jun. 2017. Disponível em: <http://lanzasyletras.org/2017/06/04/movimientos-urbanos-en-nuestra-america-que-se-proponen-como-se-organizan/>. Acesso em: 22 maio 2018.

    a) O que é o Ukamau e quais são as suas principais demandas?

b) O que são os chamados "poblaciones"?

c) Problemas semelhantes ao descrito no texto ocorrem no Brasil? Responda com base em sua experiência pessoal.

8. O mapa a seguir representa a localização aproximada e a quantidade de movimentos sociais pela terra no Brasil. Essas manifestações incluem também reivindicações por políticas públicas de crédito, infraestrutura, assistência técnica, educação, saúde etc.

Observe o mapa e responda às questões.

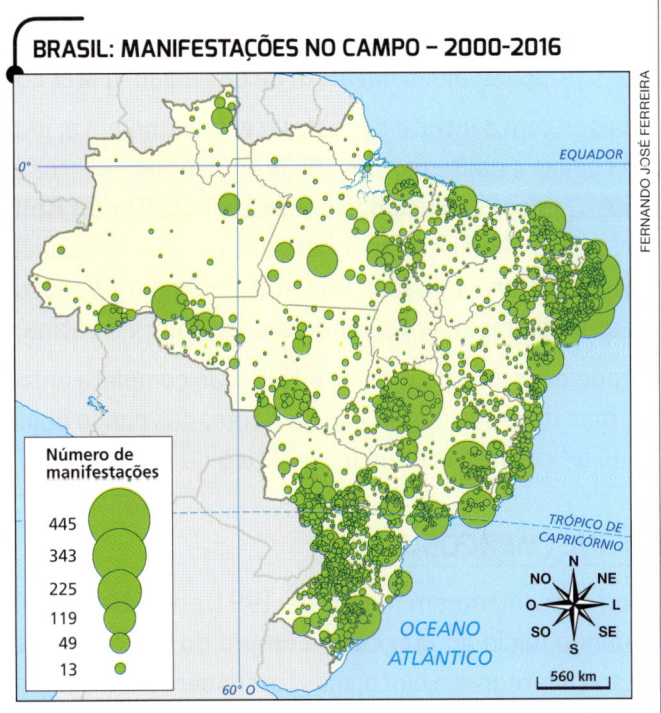

BRASIL: MANIFESTAÇÕES NO CAMPO – 2000-2016

Número de manifestações
- 445
- 343
- 225
- 119
- 49
- 13

Fonte: FILHO, José Sobreiro et al. O golpe na questão agrária brasileira: aspectos do avanço da segunda fase neoliberal no campo. In: *Boletim da Luta*. Presidente Prudente: Núcleo de estudos, Pesquisas e Reforma Agrária, fev. 2018. Disponível em: <http://www2.fct.unesp.br/nera/boletimdataluta/boletim_dataluta_2_2018.pdf>. Acesso em: 22 maio 2018.

a) Em quais regiões brasileiras ocorreram mais manifestações por mudanças no campo entre 2000 e 2016?

b) O que representam os círculos maiores do mapa?

c) No mapa, os círculos maiores coincidem com diversas capitais de estado. Em sua opinião, por que isso ocorre?

9. A reportagem a seguir trata da falta de recursos que ameaçava o Programa Antártico Brasileiro (Proantar), criado em 1982 pelo governo brasileiro para desenvolver pesquisas científicas na Antártida. Leia e faça o que se pede.

"O programa foi criado em 1982 para desenvolver pesquisas em áreas como oceanografia, biologia, glaciologia e meteorologia. O governo federal financia os trabalhos científicos. [...]

As pesquisas que podem ser afetadas visam, por exemplo, melhorar a previsão climática e meteorológica no Brasil, com impacto no agronegócio e no monitoramento de desastres naturais, como tempestades e granizo.

Pesquisadores atuam em projetos de monitoramento de mudanças ambientais globais. Também há pesquisas sobre o potencial de algas antárticas na alimentação e o uso medicinal de algas marinhas antárticas.

Cientistas brasileiros ainda avaliam o impacto do derretimento do gelo antártico na costa brasileira, o que indica quantos centímetros o mar poderá subir na costa do país nas próximas décadas."

MAZUL, Guilherme. Em carta a Kassab, pesquisadores dizem que programa antártico está ameaçado por falta de recursos. G1, 23 mar. 2018. Disponível em: <https://g1.globo.com/ciencia-e-saude/noticia/em-carta-a-kassab-pesquisadores-dizem-que-programa-antartico-esta-ameacado-por-falta-de-recursos.ghtml>. Acesso em: 22 maio 2018.

a) Segundo a reportagem, quais são os temas centrais das pesquisas brasileiras realizadas na Antártida?

b) Explique, com suas palavras, qual é a importância do programa Proantar para o Brasil.

DESAFIO DIGITAL

10. Acesse o objeto digital *Impactos da mineração*, disponível em <http://mod.lk/desv8u6>, e faça o que se pede.

a) Analise a ilustração, explicando como os elementos representados demonstram impactos ambientais.

b) Explique os acontecimentos mencionados no objeto digital que ocorreram em Minas Gerais, no Brasil, e em Capiapó, no Chile.

c) Em sua opinião, como é possível reduzir os impactos ambientais decorrentes da atividade mineradora?

165

TEMA 3 — INTEGRAÇÃO DOS PAÍSES

Qual é a intenção dos países quando procuram fazer acordos de integração?

ACORDOS DE INTEGRAÇÃO

Desde a década de 1960, diversos acordos de integração foram feitos na América Latina. Merecem destaque o **Mercado Comum Centro-Americano**, de 1960; o **Pacto Andino**, de 1969; a **Comunidade do Caribe**, de 1973; e a **Associação Latino-Americana de Integração (Aladi)**, de 1980. Nos anos 1990, com o fim do mundo bipolar, criou-se o principal bloco em atuação na região, o **Mercosul**.

A ideia de integrar os países com o intuito de fortalecer a economia e, indiretamente, gerar benefícios sociais e políticos, além de promover um intercâmbio cultural, não é algo recente. O líder revolucionário venezuelano **Simón Bolívar** (figura 12) lutou pela libertação da América espanhola e atuou na independência de diversos países, como Bolívia, Peru, Equador, Panamá, Colômbia e Venezuela. Bolívar defendia uma integração ampla, envolvendo toda a América Latina.

Nunca se conseguiu estabelecer uma política de integração completa entre os países latino-americanos, mas diversas medidas foram tomadas com o objetivo de realizar ações conjuntas de caráter econômico, político ou cultural.

MERCADO COMUM DO SUL (MERCOSUL)

O Tratado de Assunção foi assinado em março de 1991 por Paraguai, Uruguai, Brasil e Argentina, dando início ao **Mercado Comum do Sul (Mercosul)**. Em 2012, a Venezuela passou a integrar o bloco, mas foi suspensa em dezembro de 2016, por descumprir o Protocolo de Adesão do Mercosul, e em 2017, por não atender à Cláusula Democrática do bloco. Além dos cinco países-membros, há os associados: Chile (1996); Peru (2003); Colômbia e Equador (2004); Guiana e Suriname (2013). Em 2018, a Bolívia, associada desde 1996, estava em processo de adesão como país-membro. O objetivo principal do Mercosul é estimular o aumento das trocas econômicas e a integração política e cultural entre seus países-membros, além de atuar em conjunto no comércio com outros países e regiões. Desde 2017, o bloco procura expandir os acordos comerciais com o Canadá e a União Europeia.

Figura 12. Simón Bolívar foi um dos principais líderes da independência de grande parte dos países latino-americanos no século XIX e um dos mais importantes incentivadores da integração da América Latina. Retrato de Simón Bolívar, de Martín Tovar y Tovar, c. 1754.

> **PARA PESQUISAR**
>
> - **Mercosul**
>   <www.mercosur.int/>
>   Página oficial do Mercosul, com informações sobre ações, resoluções, diretrizes, organograma, tratados, protocolos e acordos do bloco.

INTEGRAÇÃO CULTURAL

No Mercosul, dois grandes projetos de integração cultural foram criados: o **Sistema Integrado de Mobilidade no Mercosul** (SIM Mercosul), que concede bolsas remuneradas para estudantes, docentes e pesquisadores de instituições de ensino superior, e a **Rede Mercosul de Pesquisa**, uma iniciativa que busca a integração da infraestrutura das redes avançadas de pesquisa dos países-membros.

Em 2010, foi criada a **Universidade Federal da Integração Latino-Americana (Unila)**, uma instituição pública brasileira com sede em Foz do Iguaçu, no Paraná, cujo objetivo é a integração de professores e alunos por meio de intercâmbio cultural, científico e educacional na América Latina, especialmente entre os países-membros do Mercosul.

O BRASIL E O MERCOSUL

O Mercosul é um dos principais instrumentos de negociação política e econômica dos países da América do Sul no cenário internacional, e os esforços brasileiros foram imprescindíveis para o estabelecimento desse bloco econômico regional, já que a economia brasileira representa cerca de 70% do total do bloco.

O Mercosul significou uma mudança importante nas relações entre os países sul-americanos, com intensa troca comercial, estimulando importações e exportações que movimentam valores consideráveis. Assim como o Brasil, os outros países do bloco enfrentam períodos de crises política e econômica, mas o saldo comercial brasileiro dentro do bloco é bastante positivo (figura 13).

> **De olho no gráfico**
>
> 1. Entre 2007 e 2017, em que ano as exportações brasileiras para o Mercosul foram maiores?
> 2. Comente as importações e exportações do Brasil para o Mercosul no período apresentado.

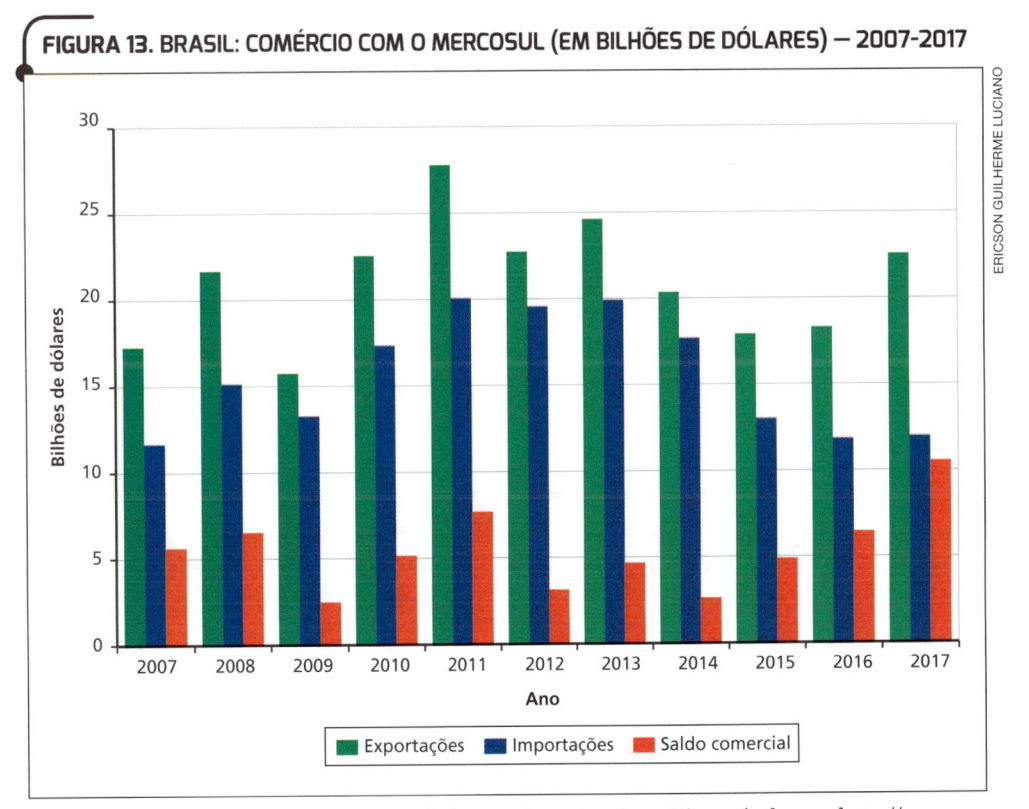

FIGURA 13. BRASIL: COMÉRCIO COM O MERCOSUL (EM BILHÕES DE DÓLARES) — 2007-2017

Fonte: Ministério da Indústria, do Comércio Exterior e Serviços. Disponível em: <http://www.mdic.gov.br/comercio-exterior/estatisticas-de-comercio-exterior/comex-vis/frame-bloco?bloco=mercosul>. Acesso em: 23 maio 2018.

UNIÃO DE NAÇÕES SUL-AMERICANAS (UNASUL)

A **União de Nações Sul-Americanas (Unasul)** foi criada em 2008 e é formada pelos 12 países da América do Sul. Tem como objetivo construir um espaço de integração cultural, social, política e econômica entre os povos dos países participantes. A Unasul atua mais nos âmbitos político e social, muitas vezes resolvendo impasses nacionais internos e entre os países. Em 2015, o bloco fundou, em Quito, a Escola Sul-Americana de Defesa (Esude) com o objetivo de reforçar os laços político-estratégicos entre os países sul-americanos.

A criação da Unasul ocorreu em um contexto em que a maioria dos governos sul-americanos procurava diminuir a influência política e econômica dos Estados Unidos.

Em abril de 2018, o bloco perdeu força, já que Brasil, Argentina, Chile, Colômbia, Paraguai e Peru suspenderam por tempo indeterminado as suas atividades na Unasul, alegando divergências em relação à postura da Venezuela em decisões no bloco.

COMUNIDADE ANDINA DE NAÇÕES (CAN)

A **Comunidade Andina de Nações (CAN)** foi criada em 1969 com o objetivo de promover o desenvolvimento mediante a integração e a cooperação econômica e social entre um grupo de países com características históricas, geográficas, culturais e naturais semelhantes. Atualmente, é constituída por quatro países-membros – Peru, Bolívia, Equador e Colômbia – e seis países-associados – Chile, Argentina, Brasil, Paraguai e Uruguai, e um país-observador, a Espanha.

A organização formula ações que visam ampliar o mercado comum entre os países-membros e a livre circulação de seus cidadãos. Com isso, pretende contribuir para o crescimento econômico e o fortalecimento da região no cenário econômico internacional e melhorar a qualidade de vida da população.

A Comunidade Andina abriga cerca de 109 milhões de pessoas em uma área que corresponde a 3.798.000 km². Nos últimos anos, a Comunidade Andina vem aumentando sua participação tanto no mercado intra-regional (figura 14) como no mercado exterior. Os principais produtos exportados pelos países da Comunidade são petróleo, cobre, ouro, café, banana e outros produtos alimentícios.

FIGURA 14: EXPORTAÇÕES E IMPORTAÇÕES DENTRO DA COMUNIDADE ANDINA DE NAÇÕES (EM MILHÕES DE DÓLARES) – 2008-2017

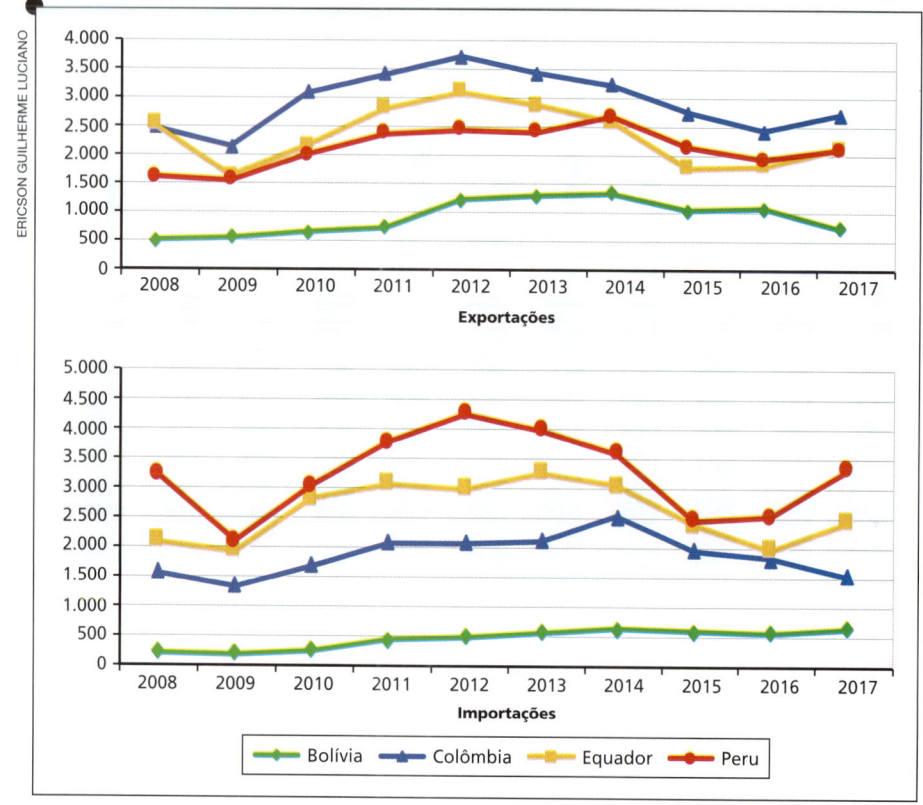

> **De olho nos gráficos**
>
> Que país teve a balança comercial mais favorável em relação ao comércio com a Comunidade Andina em 2017? Como você chegou a essa conclusão?

Fonte: CAN. *Dimensión Económico Social de la Comunidad Andina* – 2018. p. 56 e 63. Disponível em: <http://www.comunidadandina.org/StaticFiles/201851418526Dimensionesl2018%20.pdf>. Acesso em: 22 maio 2018.

ALIANÇA BOLIVARIANA PARA OS POVOS DA NOSSA AMÉRICA (ALBA)

Em 2004, os respectivos presidentes de Cuba e da Venezuela, Fidel Castro e Hugo Chávez, assinaram o documento de criação da **Aliança Bolivariana para os Povos da Nossa América**, a **Alba**, cujo objetivo era promover um novo modelo de integração baseado na cooperação e no desenvolvimento econômico e social dos países latino-americanos, preservando sua independência, soberania e identidade.

Naquele momento, a criação da Alba representava uma contraposição às propostas da Área de Livre Comércio das Américas (Alca), isto é, o bloco econômico que reuniria os países do continente e seria liderado pelos Estados Unidos, caso tivesse sido implementado.

Ao longo de sua história, a organização dedicou-se sobretudo a questões políticas e ideológicas, procurando romper com o sistema econômico vigente. Hoje em dia, a Alba desenvolve ações de luta contra a pobreza e a exclusão social e promove a unidade e a integração cultural da América Latina.

Atualmente, a Bolívia, a Nicarágua, o Equador e as ilhas caribenhas Dominica, São Vicente e as Granadinas, Antígua e Barbuda e Santa Lúcia também fazem parte da Alba, além de Cuba e da Venezuela.

Soberania: autonomia, autoridade e domínio do Estado sobre seu respectivo território.

Identidade: tradições, crenças, costumes e outros aspectos da cultura de um indivíduo, de um grupo ou da sociedade em que vive.

ASSOCIAÇÃO LATINO-AMERICANA DE INTEGRAÇÃO (ALADI)

O objetivo principal da **Associação Latino-Americana de Integração (Aladi)** é estabelecer progressivamente um mercado comum latino-americano com o intuito de promover a integração e o desenvolvimento econômico e social da região (figura 15). Foi criada em 1980 e conta, atualmente, com 13 países-membros: Argentina, Bolívia, Brasil, Chile, Colômbia, Cuba, Equador, México, Panamá, Paraguai, Peru, Uruguai e Venezuela. Em 2016, o conjunto desses países representou cerca de 560 milhões de habitantes e um PIB superior a 4,6 bilhões de dólares.

Uma das características principais do bloco é flexibilizar as trocas comerciais e priorizar as áreas econômicas na região, estimulando acordos regionais e bilaterais e a compra e venda de produtos originários dos países-membros. Desde a sua criação, o Brasil, por exemplo, vem estabelecendo diversos acordos comerciais e promovendo a cooperação científica e tecnológica e o intercâmbio cultural com esses países.

Figura 15. O presidente da Bolívia, Evo Morales, discursa ao lado do secretário-geral da Aladi, Carlos Alvarez, na cidade de Montevidéu (Uruguai, 2015).

FIGURA 16: EIXOS DE INTEGRAÇÃO E DESENVOLVIMENTO DA IIRSA

Legenda:
- Andino
- Andino do Sul
- De Capricórnio
- Da Hidrovia Paraguai-Paraná
- Do Amazonas
- Do Escudo das Guianas
- Do Sul
- Interoceânico Central
- Mercosul Chile
- Peru-Brasil-Bolívia

Fonte: Revista Brasileira de Geografia e Economia. Disponível em: <https://journals.openedition.org/espacoeconomia/423>. Acesso em: 22 maio 2018.

INICIATIVA PARA A INTEGRAÇÃO DA INFRAESTRUTURA REGIONAL SUL-AMERICANA (IIRSA)

Em 2000, todos os países sul-americanos começaram a fazer parte de um programa de integração física por meio da construção de infraestrutura de transportes, energia e telecomunicações, a **Iniciativa para a Integração da Infraestrutura Regional Sul-Americana (Iirsa)**.

A **Estrada do Pacífico**, também conhecida como **Rodovia Interoceânica**, faz parte de um dos eixos que visam integrar fisicamente os países sul-americanos. Trata-se de uma estrada binacional ligando o noroeste do Brasil ao litoral sul do Peru pelo estado brasileiro do Acre. Os dez eixos de integração e desenvolvimento da Iirsa facilitam o acesso às zonas produtivas que estão isoladas ou que não são plenamente utilizadas na América do Sul. Veja as figuras 16 e 17.

O **Corredor Bioceânico** é um complexo rodoviário com cerca de 4 mil quilômetros na América do Sul no sentido leste-oeste: tem como ponto de partida a cidade portuária de Santos, cruza os estados de São Paulo e Mato Grosso do Sul, atravessa os Andes bolivianos e chilenos até chegar aos portos de Arica e Iquique, no norte do Chile. Esse projeto proporcionou à Bolívia maior facilidade de transporte e acesso ao mar, além de favorecer o escoamento das produções brasileiras até o Oceano Pacífico, fortalecendo as exportações para os países asiáticos.

Figura 17. A Rodovia Interoceânica é o primeiro eixo multimodal da América do Sul, facilitando a circulação de pessoas e promovendo o turismo e o comércio entre Brasil e Peru. Na foto, área ilegal de mineração de ouro ao lado da Rodovia Interoceânica, no trecho de floresta peruana do sul de Madre de Dios (Peru, 2015).

TENSÕES E CONFLITOS NA AMÉRICA LATINA

Embora existam conflitos entre os países latino-americanos, há muito tempo os recursos dos litigantes têm sido a diplomacia e os tribunais internacionais em vez da guerra, prática que concorda com as políticas econômicas de cooperação e integração.

A América Latina no contexto mundial

Um estudo identificou 378 conflitos no mundo em 2017. Na América Latina, foram registrados 55 conflitos: 41 internos, como tensões separatistas e embates com movimentos sociais, e **14 conflitos opondo diferentes países**, mostrados ao lado, por tipo de motivação.

A oposição dos **Estados Unidos** à eleição de um governo na **Venezuela**, motivada por discordâncias ideológicas, tem levado a um acirramento da relação entre esses países desde o começo dos anos 2000.

O governo da **República Dominicana** foi acusado de violar os direitos humanos por prender e deportar 110 mil haitianos, em 2017, e impedir a entrada de outros 52 mil que fugiam da crise humanitária no vizinho **Haiti**.

Perdedora da Guerra do Pacífico (1879-1883), a **Bolívia** teve de ceder parte de seu território ao **Chile**, ficando sem acesso ao mar. Recentemente, a Bolívia tem recorrido à Corte Internacional de Justiça para obter do Chile um acesso soberano ao Oceano Pacífico.

Conflitos no mapa

- México–EUA (2005)
- Belize–Guatemala (1981)
- EUA–Cuba (1959)
- Cuba–EUA (1960)
- Rep. Dominicana–Haiti (2009)
- Honduras–El Salvador (2013)
- Colômbia–Nicarágua (1825)
- Colômbia–Venezuela (1871)
- Colômbia–Venezuela (2015)
- Guiana–Venezuela (2015)
- EUA–Venezuela (2001)
- Bolívia–Chile (1883)
- Chile–Reino Unido (2007)
- Argentina–Reino Unido (1833)

Tipos de conflito

Imigração e segurança de fronteira
O fluxo de imigrantes de um país para outro, muitas vezes devido a catástrofes naturais e crises econômicas e humanitárias, é um dos motivos de conflitos violentos entre países.

Disputas territoriais
A maioria dos conflitos entre nações na região é motivada por disputas de territórios estratégicos ou ricos em algum recurso natural. Quatro deles perduram desde o século XIX.

Conflitos ideológicos
A discordância ideológica, que geralmente se desenvolve no âmbito das relações internacionais e por meio de sanções econômicas, é outra fonte de conflitos.

Países envolvidos (ano de início do conflito)
Crise violenta

Fonte: HIIK. *Conflict Barometer 2017.* p. 106-131. Disponível em: <https://hiik.de/conflict-barometer/current-version/?lang=en>. Acesso em: 3 jul. 2018.

INFOGRAFIA: WILLIAM TACIRO, MAURO BROSSO E MARIO KANNO
ILUSTRAÇÕES: MARIO KANNO

171

TEMA 4

BRASIL: IMPORTÂNCIA REGIONAL

De que forma o Brasil se destaca entre os países da América do Sul?

O BRASIL ENTRE OS LÍDERES MUNDIAIS

Nas últimas décadas, o Brasil passou a ser um país economicamente importante em nível mundial. Em 2016, por exemplo, era o país com o nono maior PIB do mundo (observe a tabela 2, ao lado). Nos últimos anos, os principais parceiros comerciais do Brasil em volume de comércio foram China, Estados Unidos, Argentina e Países Baixos, tendo Estados Unidos e China uma participação bem mais expressiva.

LAÇOS ECONÔMICOS ENTRE BRASIL E ARGENTINA

Na América do Sul, a Argentina é o principal parceiro comercial do Brasil, ainda que, entre 2012 e 2016, o intercâmbio comercial entre esses países tenha decrescido sobretudo pela diminuição das vendas brasileiras de plásticos, máquinas, ferro, aço, papel, químicos inorgânicos e minérios (figura 18). Ainda assim, em 2016, a Argentina foi o terceiro principal parceiro comercial do Brasil nas exportações e o quarto nas importações.

TABELA 2. MUNDO: 10 MAIORES PIBs – 2016

Colocação	País	PIB (bilhões de dólares)
1º	Estados Unidos	18.569
2º	China	11.218
3º	Japão	4.938
4º	Alemanha	3.466
5º	Reino Unido	2.629
6º	França	2.463
7º	Índia	2.256
8º	Itália	1.850
9º	Brasil	1.798
10º	Canadá	1.529

Fonte: INSTITUTO DE PESQUISA DE RELAÇÕES INTERNACIONAIS - Fundação Alexandre de Gusmão (FUNAG). Disponível em: <http://www.funag.gov.br/ipri/index.php/o-ipri/47-estatisticas/94-as-15-maiores-economias-do-mundo-em-pib-e-pib-ppp>. Acesso em: 22 maio 2018.

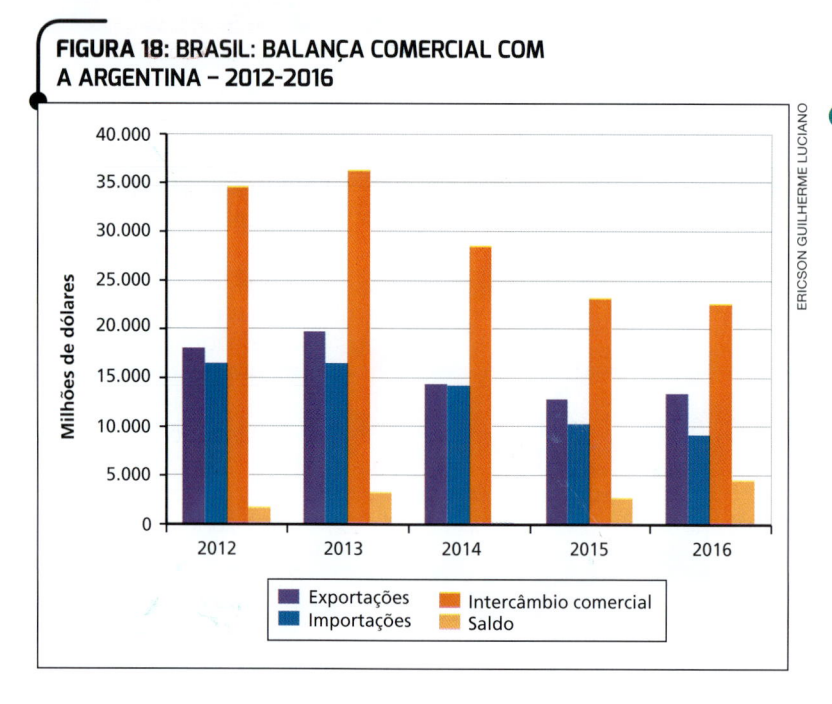

FIGURA 18: BRASIL: BALANÇA COMERCIAL COM A ARGENTINA – 2012-2016

De olho no gráfico

Em qual ano o saldo da balança comercial brasileira com a Argentina foi mais significativo?

Fonte: *Guia de comércio exterior e investimento* – janeiro de 2017, p. 3. Disponível em: <https://investexportbrasil.dpr.gov.br/arquivos/IndicadoresEconomicos/web/pdf/INDArgentina.pdf>. Acesso em: 22 maio 2018.

O BRASIL E A ONU

País-membro da ONU desde sua criação, em 1945, o Brasil participa e sedia conferências, sendo responsável pelo discurso inaugural das assembleias-gerais, uma tradição iniciada com Oswaldo Aranha, chefe da delegação brasileira em 1947. O Brasil, no entanto, não faz parte do Conselho de Segurança da ONU, órgão responsável por ações que envolvem a segurança internacional. Com o intuito de conseguir um assento nesse Conselho, o governo brasileiro procura colaborar em missões de paz da ONU colocando à disposição dessa instituição tropas de seu exército. Assim, o Brasil participou de missões em Moçambique (1994), Angola (1995), Timor Leste (1999) e Haiti (de 2004 a 2017). A participação em missões desse tipo favorece a inserção do país nas relações diplomáticas internacionais.

No Brasil, a ONU possui diversas agências e escritórios, desenvolvendo inúmeros projetos em parceria com o governo nos âmbitos federal, estadual e municipal. Os projetos da ONU no país envolvem ações para erradicar a pobreza, o trabalho infantil, a gravidez na adolescência, entre outras.

A maioria dos organismos da ONU tem sede na cidade de Brasília, havendo escritórios também nas cidades do Rio de Janeiro e de Salvador.

O BRASIL NA ORGANIZAÇÃO MUNDIAL DO COMÉRCIO (OMC)

A Organização Mundial do Comércio (OMC) é uma organização criada com o objetivo de regular as transações comerciais entre seus países-membros, que em 2018 somavam 168. Todos os países da América do Sul pertencem à OMC. No contexto do comércio internacional, o Brasil se destaca entre os países da América do Sul (figura 19).

Em sua atuação na OMC, o Brasil tem exigido mais abertura do mercado agrícola de países como Estados Unidos e também da União Europeia, tendo conseguido algumas vitórias importantes. Em 2002, por exemplo, o governo brasileiro solicitou que a OMC avaliasse os subsídios dados pelo governo estadunidense ao algodão produzido no país. Em 2005, a OMC deu ganho de causa ao Brasil e solicitou que o governo estadunidense retirasse as vantagens oferecidas aos seus produtores nacionais.

Por outro lado, o Brasil tem sido acusado de manter o fechamento de seus próprios mercados, em contradição com seus pedidos de fim de barreiras alfandegárias aos produtos agrícolas estadunidenses e europeus. Em 2017, por exemplo, a OMC avaliou programas brasileiros de taxação de produtos importados como em desacordo com as regras do comércio internacional e estabeleceu a diminuição do valor dessas taxas. Ao impor taxas altas para a compra de produtos estrangeiros, o governo brasileiro procura incentivar o desenvolvimento da indústria nacional, já que, ao não pagá-las, as empresas nacionais conseguem produzir mercadorias com preços mais competitivos em relação ao dos produtos importados.

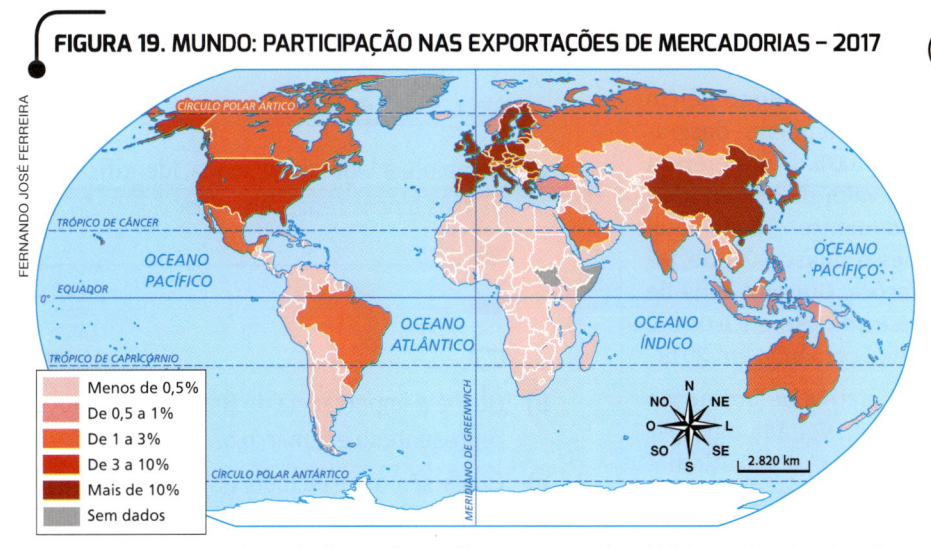

FIGURA 19. MUNDO: PARTICIPAÇÃO NAS EXPORTAÇÕES DE MERCADORIAS – 2017

FERNANDO JOSÉ FERREIRA

Legenda:
- Menos de 0,5%
- De 0,5 a 1%
- De 1 a 3%
- De 3 a 10%
- Mais de 10%
- Sem dados

Fonte: WTO Maps. Disponível em: <https://www.wto.org/english/res_e/statis_e/statis_maps_e.htm>. Acesso em: 23 maio 2018.

Trilha de estudo

Vai estudar? Nosso assistente virtual no *app* pode ajudar! <http://mod.lk/trilhas>

De olho no mapa

1. De que forma o mapa comprova a informação de que no comércio internacional o Brasil se destaca entre os países da América do Sul?
2. Com base no mapa, caracterize o comércio internacional.

ATIVIDADES

ORGANIZAR O CONHECIMENTO

1. De que maneira a integração entre países pode favorecê-los? Essa integração ocorre de maneira igualitária? Explique utilizando os exemplos do Mercosul e da Unasul.

2. O que é a Iirsa e qual a sua importância para o desenvolvimento da América do Sul?

3. Assinale a alternativa que corresponde às características das sentenças I e II.
   I. É composto de países da América do Sul e América Central, atua para a diminuição da exclusão social e visa a uma integração econômica que respeite a soberania dos países-membros.
   II. É composto apenas de quatro países-membros sul-americanos, conta com Argentina e Brasil como países-associados e exporta sobretudo minerais e produtos alimentícios.

   a) I. Alba; II. Unasul
   b) I. Mercosul; II. CAN
   c) I. Aladi; II. Mercosul
   d) I. Alba; II. CAN
   e) I. Unasul; II. Alba

4. No mundo, quais são os principais parceiros comerciais do Brasil? E o principal na América do Sul?

APLICAR SEUS CONHECIMENTOS

5. Leia o fragmento de texto e, em seguida, responda às questões.

   "[...] Atualmente, cerca de 70% do comércio entre os países da Aladi é totalmente desgravado – ou seja, conta com 100% de preferência tarifária. Para o Brasil, o valor do comércio liberado é de aproximadamente 75% do total das nossas exportações e quase 90% do total das nossas importações. Graças à rede de acordos da Aladi, prevê-se que a América do Sul se torne uma área de livre comércio em 2019.

   Outra importante iniciativa de promoção do comércio é a Expo Aladi, voltada para pequenas e médias empresas. A Expo Aladi é uma grande rodada de negócios que reúne representante de entidades governamentais e empresariais para a divulgação de oferta exportável e das preferências proporcionadas pela rede de acordos comerciais da Aladi."

   MINISTÉRIO DAS RELAÇÕES EXTERIORES. Associação Latino-Americana de Integração (Aladi). Disponível em: <http://www.itamaraty.gov.br/pt-BR/politica-externa/integracao-regional/690-associacao-latino-americana-de-integracao-aladi>. Acesso em: 23 jul. 2018.

   a) Qual é o principal objetivo da Aladi?
   b) Quais são os países-membros da Aladi atualmente?
   c) Segundo o texto, a Aladi é importante para a economia do Brasil? Justifique.

6. Observe o mapa abaixo e faça o que se pede.

   a) Complete a legenda do mapa, identificando os três blocos representados.

   ▪ marrom: _____
   ▪ rosa: _____
   ▪ contorno: _____

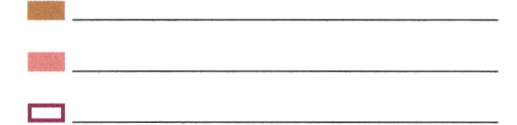

   b) Qual é a importância do Brasil para o bloco representado em marrom?
   c) Quais são os principais objetivos do bloco representado em rosa?

7. Observe o mapa e responda às questões.

a) Explique o que o mapa está representando.

b) Como os países pelos quais o corredor passa podem ser beneficiados?

Fonte: KLEIN, Jefferson. Corredor bioceânico abre saída pelo Pacífico. *Jornal do Comércio*, 24 fev. 2011. Disponível em: <http://www.jornaldocomercio.com/site/noticia.php?codn=55490>. Acesso em: 23 maio 2018.

8. (Unifor, 2015) Criado em 1991 com a assinatura do Tratado de Assunção (no Paraguai), o Mercado Comum do Sul (Mercosul) busca garantir a livre circulação de bens, serviços e fatores produtivos entre os países-membros, através da eliminação de barreiras alfandegárias e restrições não tarifárias à circulação de mercadorias e de qualquer outra medida de efeito equivalente. Sobre o Mercosul, assinale a alternativa correta.

a) Entre os países-membros do Mercosul, estão Argentina, Brasil, Paraguai, Uruguai e Venezuela.

b) A vigência de instituições democráticas não é condição indispensável para a entrada e participação dos países no Mercosul.

c) Não é admitida a participação de novos países no Mercosul, além daqueles que promoveram a sua criação.

d) O Mercosul foi criado com o objetivo de reunir as maiores economias latino-americanas.

e) O estabelecimento de uma política aduaneira comum para os seus países-membros é contrário aos interesses do Mercosul.

9. Leia a notícia e responda às questões.

O protagonismo agrícola do Brasil

"O Brasil continua a ganhar espaço no comércio mundial de produtos do agronegócio. De acordo com dados apresentados ontem no Comitê de Agricultura da Organização Mundial do Comércio (OMC), entre os anos de 2007 e 2016 o peso do país nas exportações globais aumentou tanto em mercados nos quais a participação já era elevada, como soja em grão, quanto naqueles em que as vendas ao exterior são menos relevantes, como o arroz.

No tabuleiro global de oleaginosas – grupo que inclui a soja em grão, carro-chefe do campo brasileiro –, a fatia das exportações do país no total passou de 27%, em 2007, para 35,3% em 2016. [...]. Na mesma comparação os principais concorrentes do Brasil nessa frente, Estados Unidos e Argentina, perderam terreno. [...]

No comércio de açúcar, o Brasil continua imbatível, ainda que a participação do país nas exportações mundiais tenha diminuído de 52,2%, em 2007, para 49,3% em 2016. [...]

Nas carnes, o país também se consolida cada vez mais como protagonista. Na carne de frango, o domínio é cada vez maior, e na carne bovina disputa o segundo lugar com a Austrália, uma vez que a Índia assumiu a liderança."

MOREIRA, Assis. OMC volta a expor o protagonismo agrícola do Brasil. *Valor econômico*, 22 fev. 2018. Disponível em: <http://www.valor.com.br/agro/5339169/omc-volta-expor-o-protagonismo-agricola-do-brasil>. Acesso em: 23 maio 2018.

a) De acordo com a notícia, quais eram os principais produtos de exportação do Brasil em 2016?

b) Qual setor da economia é responsável por essa produção?

c) Essa notícia comprova ou refuta a informação de que a base da economia brasileira e dos países sul-americanos em geral está na exportação de *commodities*? Justifique.

d) Que instituição forneceu os dados divulgados na notícia e qual é seu papel na economia mundial?

Mais questões no livro digital

175

REPRESENTAÇÕES GRÁFICAS

Mapas ordenados

Os **mapas ordenados** mostram a ocorrência de fenômenos, de maneira ordenada, indicando sua localização e extensão. A relação de ordem vista na realidade deverá ser reproduzida no mapa por meio de uma relação de ordem visual.

Podem-se construir mapas ordenados com emprego do **método corocromático ordenado**, o qual estabelece símbolos organizados em uma ordem ou em duas ordens opostas.

Analise o mapa a seguir. Em sua legenda existe uma oposição entre os locais apontados com menor densidade demográfica e aqueles nos quais se constata maior densidade demográfica. Observe que a menor densidade populacional está representada pela cor laranja-clara (menos de 1 habitante por km^2) e, conforme a densidade aumenta, a cor fica mais intensa, até se tornar laranja-escura (mais de 100 habitantes por km^2), referente à maior densidade demográfica.

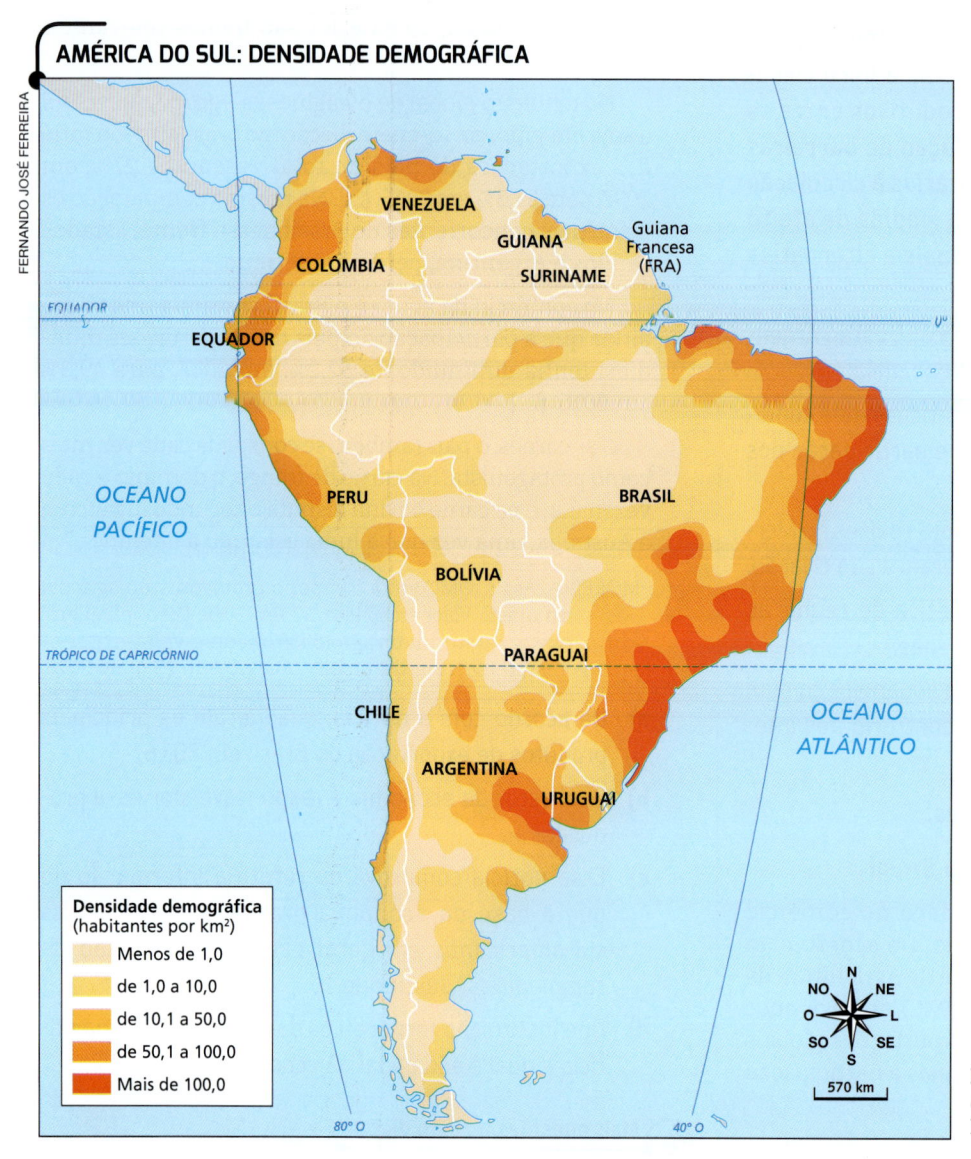

AMÉRICA DO SUL: DENSIDADE DEMOGRÁFICA

Densidade demográfica (habitantes por km^2)
- Menos de 1,0
- de 1,0 a 10,0
- de 10,1 a 50,0
- de 50,1 a 100,0
- Mais de 100,0

Fonte: FERREIRA, Graça M. L. *Moderno atlas geográfico*. 5. ed. São Paulo: Moderna, 2011. p. 52.

ATIVIDADES

1. Indique as áreas mais densamente povoadas da América do Sul.

2. Associe as áreas menos povoadas com as características naturais sul-americanas.

ATITUDES PARA A VIDA

Duas mulheres refugiadas e uma mesma luta

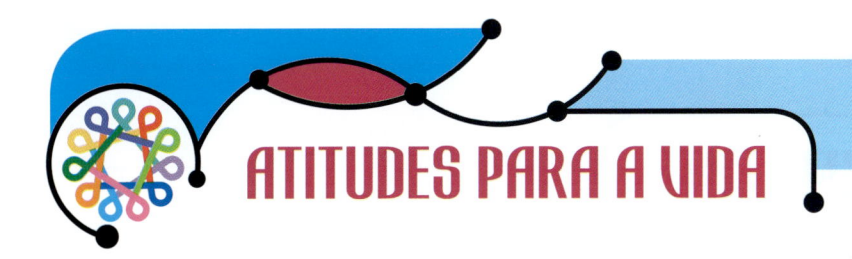

A colombiana Sonia, refugiada no Peru, e a mexicana Patrícia, refugiada no Uruguai, têm mais de um traço comum: são mulheres, mães, batalhadoras e tiveram que deixar seus países devido à violência.

"[...] Sonia e seu marido cresceram em um contexto marcado pela violência, em meio a um conflito armado que devastou a Colômbia por mais de 50 anos. Devido a isso, e também para que seus filhos não crescessem neste ambiente de violência, eles tiveram de deixar tudo para trás e recomeçar uma nova vida em outro país. [...]

Sonia trabalha no Peru vendendo pães nas ruas, mas sonha conseguir um trabalho como consultora de saúde para exercer sua vocação de ajudar aos outros. 'Esta seria uma maneira de devolver à sociedade toda a ajuda que recebemos, tudo o que nos deram', afirmou. [...]

A história de outra mulher tem traços semelhantes à de Sonia. Depois de ter sido sequestrada e torturada por causa de seu ativismo em favor dos direitos dos indígenas, Patrícia também decidiu deixar seu país, o México, e toda a sua família. Ela atravessou o continente por terra com um único objetivo: salvar-se. 'Restava-me um raiozinho de luz, uma esperança de chegar ao Uruguai, a um lugar seguro', comentou ela, emocionada. [...]

Como a colombiana Sonia, a mexicana Patrícia também tem uma forte vocação para a solidariedade. Por isso, aprecia seu trabalho de cuidadora de pacientes no período da noite, que a ajudou a seguir adiante e que lhe permite colocar em prática seus conhecimentos profissionais como trabalhadora social. Durante o dia, Patrícia dá continuidade ao seu ativismo em favor dos direitos dos indígenas e assessora diferentes comunidades da América Latina por meio das redes sociais. Além disso, ela faz parte da Assembleia de Migrantes Indígenas, no Uruguai, um grupo com o objetivo de tornar a cultura desses povos mais conhecida. [...]"

BERGEL, Jázmin; MASSERONI, Magui. Duas mulheres refugiadas e uma mesma luta. *Acnur*, 10 out. 2016. Disponível em: <http://www.acnur.org/portugues/2016/10/10/duas-mulheres-refugiadas-e-uma-mesma-luta/>. Acesso em: 21 maio 2018.

ATIVIDADES

1. O texto relata a história de duas refugiadas que abandonaram seu país de origem para começar uma nova vida em outro lugar. A trajetória delas envolveu uma série de dificuldades e, para superá-las, diversas atitudes foram necessárias. Que atitude está relacionada a cada uma das ações de Patrícia?

    ( ) Fazer ativismo em favor dos povos indígenas e assessorar comunidades da América Latina.

    ( ) Trabalhar como cuidadora de pacientes aplicando conhecimentos profissionais adquiridos em seu país de origem.

    ( ) Ajudar a tornar mais conhecida a cultura dos povos indígenas.

    a) Questionar e levantar problemas.
    b) Aplicar conhecimentos prévios a novas situações.
    c) Pensar e comunicar-se com clareza.

2. O Brasil recebe anualmente milhares de refugiados dispostos a iniciar uma nova etapa de vida. Dê um exemplo de como cada uma das atitudes a seguir poderia ser importante para você conviver com um refugiado e ajudá-lo a se adaptar aos costumes e às regras do novo local de vivência.

    - Escutar os outros com atenção e empatia.
    - Pensar e comunicar-se com clareza.
    - Pensar de maneira interdependente.

COMPREENDER UM TEXTO

No ano de 2011, o grupo porto-riquenho *Calle 13* compôs uma música chamada *Latinoamerica*, cuja letra trata das paisagens, da história, das atividades econômicas e dos traços culturais dos povos latino-americanos.

O que é ser um latino-americano?

"Eu sou, eu sou o que sobrou
Sou todo o resto do que roubaram
Um povo escondido no topo
Minha pele é de couro, por isso aguenta qualquer clima
Eu sou uma fábrica de fumaça
Mão de obra camponesa, para o seu consumo
[...]
Sou a fotografia de um desaparecido
O sangue em suas veias
Sou um pedaço de terra que vale a pena
Uma cesta com feijão, eu sou Maradona contra a Inglaterra
Marcando dois gols

Sou o que sustenta minha bandeira
A espinha dorsal do planeta, é a minha cordilheira
Sou o que me ensinou meu pai
O que não ama sua pátria, não ama a sua mãe
Sou América Latina, um povo sem pernas, mas que caminha
Ouve!
Tenho os lagos, tenho os rios
Eu tenho os meus dentes pra quando eu sorrio
A neve que maquia minhas montanhas
Eu tenho o sol que me seca e a chuva que me banha
Um deserto embriagado com cactos
Um gole de *pulque* para cantar com os coiotes
Tudo que eu preciso, eu tenho meus pulmões respirando azul claro
[...]

Vamos caminhando
Aqui se respira luta
Vamos caminhando
Eu canto porque se ouve
Vamos desenhando o caminhando
(Vozes de um só coração)
Vamos caminhando
Aqui estamos de pé
Que viva a América!
Não podes comprar minha vida..."

PEREZ, Rene; ARCAUTE, Rafael; CABRA, Eduardo. Calle 13. Latinoamerica. *Entren los que quieran*. Faixa 7. Porto Rico: Sony Music, 2011.

Embriagado: no texto, o mesmo que repleto.
Pulque: tipo de bebida produzida no México, a partir da seiva de uma planta chamada agave.

ATIVIDADES

OBTER INFORMAÇÕES

1. Sublinhe os trechos da letra da canção em que os autores citam alguns aspectos da natureza da América Latina.

2. Agora, sublinhe trechos em que mencionam algumas das atividades econômicas desenvolvidas nessa região.

INTERPRETAR

3. É possível dizer que a letra da canção apresenta uma crítica ao sistema colonial que perdurou por séculos nos países da América Latina? Justifique sua resposta.

4. Ao longo da canção, fala-se muito no sofrimento, nas dificuldades e nos problemas que os latino-americanos enfrentaram no passado e enfrentam no presente. Você consegue identificar também uma mensagem de esperança na música? Se sim, em que momento? Justifique sua resposta.

USAR A CRIATIVIDADE

5. Reúnam-se em grupos de quatro colegas e elaborem uma letra de música retratando a realidade do lugar onde vocês vivem. É importante pensar na natureza, no bairro, na cidade e nas dificuldades que os moradores locais enfrentam no dia a dia. Ao final do trabalho, cada grupo irá ler a letra da canção para os demais grupos.

REFLETIR

6. Quantas referências ao Brasil você consegue identificar na letra da música? Existe alguma menção direta aos aspectos naturais, culturais e econômicos do Brasil? Em conjunto com os demais colegas da sala de aula, façam uma discussão sobre a similaridade ou diferença entre a identidade latino-americana e a identidade brasileira. Para isso, pensem sobre a seguinte questão: Você se sente um latino-americano?

UNIDADE 7

O CONTINENTE AFRICANO

A África é um continente física e culturalmente diversificado. Seu espaço foi profundamente influenciado pelo passado colonial recente, que definiu um padrão de exploração econômico predatório, delineou fronteiras que culminaram em diversos conflitos e impôs características culturais que perduram até hoje.

Após o estudo desta Unidade, você será capaz de:
- identificar potencialidades naturais e algumas questões ambientais da África;
- justificar por que a organização espacial da África guarda heranças do passado colonial;
- reconhecer regionalizações africanas;
- examinar as causas da acelerada urbanização no continente.

COMEÇANDO A UNIDADE

1. Com a ajuda de um atlas, localize na África os locais mostrados nas imagens.

2. Você já leu ou assistiu a reportagens a respeito da África? O que estava sendo retratado?

3. Traços culturais dos povos africanos foram difundidos pelo mundo. Cite exemplos da influência africana na cultura brasileira.

Vista de savana africana no Parque Nacional de Serengeti (Tanzânia, 2014).

Cidade fortificada de Ksar Ait Ben Haddou, com construções do século XVII, no Deserto do Saara (Marrocos, 2018).

Mulheres da etnia masai dançam em ritual com vestimentas tradicionais (Quênia, 2017).

ATITUDES PARA A VIDA

- Persistir.
- Pensar e comunicar-se com clareza.

TEMA 1

ASPECTOS NATURAIS

O que você conhece a respeito das riquezas naturais do continente africano?

LOCALIZAÇÃO DA ÁFRICA

Localizada ao sul da Europa e a sudoeste da Península Arábica, a África é o terceiro maior continente em extensão territorial. Grande parte de suas terras está situada entre os Trópicos de Câncer e de Capricórnio. O território africano é banhado pelo Oceano Atlântico a oeste, pelo Oceano Índico a leste, pelo Mar Mediterrâneo ao norte e pelo Mar Vermelho a nordeste (figura 1).

FIGURA 1. ÁFRICA: POLÍTICO

Fonte: IBGE. *Atlas geográfico escolar*. 7. ed. Rio de Janeiro: IBGE, 2016. p. 45.

RELEVO

A África apresenta predomínio de terrenos pouco acidentados e altitudes inferiores a 1.000 metros. As planícies são encontradas nas faixas litorâneas e ao longo das margens de rios, como o Congo, o Gâmbia e o Senegal.

Os **planaltos antigos**, bastante desgastados pelos agentes erosivos (vento, chuva etc.), dominam as paisagens naturais do continente. No entanto, algumas porções do território sofreram influência de processos tectônicos recentes — ligados principalmente a atividades vulcânicas —, que contribuíram para a formação de altas montanhas no extremo norte e na porção leste. O **Monte Quilimanjaro**, cujo pico é o mais alto da África, com 5.895 metros de altitude, está localizado na porção leste do continente (figura 2).

O relevo do continente africano está dividido em três porções principais. O **Planalto Oriental** abrange uma região com montanhas de origem vulcânica de altitudes elevadas e depressões ou fossas tectônicas que deram origem a extensos lagos, como o Tanganica, o Vitória (onde se origina o Rio Nilo) e o Niassa. Um aspecto marcante nesse planalto é o **Rift Valley**, um sistema de falhas geológicas que atravessa a África Oriental no sentido norte-sul, com milhares de quilômetros de extensão (figura 3).

O **Planalto Setentrional** é onde se localiza o Deserto do Saara, que ocupa um quarto do território continental. A noroeste dele está a Cadeia do Atlas, que se estende desde o litoral do Marrocos até a Tunísia.

As porções centro-oeste e sul do continente correspondem ao **Planalto Centro-Meridional**, que apresenta altitudes médias mais altas que as do Planalto Setentrional, com exceção das áreas da Bacia do Rio Congo e do Deserto do Kalahari, que constituem duas grandes depressões.

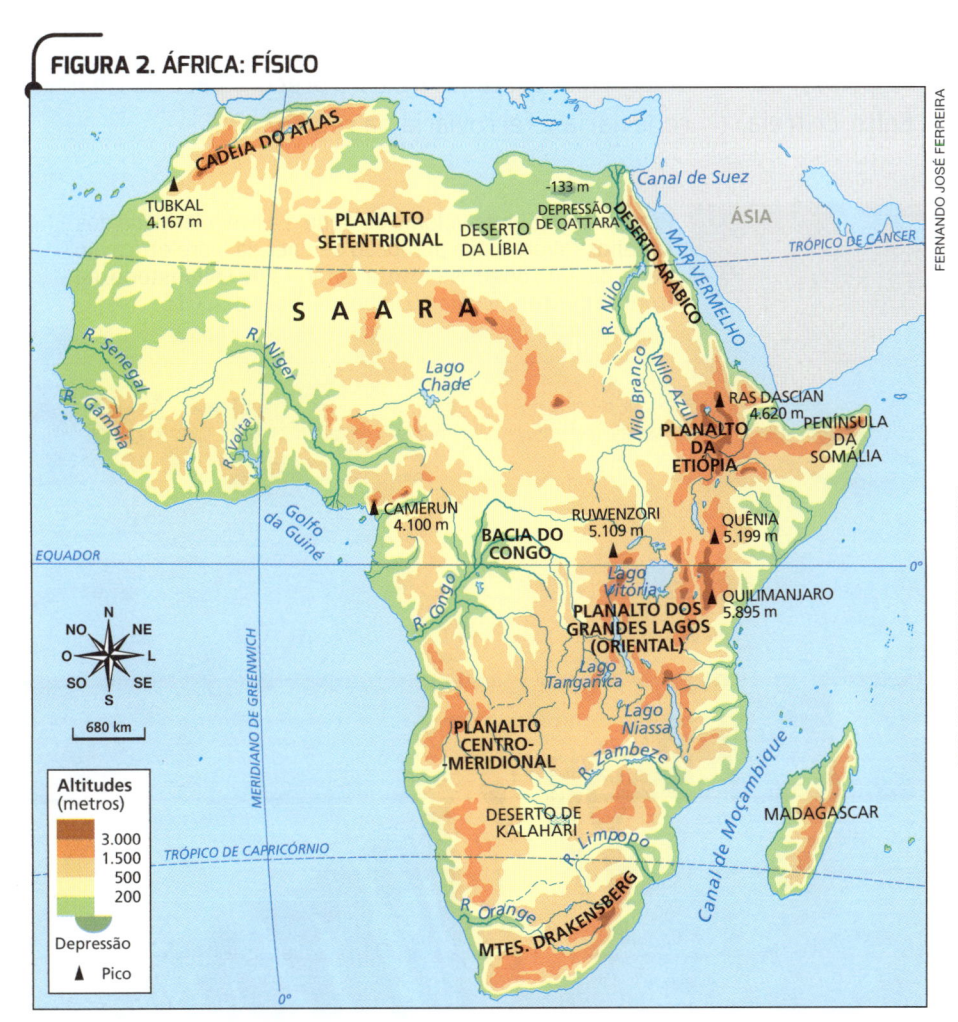

FIGURA 2. ÁFRICA: FÍSICO

Fonte: FERREIRA, Graça M. L. Atlas geográfico: espaço mundial. 4. ed. São Paulo: Moderna, 2013. p. 80.

Figura 3. O Rift Valley localiza-se na região conhecida como Chifre da África, indicando uma futura separação dessa porção continental. Na foto, abismo suspeito de ter sido causado por uma forte chuva ao longo de uma falha subterrânea, perto da cidade de Mai Mahiu (Quênia, 2018).

HIDROGRAFIA

Nas regiões de altitudes mais elevadas do continente nascem os principais rios africanos: Orange (ao sul), Níger (a oeste), Nilo e Congo (ambos na porção central).

Os rios africanos garantiram a muitos povos, durante séculos, a prática da agricultura e da pecuária. O caso mais relevante é o dos egípcios, que há milhares de anos mantêm importante área de cultivo de trigo e de outros alimentos ao longo das margens do Rio Nilo, o maior do mundo em extensão.

Pode-se destacar ainda o uso dos rios para transporte, como no Rio Congo e no Rio Nilo, e para geração de energia em hidrelétricas, ressaltando-se os rios Congo, Níger, Nilo, entre outros.

As duas maiores e mais importantes bacias hidrográficas africanas são a do Rio Nilo e do Rio Congo.

A BACIA DO RIO NILO

A bacia do Rio Nilo estende-se por 11 países: Burundi, República Democrática do Congo, Egito, Eritreia, Etiópia, Quênia, Ruanda, Sudão do Sul, Sudão, Tanzânia e Uganda. O Nilo Branco e o Nilo Azul, que nascem no Lago Vitória (Uganda) e no Lago Tana (Etiópia), respectivamente, correm em direção ao Sudão, onde se juntam para formar o Nilo. A partir daí, ele cruza o Deserto do Saara, até desaguar no Mar Mediterrâneo, no Egito.

Nas últimas décadas, o Rio Nilo tem sofrido os impactos da ação humana: expansão das áreas irrigadas, desmatamento nas regiões mais úmidas e poluição das águas. A mudança climática é outro fator que gera impacto, levando à redução das chuvas nas cabeceiras, diminuindo o fluxo do rio e aumentando a evaporação.

A BACIA DO RIO CONGO

A Bacia do Rio Congo é a segunda maior da África e abrange dez países: Angola, Burundi, Camarões, Gabão, República Centro-Africana, República do Congo, Ruanda, Tanzânia, Zâmbia e República Democrática do Congo, onde está localizada sua nascente.

A maior parte do Rio Congo atravessa a República Democrática do Congo e seus maiores afluentes são o Rio Kasai e Rio Ubangui. Localiza-se em uma área tropical úmida, com alta pluviosidade, o que garante grande volume de água aos rios. A região dessa bacia é recoberta pela segunda maior floresta tropical do mundo, superada apenas pela Floresta Amazônica.

O Rio Congo tem a maior capacidade energética na África (figura 4). Hoje, há cerca de 40 usinas hidrelétricas nessa bacia, sendo a maior delas Inga Falls. Os recursos naturais explorados na área da bacia são principalmente a extração da madeira e a mineração. Na África equatorial, o Congo e seus afluentes exercem um papel essencial no transporte, em uma rede fluvial de aproximadamente 14.500 quilômetros. O que dá ainda maior destaque a ela é a precariedade das malhas rodoviária e ferroviária na região.

Figura 4. O grande volume de água e a irregularidade dos terrenos favorecem a produção de energia hidrelétrica na Bacia do Rio Congo. Na foto, a Catarata de Livingstone, na fronteira entre Zâmbia e Zimbábue. Foto de 2016.

CLIMA E VEGETAÇÃO

A grande diversidade de climas e de formações vegetais no continente africano permite a coexistência de paisagens desérticas, como a do Saara e a do Kalahari, com paisagens florestais, como a Floresta do Congo, uma das mais úmidas do planeta (figuras 5 e 6).

> **De olho nos mapas**
> Compare os mapas e indique o tipo de vegetação predominante na porção de clima equatorial.

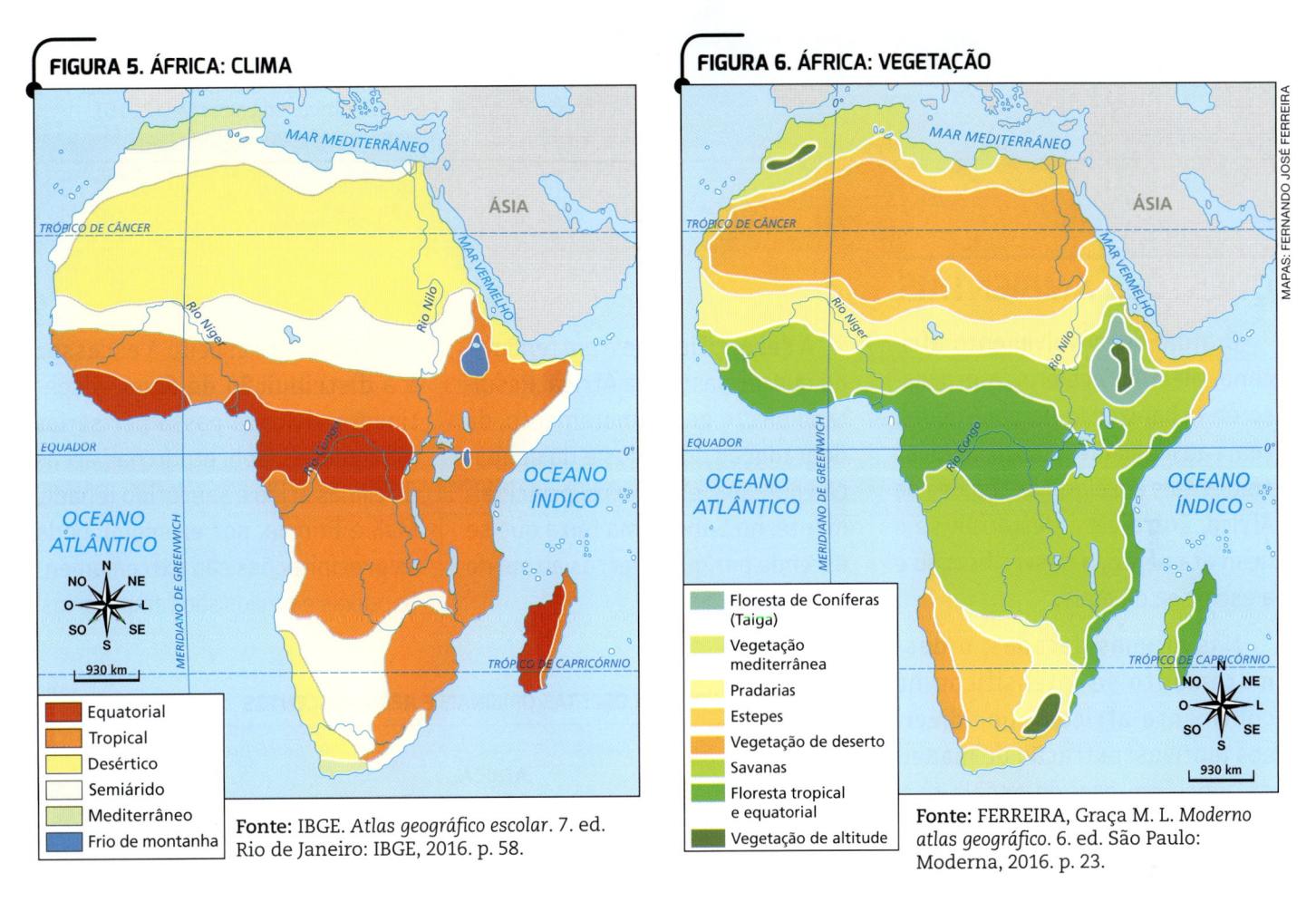

FIGURA 5. ÁFRICA: CLIMA

Legenda:
- Equatorial
- Tropical
- Desértico
- Semiárido
- Mediterrâneo
- Frio de montanha

Fonte: IBGE. *Atlas geográfico escolar*. 7. ed. Rio de Janeiro: IBGE, 2016. p. 58.

FIGURA 6. ÁFRICA: VEGETAÇÃO

Legenda:
- Floresta de Coníferas (Taiga)
- Vegetação mediterrânea
- Pradarias
- Estepes
- Vegetação de deserto
- Savanas
- Floresta tropical e equatorial
- Vegetação de altitude

Fonte: FERREIRA, Graça M. L. *Moderno atlas geográfico*. 6. ed. São Paulo: Moderna, 2016. p. 23.

DIVERSIDADE DE PAISAGENS

No extenso território africano encontramos os climas equatorial, tropical, semiárido, desértico, mediterrâneo e, em regiões mais altas, o clima frio de montanha.

As florestas ocupam a área de menor latitude do continente, situada ao redor da linha do Equador, sendo a principal delas a Floresta do Congo. As savanas são comuns em regiões de clima tropical que apresentam duas estações bem definidas, uma seca e outra chuvosa. As estepes e pradarias são vegetações rasteiras presentes nas áreas de clima semiárido que margeiam os desertos do Saara – cuja margem sul denomina-se **Sahel** – e do Kalahari (figura 7). A vegetação mediterrânea ocorre no extremo sul (sul da África do Sul) e no extremo noroeste, onde é arbustiva, e nas áreas mais próximas ao Mar Mediterrâneo. Nos desertos, a vegetação é esparsa, formada por plantas de raízes profundas e cactos que armazenam água em seu interior.

Figura 7. Vegetação no Deserto do Kalahari (Namíbia, 2017).

185

Figura 8. As plantações de palma ocupam cada vez mais áreas de floresta úmida na África ocidental. O óleo extraído é hoje o mais usado no mundo pelas indústrias alimentícias transnacionais. Foto de cultivo em Camarões (2016).

QUESTÕES AMBIENTAIS

O atual desenvolvimento africano, além de acelerar o processo de urbanização no continente, vem causando diversos problemas ambientais em algumas regiões da África. Entre eles, destacam-se o desmatamento, a desertificação e a escassez de água.

Nas últimas décadas, o **desmatamento** se intensificou no continente africano por diversos motivos: extração de madeira nobre em grande escala sem preocupação quanto à preservação dos recursos vegetais; substituição das florestas nativas por áreas agrícolas de monocultura (figura 8) e pastagens (ambas, muitas vezes, levam ao esgotamento do solo); e acelerado crescimento urbano.

De acordo com a Organização das Nações Unidas para Agricultura e Alimentação (FAO, na sigla em inglês), 23% do continente africano era coberto por florestas (figura 9). Entretanto, entre 1990 e 2010, 75 milhões de hectares de vegetação foram devastados para dar lugar a atividades agropecuárias.

A **desertificação** é um fenômeno que se alastra na África. Resultado direto do desmatamento, da degradação dos solos e da ocupação humana, ela ocorre, principalmente, no Sahel, uma faixa que se estende por quilômetros ao sul do Deserto do Saara.

No que diz respeito à **escassez** e à **distribuição de água**, o continente africano passa por sérias dificuldades, sobretudo nas áreas de climas árido e semiárido (Chade, Mali e Etiópia, por exemplo), onde as precipitações são extremamente baixas e os rios são temporários.

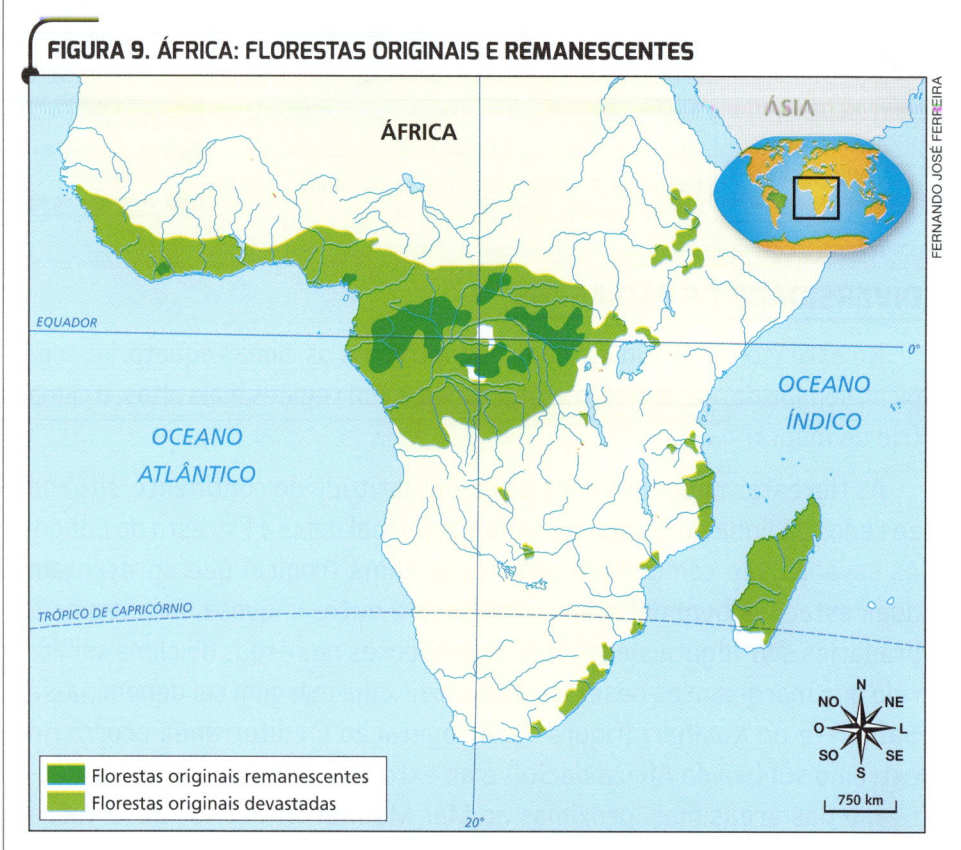

FIGURA 9. ÁFRICA: FLORESTAS ORIGINAIS E REMANESCENTES

- Florestas originais remanescentes
- Florestas originais devastadas

Fonte: OLIC, N. B.; CANEPA, B. *África*: terra, sociedades e conflitos. São Paulo: Moderna, 2012. p. 16.

TECNOLOGIA E GEOGRAFIA

Cientistas usam tecnologia nuclear para explorar o Sahel

"Direto da República Centro-Africana, a Agência Internacional de Energia Atômica, AIEA, informa que cientistas de 13 países africanos estão a realizar uma exploração no deserto do Sahel.

Numa das regiões mais pobres do mundo, os especialistas estão a utilizar técnicas nucleares para avaliar pela primeira vez os lençóis freáticos de uma área de 5 milhões de km².

Contaminação

A AIEA presta apoio à missão e explica que até agora os cientistas já conseguiram reunir importantes informações sobre níveis de contaminação e sobre os fluxos que conectam aquíferos e bacias do Sahel.

O chefe do laboratório de hidrologia da Universidade de Bangui, Eric Foto, declarou que 'esta informação é como ouro'. Os especialistas poderão avisar os governos sobre onde existe água para perfurar poços, de onde vem a poluição e como está a qualidade da água.

A AIEA explica que o Sahel [...] [está] numa região que abriga 135 milhões de pessoas. Um dos grandes desafios da área é o acesso à água limpa, essencial para beber, para a produção de alimentos e para o saneamento.

Estudos

A agência da ONU forneceu o treinamento e os equipamentos para que os cientistas africanos pudessem estudar os cinco principais sistemas aquíferos da região.

Os especialistas estudam os diferentes isótopos (elementos químicos) presentes na água para determinar sua fonte, idade, fluxo e qualidade.

Até agora, os cientistas publicaram várias descobertas e recomendações para que os governos possam criar planos para proteger a água da poluição. A AIEA destaca que o Sahel tem sofrido com a seca extrema, o que afeta a agricultura e piora a situação de fome."

LETRA, L. Cientistas usam tecnologia nuclear para explorar deserto do Sahel. *ONU News*, 4 maio 2017. Disponível em: <https://news.un.org/pt/story/2017/05/1584811-cientistas-usam-tecnologia-nuclear-para-explorar-deserto-do-sahel>. Acesso em: 24 maio 2018.

ATIVIDADES

1. De que maneira as informações reunidas por esse estudo poderão contribuir com as populações que habitam o Sahel?

2. Além do estudo citado no texto, existem outras ações que estão sendo implantadas com o objetivo de minimizar, ou mesmo reverter, os efeitos da seca extrema no Sahel. Faça uma pesquisa na internet e em materiais impressos sobre outros projetos que estão sendo desenvolvidos com esse propósito.

Área de Sahel, no Mali (2016). A desertificação avança e impede que grupos tradicionais que lá vivem pratiquem a agricultura.

TEMA 2 — O IMPERIALISMO E AS FRONTEIRAS DA ÁFRICA

Por que o traçado das atuais fronteiras da África é motivo de diversos conflitos no continente?

O IMPERIALISMO EUROPEU

No final do século XIX, com a crescente industrialização, a Europa necessitava cada vez mais de matérias-primas para abastecer suas indústrias e de meios para ampliar seus mercados consumidores. Diante disso, as potências europeias começaram a expandir seus domínios na África, caracterizando uma disputa pelo controle de novos territórios que ficou conhecida como **corrida imperialista**. Também se insere nesse contexto o continente asiático, que por motivos semelhantes acabou sendo invadido pelos países europeus industriais.

A FRAGMENTAÇÃO TERRITORIAL DA ÁFRICA

Durante a Conferência de Berlim (1884-1885), as potências europeias da época estabeleceram os limites de seus territórios na África (figura 10). A demarcação das fronteiras não respeitou as populações nativas: grupos rivais ficaram confinados entre as mesmas fronteiras, enquanto grupos etnicamente relacionados foram separados pelos limites estabelecidos, que obedeceram apenas aos interesses europeus.

Conferência de Berlim: conferência realizada em Berlim, entre novembro de 1884 e fevereiro de 1885, que contou com a participação de doze países, entre os quais Alemanha, Inglaterra, França, Espanha, Itália, Bélgica e Portugal. Nesse encontro, os participantes estabeleceram regras para manter e ampliar suas áreas de domínio na África.

FIGURA 10. ÁFRICA: COLONIZAÇÃO – 1900

Fonte: PARKER, Geoffrey. *Atlas Verbo de história universal*. Lisboa: Verbo, 1997. p. 104.

De olho no mapa
Os territórios atravessados pelas maiores extensões do Rio Nilo estavam sob qual domínio em 1900?

EXPLORAÇÃO COLONIAL

Os europeus impuseram aos africanos sua língua, seu modo de vida e sua estrutura administrativa e passaram a extrair minérios de seu território e cultivar produtos tropicais, como o algodão, o chá e o cacau, entre outros produtos, nas melhores terras disponíveis na África.

Contudo, é importante ressaltar que durante esse processo de invasão da África pelas potências europeias ocorreram diversos movimentos de resistência por parte da população nativa. Conflitos foram deflagrados, o que resultou no genocídio de muitos grupos, como é o caso dos hereros, povo que habitava as terras onde atualmente se localiza a Namíbia. No início do século XX essas terras correspondiam ao Sudoeste Africano, território que se encontrava sob domínio alemão (reveja o mapa da figura 10). A perda dos campos para os colonizadores levou os hereros a organizar uma resistência à dominação alemã, o que levou a uma reação violenta por parte da Alemanha (figura 11).

Essas tentativas de resistência, tal como a representada pelos hereros, foram insuficientes para impedir que as populações locais perdessem suas terras para exploração de recursos minerais e o plantio de lavouras para exportação, situação que perdura até os dias de hoje.

A infraestrutura implantada pelos europeus visava exclusivamente à facilitação do escoamento dos produtos das colônias para a Europa. Assim, construíram linhas férreas ligando as áreas mineradoras aos portos.

Figura 11. A expansão imperialista das potências europeias na África foi um processo violento. Na imagem, representação de um combate entre integrantes do povo herero e tropas alemãs no Sudoeste Africano, durante a Revolta do Hereros, que foi capa do jornal francês, *Le Petit Journal*, em 1904.

PARA LER

- **História geral da África VII: África sob dominação colonial, 1880-1935**
  Albert Adu Boahem (Org.). Brasília: Unesco, 2010.

  Trata-se do sétimo volume da coleção da Unesco, escrita por autores africanos desde a década de 1960 até o presente. Reúne artigos sobre a intensificação do processo de colonização do continente pelos europeus entre os séculos XIX e XX.

AS INDEPENDÊNCIAS

Mesmo com as independências dos territórios coloniais, a partir de meados do século XX, essas fronteiras foram mantidas, em linhas gerais.

Antigas rivalidades étnicas voltaram à tona e as disputas políticas entre grupos concorrentes com frequência resultaram em golpes de Estado e conflitos armados. Compare no mapa da figura 12 os atuais limites políticos do continente com a divisão do território por grupos étnicos.

As disputas entre etnias foram crescendo, visando ao controle político e ao controle dos recursos naturais nos territórios em disputa, acarretando violentas guerras civis, como em Ruanda, Moçambique, Angola, Sudão, Serra Leoa, República Democrática do Congo, entre outros. Os resultados foram devastadores para a população. Até hoje conflitos armados e disputas étnicas estão presentes no continente, em especial na África Subsaariana.

Em termos econômicos, os países africanos mantiveram o modelo exportador de produtos primários, e a indústria pouco se desenvolveu. As *plantations* continuaram a ocupar as melhores terras cultiváveis e grande parte da população continuou a viver da agricultura de subsistência.

PARA PESQUISAR

- **Casa das Áfricas**
  <http://casadasafricas.org.br/wp/>

    O *site* disponibiliza livros, artigos e filmes que possibilitam leituras históricas e contemporâneas do continente africano.

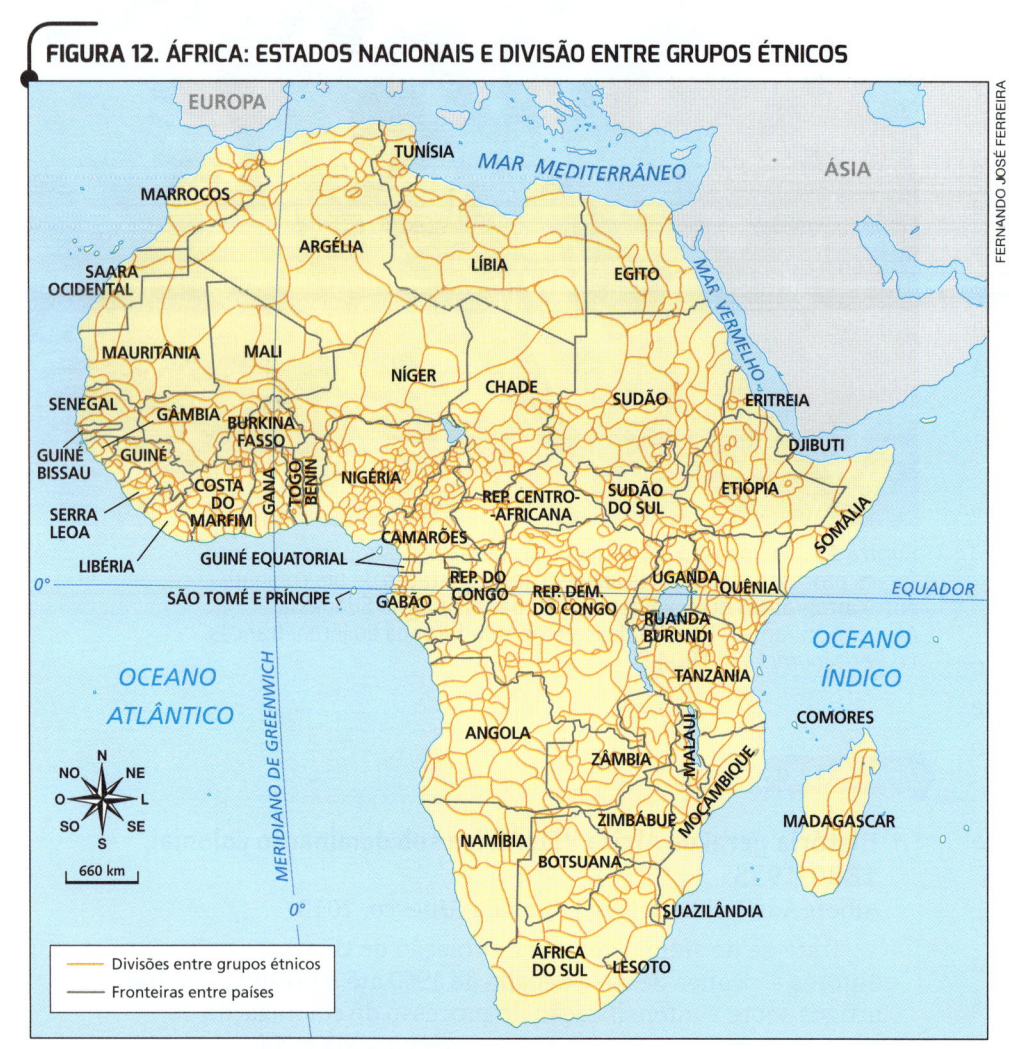

FIGURA 12. ÁFRICA: ESTADOS NACIONAIS E DIVISÃO ENTRE GRUPOS ÉTNICOS

De olho no mapa

Por que a falta de correspondência entre as fronteiras dos países africanos e as divisões entre grupos étnicos ainda representa um problema para as sociedades africanas atualmente?

Fonte: OLIC, N. B.; CANEPA, B. *África*: terra, sociedades e conflitos. São Paulo: Moderna, 2012. p. 47.

HERANÇA COLONIAL

Os processos de independência da África deixaram desafios a serem enfrentados pelos novos países: lidar com os conflitos causados pela concentração em um mesmo território de populações pertencentes a etnias distintas – muitas vezes inimigas – e superar o quadro de pobreza e exploração resultante da colonização.

Nos Estados recém-criados, as fronteiras e as línguas europeias foram mantidas como oficiais, pois essa era uma forma de evitar que disputas políticas e conflitos internos se intensificassem. Na maior parte dos territórios africanos, os novos governantes eram membros da elite que haviam se destacado na luta pela independência (figura 13).

Em poucos anos, observou-se que muitas elites que haviam assumido o poder eram marcadamente autoritárias e corruptas, pois, além de tirar proveito de suas vantagens administrativas para enriquecimento próprio, estabeleceram políticas que geraram a marginalização de grupos étnicos e religiosos eventualmente rivais.

Os sucessivos conflitos entre o governo e a oposição, que eram intensificados por diferenças religiosas ou econômicas, foram responsáveis pela ocorrência de dezenas de guerras civis e golpes de Estado no continente africano desde os anos 1980.

Nas últimas décadas, os recursos naturais foram alvo de disputa entre grupos rivais, já que a venda desses recursos permitiu a compra de armamentos e munições. Esse foi o caso dos conflitos na Libéria e em Serra Leoa (com os diamantes), na República Democrática do Congo e em Angola (com o petróleo e os diamantes).

Os principais conflitos ocorridos no continente desde os anos 1990 geraram elevado número de vítimas fatais, milhões de refugiados e afetados pela fome em países como Somália, República Democrática do Congo, Guiné, Costa do Marfim, Ruanda e Sudão. A duração e a gravidade dos conflitos chamaram a atenção de diversas organizações internacionais, que muitas vezes intervieram para tentar solucioná-los.

> **PARA LER**
>
> **África: terra, sociedade e conflitos**
> Nelson Bacic Olic; Beatriz Canepa. São Paulo: Moderna, 2012.
>
> Nesse livro, a realidade africana é mostrada com diversas informações e análises, estudadas de maneira que se compreenda a situação marginal em que a África foi colocada no processo de globalização, em decorrência das heranças do processo de colonização.

Figura 13. Estátua de Samora Machel, no centro de Maputo (Moçambique, 2014). Samora, líder do processo de independência de Moçambique contra o domínio português, foi o presidente do país entre 1975 e 1986, ano de sua morte em um acidente aéreo.

ATIVIDADES

ORGANIZAR O CONHECIMENTO

1. Responda às questões sobre o relevo africano.
   a) Quais são as principais unidades do relevo africano?
   b) Em qual delas está situado o Deserto do Saara?
   c) Cite um aspecto marcante do Planalto Oriental africano.

2. Explique os usos econômicos dos rios africanos. Dê exemplos.

3. O que explica a diversidade de paisagens naturais do continente africano?

4. Caracterize os países a seguir quanto aos seus respectivos climas e formações vegetais.
   a) Egito.
   b) Gabão.
   c) Madagascar.

5. O imperialismo europeu provocou mudanças na sociedade e na organização espacial da África? Explique.

6. O Rio Nilo é extenso. Nasce no centro da África e deságua no Mar Mediterrâneo. Qual é a peculiaridade que o difere dos demais rios do continente?

APLICAR SEUS CONHECIMENTOS

7. Observe a reprodução de uma ilustração publicada em um jornal francês, no século XIX.

Com base na imagem e em seus conhecimentos, elabore um texto sobre o colonialismo europeu na África.

8. Observe as fotos a seguir e responda às questões.

República Democrática do Congo, 2014.

Tanzânia, 2017.

   a) Qual é o tipo de vegetação retratada em cada foto?
   b) Descreva as características de cada uma dessas vegetações.

9. As imagens a seguir representam a diminuição da área do Lago Chade. Localizado no Chade, o lago apresenta grande importância para populações dos quatro países que o cercam (Chade, Camarões, Níger e Nigéria), uma vez que é responsável pelo fornecimento de água para 30 milhões de habitantes. O Lago Chade já foi considerado o quarto maior do continente na década de 1960, quando sua área era superior a 10.000 km²; contudo, ao longo das últimas décadas ele sofreu uma grave diminuição.

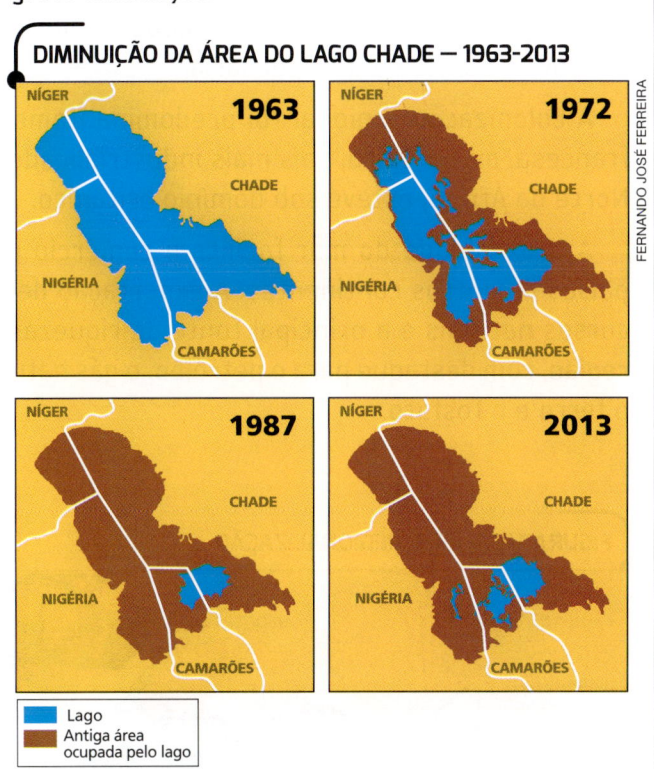

DIMINUIÇÃO DA ÁREA DO LAGO CHADE — 1963-2013

Legenda:
- Lago
- Antiga área ocupada pelo lago

Fonte: United Nations Environment Program and DIVA-GIS in Kingsley, P. The small African region with more refugees than all of Europe. *The Guardian*, 26 nov. 2016. Disponível em: <https://www.theguardian.com/world/2016/nov/26/boko-haram-nigeria-famine-hunger-displacement-refugees-climate-change-lake-chad>. Acesso em: 25 maio 2018.

a) Consulte os mapas do Tema 1 desta Unidade, localize o Lago Chade e indique o clima e a vegetação que predomina na região onde ele se situa.

b) Qual é a participação das ações humanas na redução do Lago Chade?

c) Que consequências a redução do Lago Chade traz para os 30 milhões de pessoas que vivem em seu entorno?

d) Levante hipóteses para o rápido desaparecimento das águas do Lago Chade.

10. (UFPA, 2016)

Considere as informações do texto e da figura.

Texto I

Percebemos uma nítida oposição entre uma África onde se situa uma das mais famosas (talvez até a mais popular) civilização de todos os tempos, o Egito, e as regiões restantes do continente, compreendendo os desertos (Saara e Kalahari), as latitudes equatoriais (Senegal a Angola), as das florestas (bacia do Zaire) e o sul.

LANGER, J. Civilizações perdidas no continente negro: o imaginário arqueológico sobre a África. *Mneme*: Revista de Humanidades. v. 7, n. 14, fev./mar. 2005 – semestral, p. 53. Adaptado.

Texto II

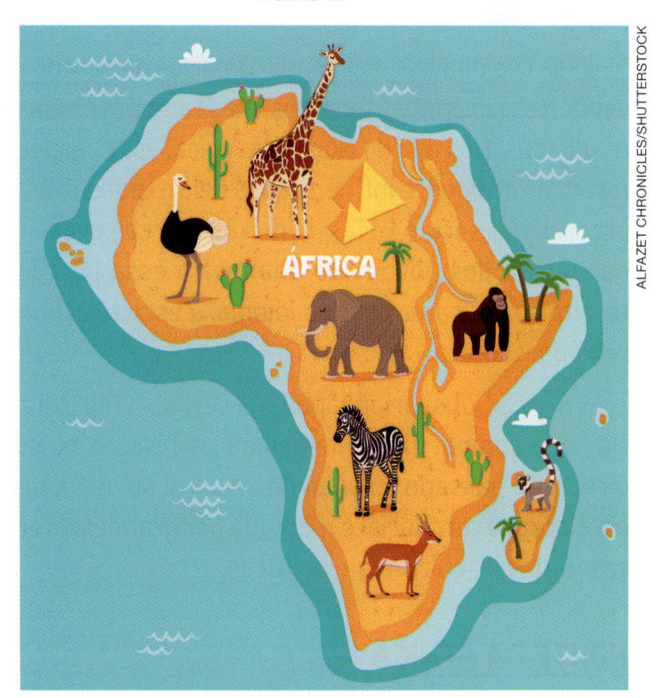

Fonte: <https://br.pinterest.com/pin/32299322304340181/?from_navigate=truew>.

Os dados sobre o continente africano apresentados no texto e na figura enfatizam

a) sua diversidade cultural e físico-biológica.

b) seus conflitos tribais e a degradação ambiental.

c) a tradição dos ancestrais e o potencial turístico do local.

d) sua superioridade econômica e o perigo do mundo tropical.

e) o histórico de escravidão e a exploração dos seus recursos naturais.

TEMA 3

REGIONALIZAÇÃO DA ÁFRICA

Com base em que critérios pode-se regionalizar a África?

ESTUDOS REGIONAIS

Os estudos regionais são ferramentas importantes para compreender melhor a realidade dos territórios. Atualmente, a regionalização mais utilizada para agrupar os territórios africanos é a que estabelece a divisão entre Norte da África e África Subsaariana (figura 14).

Essa regionalização agrupa os países de acordo com aspectos não apenas naturais, mas também históricos e culturais. No caso do Norte da África, esses aspectos foram diretamente influenciados pela expansão árabe, ocorrida no século VII, que deixou marcas profundas na cultura dos povos que habitavam essa porção do território africano, como o idioma, a escrita árabe e a religião islâmica.

A África Subsaariana, por sua vez, abrange territórios que compartilham semelhanças históricas, como o recente passado colonial de exploração. Além disso, essa porção territorial é marcada por grandes diferenças naturais, culturais e políticas.

NORTE DA ÁFRICA

A extensão de terras limitada ao norte pelo Mar Mediterrâneo e a noroeste pelo Oceano Atlântico, compreendida em sua maior parte pelo Deserto do Saara, constitui o chamado **Norte da África**. Essa subdivisão do território africano é formada por países de maioria **árabe** e **islâmica**: Argélia, Egito, Líbia, Marrocos, Mauritânia, Tunísia e Saara Ocidental (território anexado pelo Marrocos).

A presença do Deserto do Saara influenciou a distribuição da população. No Norte da África, as principais concentrações demográficas se encontram no litoral, onde o relevo plano e o clima predominantemente mediterrâneo (com verões quentes e secos e invernos amenos e úmidos) facilitam o desenvolvimento da agropecuária.

A colonização regional foi predominantemente francesa, mas o Egito, país mais industrializado do Norte da África, esteve sob domínio britânico.

A proximidade do mar facilita o comércio com países de outros continentes. A exportação de recursos naturais é a principal fonte de riquezas da região, com destaque para o petróleo, o gás natural, o ferro e o fosfato.

FIGURA 14. ÁFRICA: REGIONALIZAÇÃO

- Limite entre o Norte da África e a África Subsaariana
- Norte da África
- África Subsaariana

Fonte: *L'atlas Gallimard Jeunesse*. Paris: Gallimard Jeunesse, 2002. p. 122-123.

ÁFRICA SUBSAARIANA

A **África Subsaariana** é composta de territórios localizados ao sul do Deserto do Saara, habitada principalmente por povos negros. Além da diversidade de paisagens, essa porção territorial é marcada pela exploração colonial no passado recente. A principal herança da colonização foi a divisão política arbitrária imposta pelos europeus, que mantiveram etnias rivais no interior das mesmas fronteiras e separaram grupos de mesma etnia em territórios diferentes. Em razão dessa política, ainda hoje ocorrem diversos **conflitos étnicos e religiosos** no continente.

Na África encontram-se os países com os piores índices de desenvolvimento humano do mundo (IDH) e altos níveis de **fome crônica**. Esse quadro está associado à prática em larga escala das monoculturas de exportação (*plantations*), introduzidas no século XIX pelos colonizadores. A prioridade dada a esse sistema agrícola desprezou a produção de alimentos para o consumo local e expulsou os camponeses nativos para áreas menos produtivas. Além disso, a presença de uma agricultura de subsistência caracterizada pelo desmatamento e pelo uso inadequado dos solos leva ao esgotamento das terras produtivas.

Uma exceção à pobreza generalizada na África Subsaariana está na África do Sul, que se industrializou e se modernizou em razão da grande quantidade de ouro, ferro e pedras preciosas presente em seu território e aos investimentos industriais de britânicos no país.

SUB-REGIÕES DA ÁFRICA: MAGREB E SAHEL

O **Magreb** é uma sub-região do Norte da África formada por Marrocos, Argélia, Tunísia e Saara Ocidental (figura 15). O termo *Magreb*, de origem árabe, significa "lugar onde o Sol se põe", o oposto de *Mashrek*, termo cujo significado é "lugar onde o Sol nasce", em referência aos países árabes a leste da Líbia. Trata-se da porção mais ocidental do mundo islâmico. A identidade do Magreb se deve ao fato de ter sido povoado no passado por grupos berberes, cujo idioma se fragmentou em diversos dialetos. Estima-se que existam hoje entre 20 milhões e 25 milhões de falantes dessas línguas, principalmente no Marrocos e na Argélia, além de Egito e Etiópia.

O **Sahel** é uma sub-região da África situada imediatamente ao sul do Saara, estendendo-se no sentido leste-oeste do continente. É uma área de transição climática entre as regiões mais úmidas e o deserto, que atravessa nações africanas distintas, da costa atlântica até o litoral do Mar Vermelho: Senegal, Mauritânia, Mali, Burkina Fasso, Níger, Nigéria, Chade, Sudão, Etiópia e Eritreia. O manejo inadequado dos solos e o desmatamento estão levando a sub-região à desertificação.

Berberes: povos nômades que habitam as regiões montanhosas e parte do Deserto do Saara, no Norte da África, e falam a língua berbere. Os tuaregues, grupo étnico nômade do Saara, fazem parte dos povos de língua berbere.

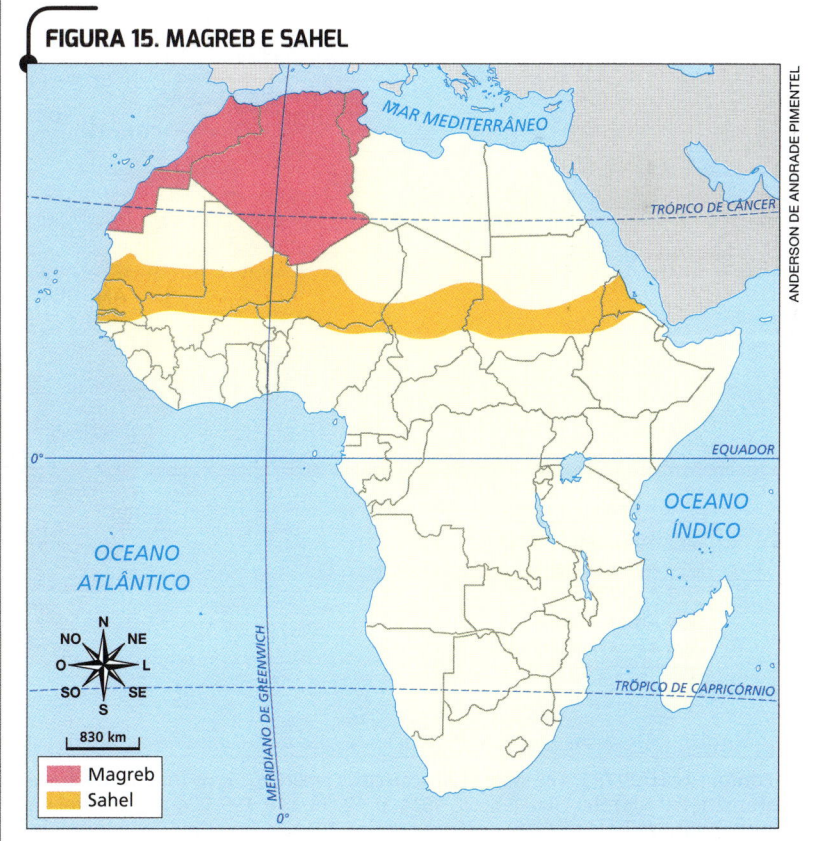

FIGURA 15. MAGREB E SAHEL

Fonte: *L'atlas Gallimard Jeunesse*. Paris: Gallimard Jeunesse, 2002. p. 122-123.

REGIONALIZAÇÃO DA ÁFRICA SEGUNDO A ONU

As diferenças internas do continente africano – principalmente na África Subsaariana, que reúne mais de 40 países –, somadas à sua grande extensão territorial, levaram a Organização das Nações Unidas (ONU) a criar cinco regiões, de acordo com sua localização, cultura e economia (figura 16). Periodicamente, a ONU publica estudos e dados estatísticos sobre essas sub-regiões, que ajudam a conhecer e a planejar melhorias para o continente.

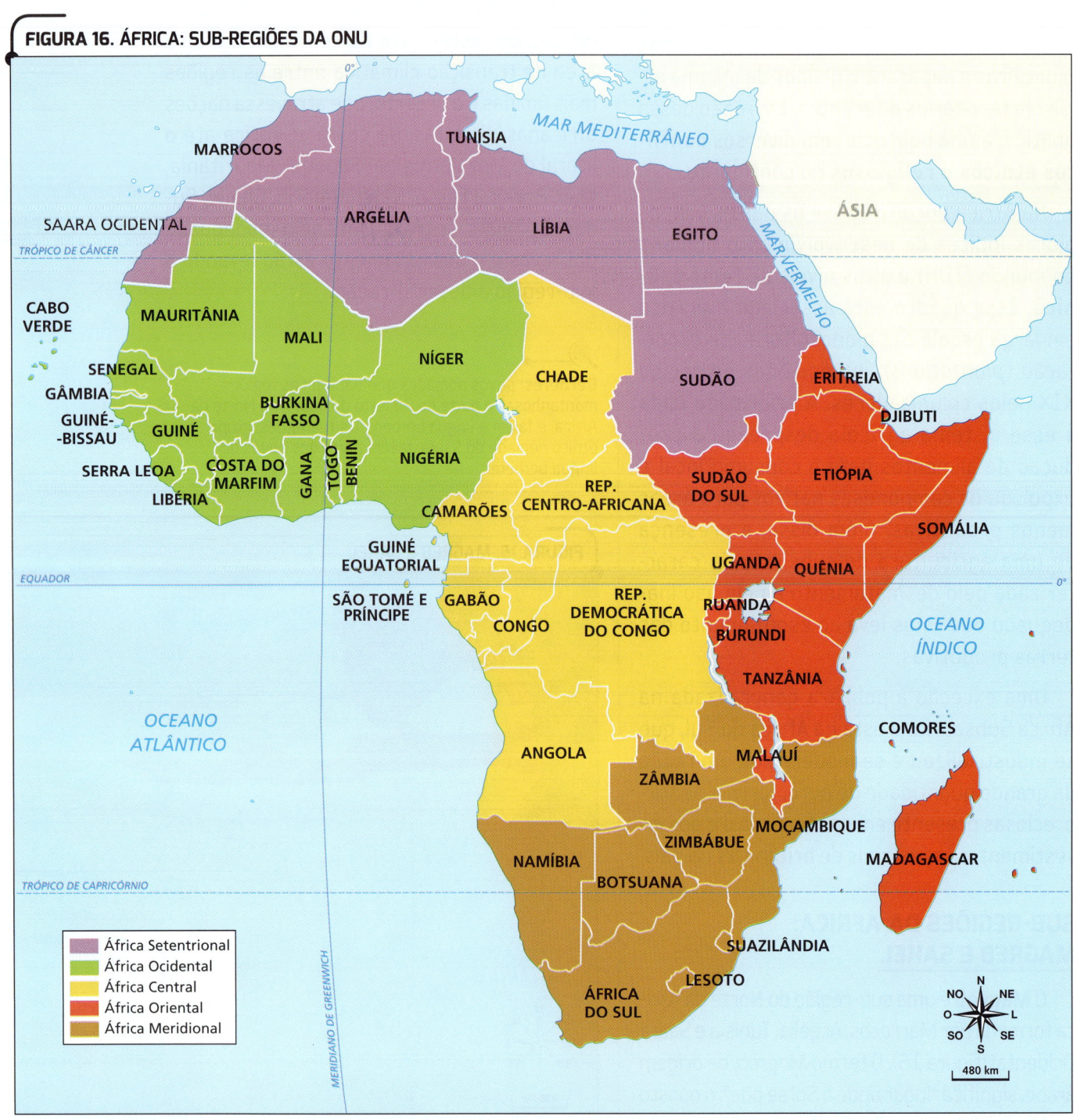

FIGURA 16. ÁFRICA: SUB-REGIÕES DA ONU

Legenda:
- África Setentrional
- África Ocidental
- África Central
- África Oriental
- África Meridional

Fonte: UN-HABITAT. *The state of African cities report 2014*: re-imagining sustainable urban transitions. Nairóbi: UN-Habitat, 2014. p. 62, 98, 146, 190, 224. Disponível em: <https://unhabitat.org/books/state-of-african-cities-2014-re-imagining-sustainable-urban-transitions/>. Acesso em: 23 maio 2018.

Na regionalização estabelecida pela ONU, a **África Setentrional** é uma sub-região intensamente urbanizada, com cidades concentradas próximas ao Mar Mediterrâneo, onde o relevo e o clima mais ameno favorecem a ocupação e a agricultura.

A **África Ocidental** abrange diferentes formações vegetais: do litoral, no Golfo da Guiné, em direção ao norte, é possível cruzar florestas tropicais, savanas e estepes até chegar ao deserto, no norte do Níger, do Mali e da Mauritânia. Os países são exportadores de produtos agrícolas, minerais e energéticos, principalmente petróleo. Por causa da fraca industrialização, necessitam importar produtos manufaturados, o que reflete economias bastante dependentes.

Localizada nas proximidades da linha do Equador, a **África Central** apresenta florestas equatoriais e tropicais de elevada biodiversidade, além de savanas, estepes e desertos (no sul de Angola). Esses países são importantes exportadores de cobre, diamantes, petróleo e madeira e vêm recebendo grandes investimentos estrangeiros

A **África Oriental** abriga diferentes vegetações, como florestas tropicais, savanas e estepes. Voltada para o Oceano Índico, essa sub-região depende muito da agricultura. Nas últimas décadas, guerras civis, surtos de fome e conflitos étnicos e religiosos vitimaram milhões de pessoas em Uganda, Ruanda, Burundi, Somália e Etiópia.

Por fim, os territórios localizados ao sul do continente formam a **África Meridional**. Observa-se nessa sub-região a presença de savanas nas porções central e norte, desertos na porção sudoeste e vegetação mediterrânea no extremo sul (figura 17).

A África Meridional apresenta muitas reservas minerais (sobretudo ouro), o que a levou a ser intensamente disputada pelas potências europeias desde o final do século XIX. Atualmente, são as empresas mineradoras transnacionais que exploram esses recursos. Com exceção da África do Sul, que é a economia mais diversificada do continente, os demais países exportam produtos primários (sobretudo recursos minerais) e são marcados por pobreza, fome e diferentes doenças (principalmente malária e aids).

Figura 17. Vista da Cidade do Cabo (África do Sul, 2018). Trata-se da segunda cidade mais populosa da África do Sul, atrás apenas de Johanesburgo, e importante polo econômico do país.

TEMA 4

POPULAÇÃO E CONDIÇÕES DE VIDA

Como vive a população africana nos dias de hoje?

POPULAÇÃO AFRICANA: DISTRIBUIÇÃO E CRESCIMENTO

O continente africano é o segundo mais populoso do mundo: em 2018, eram cerca de 1,12 bilhão de habitantes. No entanto, a África não é um continente muito povoado e as maiores densidades demográficas estão concentradas em algumas regiões e países. Trata-se da região próxima ao Golfo da Guiné, áreas do Vale do Rio Nilo, no litoral norte do continente; áreas costeiras do Mar Mediterrâneo próximas a Portugal, Espanha e Itália; nas proximidades do Lago Vitória e na parte leste da África do Sul (figura 18).

De olho no mapa
Localize no mapa as áreas do continente africano com densidades demográficas muito baixas. Relacione essas áreas a aspectos naturais do continente.

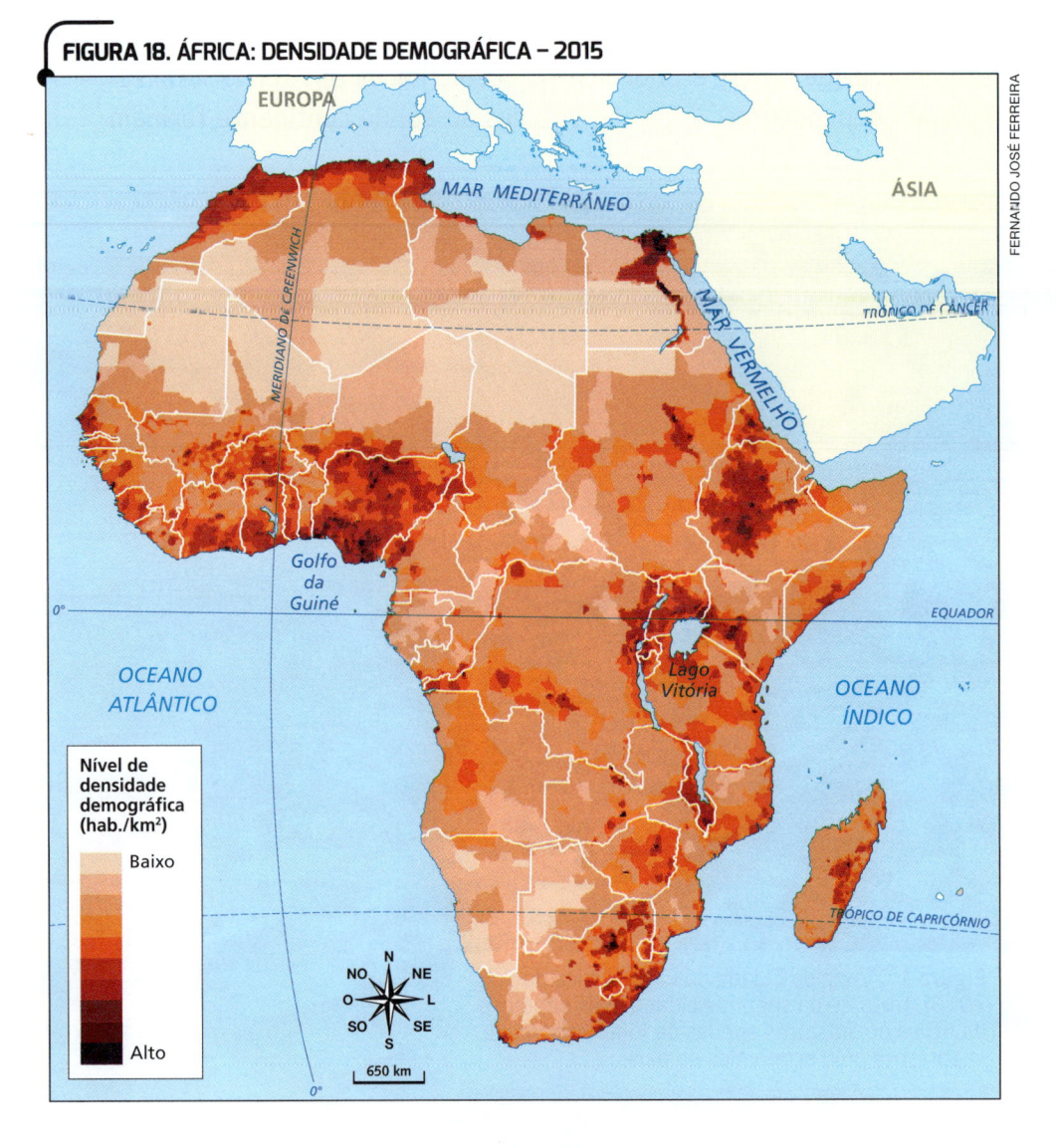

FIGURA 18. ÁFRICA: DENSIDADE DEMOGRÁFICA – 2015

Fonte: IBGE. *Atlas geográfico escolar*. 7. ed. Rio de Janeiro: IBGE, 2016. p. 70.

POPULAÇÃO RURAL E URBANA

A distribuição da população africana pelo território resulta de fatores naturais, históricos, econômicos, culturais e políticos. Algumas aglomerações urbanas resultam da influência das atividades econômicas, como a existência de entrepostos comerciais (armazéns, feiras etc.) e a presença de portos, como ocorre na cidade de Kinshasa, na República Democrática do Congo, terceira maior da África, originada pela presença do porto fluvial no Rio Congo.

Os países africanos caracterizam-se pela estruturação da economia na exportação de matérias-primas. Esse dado tem contribuído para que um percentual significativo da população do continente permaneça nas áreas rurais: em 2018, cerca de 63% da população africana vivia no campo.

O processo de industrialização ocorrido em alguns países, especialmente na África do Sul e no Egito, promoveu a urbanização, acarretando movimentos migratórios do campo para a cidade (figura 19). Contribui também para o crescente **êxodo rural** no continente a ocupação das terras por lavouras monocultoras em determinadas regiões; condições naturais adversas como a ocorrência de secas prolongadas em algumas áreas; e os conflitos étnicos-religiosos. Segundo dados da ONU, a Ásia e a África são os continentes onde as **taxas de urbanização** mais crescem.

Pelas projeções da ONU, até 2025 mais de 698 milhões de africanos estarão vivendo em cidades, e esse número será de 1,12 bilhão em 2040.

As previsões são de que, em 2030, Lagos, na Nigéria, seja a nona maior cidade do mundo, com 24,2 milhões de pessoas, seguida pelo Cairo, capital do Egito, com 24,5 milhões de habitantes.

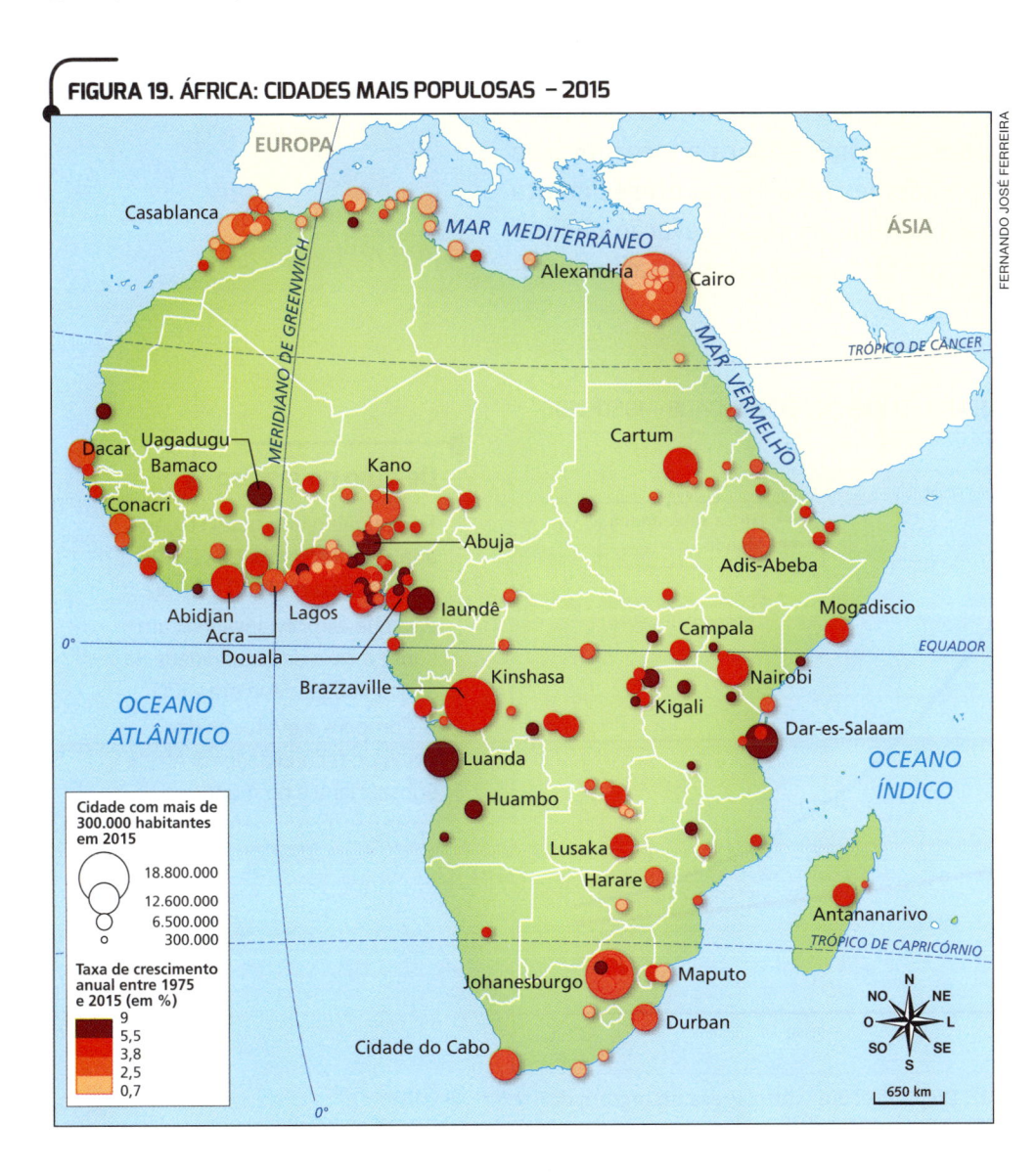

FIGURA 19. ÁFRICA: CIDADES MAIS POPULOSAS – 2015

Fonte: SCIENCES PO. *Atelier de cartographie*. Disponível em: <http://cartotheque.sciences-po.fr/media/Villes_africaines_2015/2746/>. Acesso em: 24 maio 2018.

AUMENTO DA POPULAÇÃO

O crescimento da população na África é acelerado. É lá que se verificam as mais altas taxas de crescimento populacional do mundo. As projeções indicam que a população africana deverá ultrapassar os 2 bilhões de habitantes em 2050.

Segundo a ONU, os países onde a população apresentará maior crescimento no continente serão Nigéria, República Democrática do Congo, Etiópia, Tanzânia e Uganda. Atualmente, a Nigéria é o sétimo país em número de habitantes (195 milhões de habitantes), e será o terceiro país mais populoso do planeta antes de 2050.

Na África, a taxa de fecundidade é bastante alta, mas projeções apontam para a queda da taxa de fecundidade em todo o continente (figura 20), como também da taxa de mortalidade, especialmente a infantil. Esses aspectos, combinados com maior acesso aos serviços de saúde e ao saneamento básico, tendem a aumentar a esperança de vida no continente, que, em 2050, deverá chegar aos 71,9 anos.

O resultado deverá ser o crescimento da **população adulta e idosa**. Entre os grandes desafios que se impõem estão o desenvolvimento econômico e o investimento em serviços básicos e de infraestrutura para que haja absorção da população economicamente ativa com qualidade de vida. A criação de oportunidades econômicas para a incorporação da população jovem adulta ao mercado de trabalho e o oferecimento de condições dignas de vida para a população idosa deverão chamar cada vez mais a atenção, uma vez que farão parte dos desafios futuros da África.

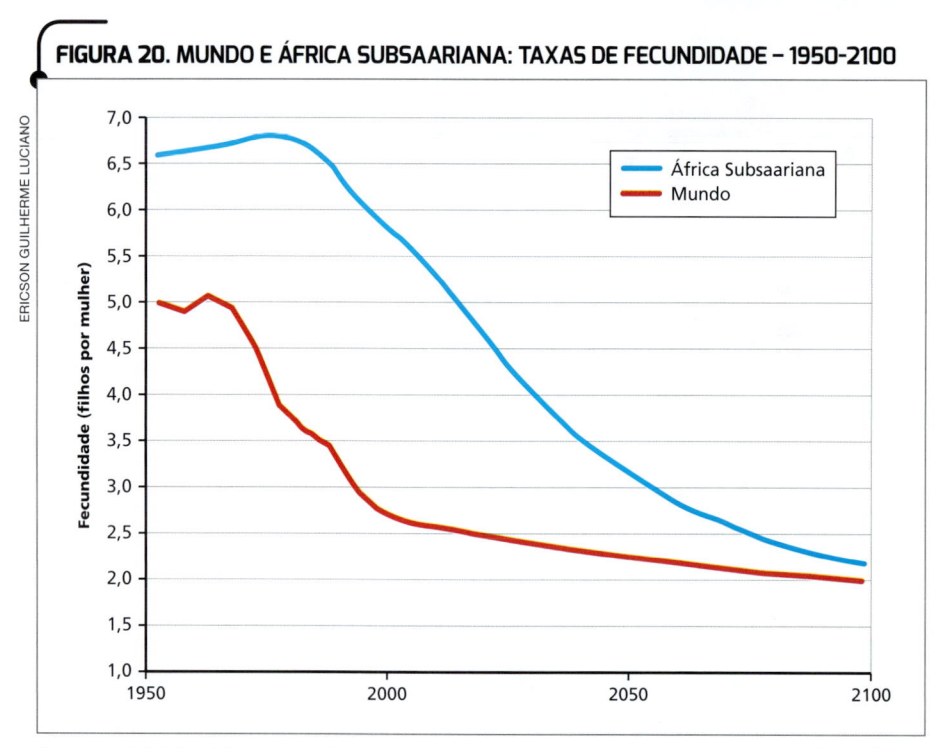

FIGURA 20. MUNDO E ÁFRICA SUBSAARIANA: TAXAS DE FECUNDIDADE – 1950-2100

Fonte: ONU. *World Population Prospects 2017*. Disponível em: <https://esa.un.org/unpd/wpp/Graphs/DemographicProfiles/>. Acesso em: 22 maio 2018.

De olho no gráfico

1. Explique o que ocorreu com a taxa de fecundidade na África Subsaariana de 1950 a 2000.
2. O que as previsões indicam sobre a taxa de fecundidade na África Subsaariana até 2100?
3. Compare a evolução das taxas de fecundidade na África Subsaariana e no mundo.

Figura 21. Festival anual de *blues* em Grant Park, na cidade de Chicago (Estados Unidos, 2015).

Figura 22. Praticantes do candomblé com oferendas na areia, durante a cerimônia da festa de Iemanjá na Praia do Rio Vermelho, em Salvador (Bahia, 2016).

Resistência e integração dos escravos africanos no Brasil

Os vídeos que compõem o objeto digital abordam o surgimento e as influências das manifestações culturais afro-brasileiras e a presença africana na arte brasileira.

DIVERSIDADE CULTURAL

A África é marcada pela diversidade cultural. No continente habitam diversas etnias, com suas próprias línguas, manifestações religiosas, ritmos musicais, danças, festas e práticas cotidianas. A tradição oral é uma característica importante das culturas africanas, principalmente ao sul do Saara.

Calcula-se que existam mais de 1.500 línguas no continente africano, agrupadas segundo critérios de proximidade geográfica e estrutura.

CULTURA AFRICANA NO MUNDO

A cultura africana alcançou outros continentes de diferentes maneiras. Durante o processo de colonização das Américas, entre os séculos XVI e XIX, milhões de africanos foram deslocados para o continente americano na condição de escravos. Embora proibidas pelos colonizadores europeus, no contexto da escravidão, as manifestações culturais de origem africana resistiram de forma marginal nas cidades e nas áreas rurais.

Atualmente, observam-se muitas manifestações culturais de origem ou de influência africana em países americanos, como Estados Unidos, Cuba, Haiti, Jamaica e Brasil. Entre elas podemos citar:

- na música, o samba e o maracatu (no Brasil), a salsa (nas ilhas do Caribe), o *reggae* (na Jamaica) e o *jazz* e o *blues* (nos Estados Unidos) (figura 21);
- na religião, o candomblé (na Bahia), a umbanda (no Sudeste brasileiro), os tambores de mina (no Maranhão), o vodu (no Haiti) e a *santería* (em Cuba) (figura 22).

No Brasil, a prática do candomblé foi proibida, perseguida e até mesmo considerada ação criminosa até a década de 1930. Como estratégia, muitos devotos passaram a cultuar os orixás (deuses) do candomblé por meio da imagem de santos católicos, em um processo conhecido como sincretismo religioso.

Em decorrência da escravidão e da forma marginalizada como foram inseridos nas sociedades americanas, os negros têm sido vítimas do racismo e de ações discriminatórias. Cabe destacar que, ao longo da história, os povos de diferentes etnias africanas incorporaram, muitas vezes de maneira forçada, o idioma, a religião e as formas de organização política do colonizador.

As manifestações culturais e religiosas de origem africana ainda buscam visibilidade e respeito nos países da América.

CONDIÇÕES DE VIDA NA ÁFRICA

Apesar dos avanços no continente, a maioria dos países africanos apresenta indicadores sociais e econômicos que revelam as precárias condições de vida de seus habitantes. Isso aparece, por exemplo, no Índice de Desenvolvimento Humano (IDH), indicador importante para orientar as políticas dos Estados em relação à melhoria de sistemas públicos, como o de saúde – buscando promover, entre outros aspectos, o aumento da esperança de vida – e o de educação – reduzindo o número de analfabetos.

SAÚDE

Em grande parte do continente africano, não há condições de atendimento e infraestrutura necessárias para garantir o acesso da maioria da população à saúde. Desse modo, doenças já debeladas ou com pequena incidência em outras regiões do mundo são epidêmicas na África.

Na maior parte dos países africanos, o saneamento básico é acessível a menos de 50% da população. As exceções são Marrocos, Senegal, Angola, Botsuana, Malauí e Ruanda (entre 50% e 75%); África do Sul e Tunísia (entre 76% e 90%); e Egito, Líbia e Argélia (entre 91% e 99%).

ATENDIMENTO MÉDICO

O acesso a atendimento médico e a medicamentos na África é bastante desigual. Em países como Etiópia, Benin, Serra Leoa, Malauí, Moçambique, Tanzânia e Chade, a relação é de menos de 1 médico para cada 10 mil habitantes, enquanto nos países desenvolvidos essa relação é de 1 médico para cada 500 habitantes (figura 23).

As más condições de vida e a precariedade no atendimento médico-hospitalar agravam a disseminação de doenças como malária, febre amarela, ebola e meningite. No entanto, não se pode ignorar que, diante de problemas de saúde, grande parte da população recorre ao saber local, transmitido durante séculos e usado com sucesso no tratamento de algumas enfermidades.

A expectativa de vida no continente também é baixa quando comparada às médias de outros continentes. Em países como Guiné-Bissau, Serra Leoa e Zâmbia, esse indicador está abaixo de 50 anos.

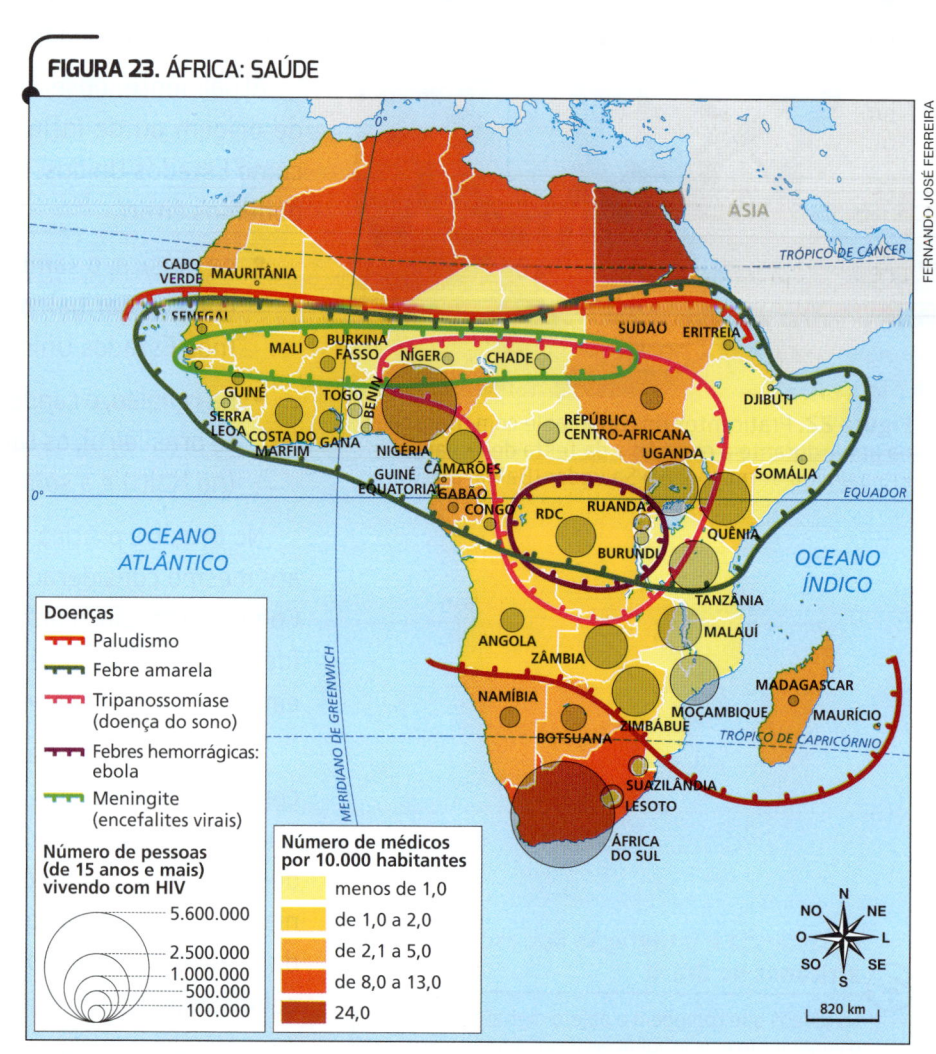

FIGURA 23. ÁFRICA: SAÚDE

Fonte: FERREIRA, Graça M. L. *Atlas geográfico*: espaço mundial. 4. ed. São Paulo: Moderna, 2013. p. 82.

EDUCAÇÃO

O acesso à educação se mostra especialmente precário ao sul do Saara, sobretudo nas áreas rurais. Além disso, na maioria dos países africanos, há desigualdades entre homens e mulheres no que diz respeito à frequência escolar. Por questões culturais e religiosas, os homens frequentam mais as escolas e as universidades do que as mulheres, que apresentam as menores taxas de alfabetização.

Os grandes centros universitários no continente africano estão instalados em cidades como Lagos (Nigéria), Acra (Gana), Cairo (Egito), Nairóbi (Quênia) e Johanosburgo (África do Sul) (figura 24).

O PROBLEMA DA FOME

Apesar de alguns progressos, 41% da população da África Subsaariana ainda vive na pobreza extrema, com menos de 1,25 dólares por dia. Entre os países que mais sofrem com a fome estão: Etiópia, Somália, Sudão do Sul, Moçambique, Libéria e Angola (figura 25). Essa situação decorre de uma combinação de fatores. Ao sul do Saara, por exemplo, o aumento da desertificação, secas e conflitos civis inviabilizam historicamente a produção de alimentos para atender às necessidades de toda a população. As melhores terras nas áreas tropicais estão destinadas ao cultivo de produtos para exportação, herança do período colonial (figura 25).

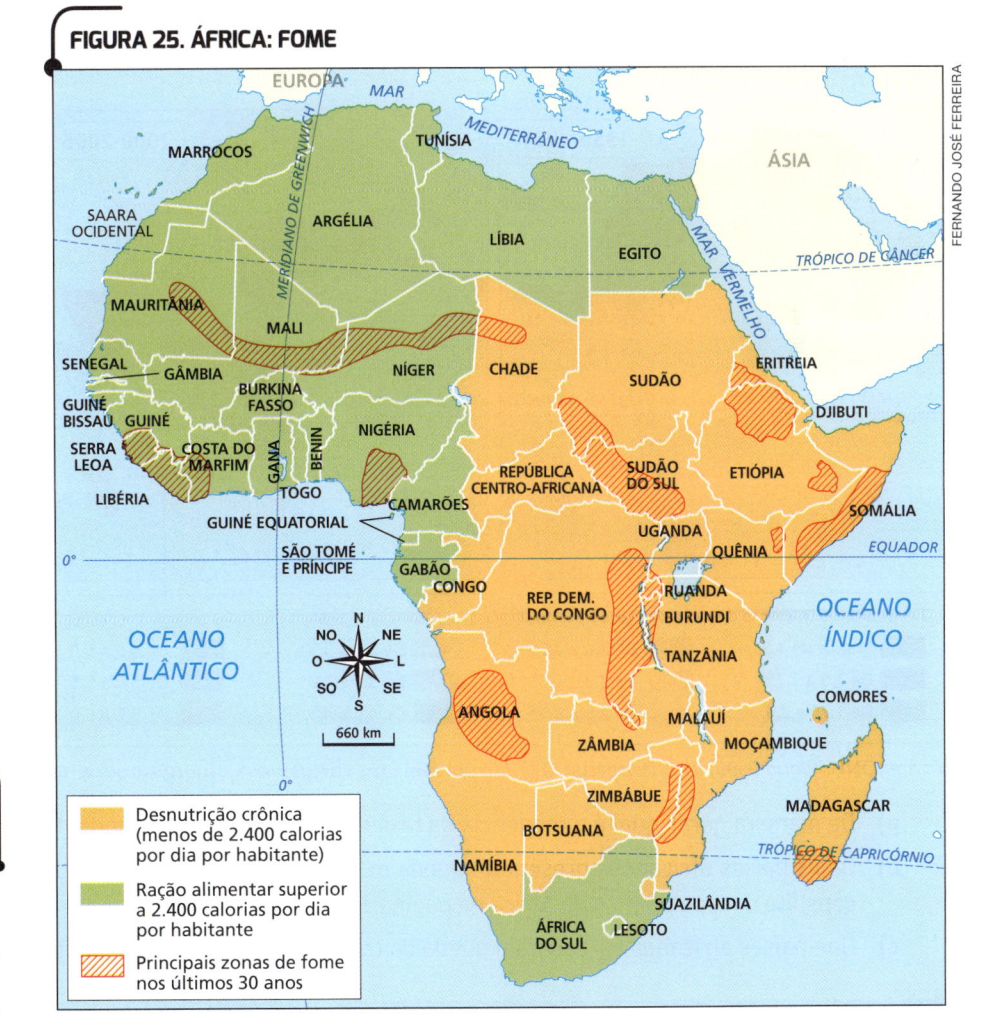

Figura 24. Fachada da Universidade de Witwatersrand, em Johanosburgo (África do Sul, 2015).

FIGURA 25. ÁFRICA: FOME

Legenda:
- Desnutrição crônica (menos de 2.400 calorias por dia por habitante)
- Ração alimentar superior a 2.400 calorias por dia por habitante
- Principais zonas de fome nos últimos 30 anos

Fonte: FERREIRA, Graça M. L. *Moderno atlas geográfico*. 6. ed. São Paulo: Moderna, 2016. p. 42.

Trilha de estudo

Vai estudar? Nosso assistente virtual no *app* pode ajudar! <http://mod.lk/trilhas>

ATIVIDADES

ORGANIZAR O CONHECIMENTO

1. Qual é o tipo de regionalização mais utilizado para o continente africano? Quais são os critérios considerados nessa regionalização?

2. A regionalização da África em duas regiões apresenta que tipo de limitação para analisar a África Subsaariana?

3. Associe cada item a seguir ao Norte da África ou à África Subsaariana.
   a) A maioria de sua população encontra-se próxima ao Mar Mediterrâneo.
   b) A maior parte de seu território encontra-se no Deserto do Saara.
   c) Região conhecida por ter muitos países com IDH baixo.
   d) Grande parte de sua população é de origem árabe.
   e) Grande parte de sua população descende de povos negros.

4. Assinale as frases que apresentam informações corretas sobre a população do continente africano.
   ( ) O continente africano é muito povoado e pouco populoso.
   ( ) No continente africano, existem grandes vazios demográficos e algumas áreas densamente povoadas.
   ( ) A maior parte da população africana vive nas grandes cidades.
   ( ) A maior parte da população africana vive no campo, mas em algumas décadas a população urbana vai superar a população rural.

APLICAR SEUS CONHECIMENTOS

5. Compare os mapas a seguir e responda às questões.

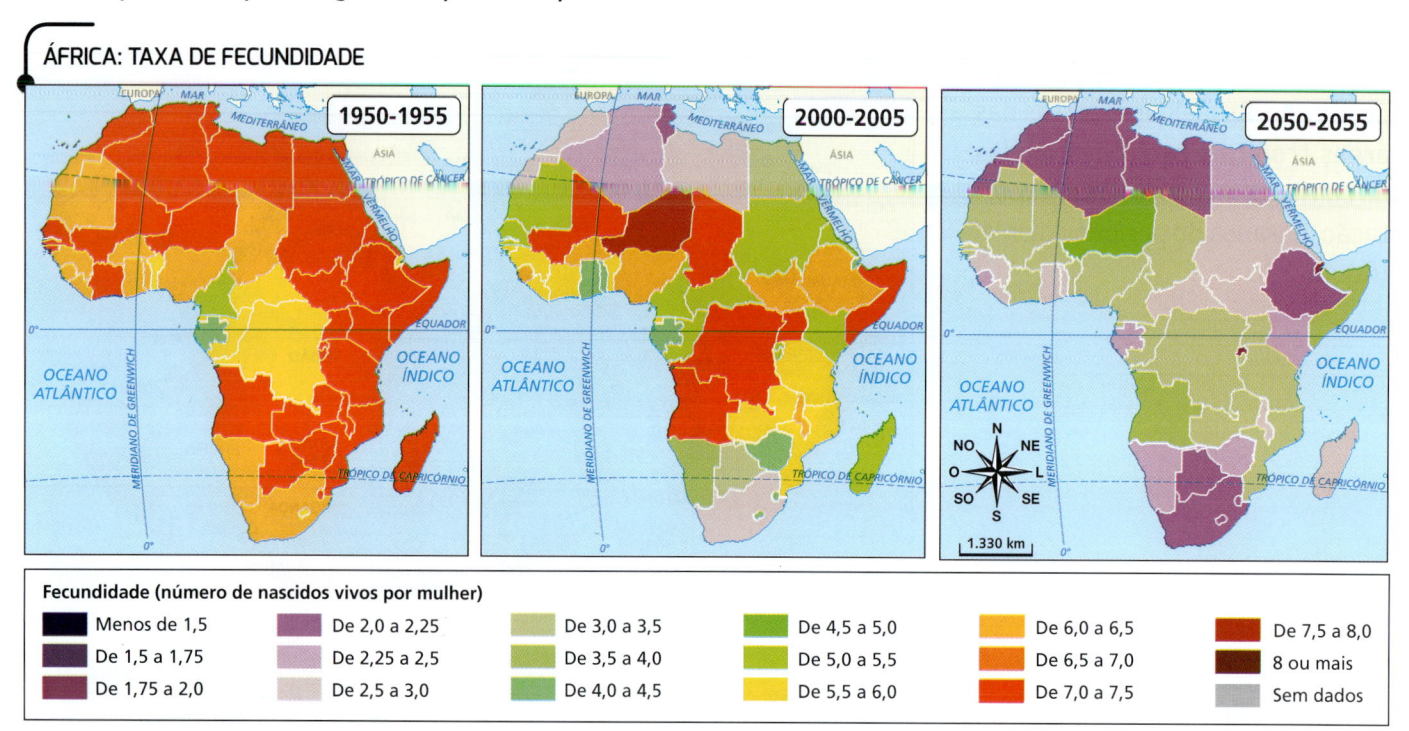

ÁFRICA: TAXA DE FECUNDIDADE

1950-1955 | 2000-2005 | 2050-2055

Fecundidade (número de nascidos vivos por mulher)
- Menos de 1,5
- De 1,5 a 1,75
- De 1,75 a 2,0
- De 2,0 a 2,25
- De 2,25 a 2,5
- De 2,5 a 3,0
- De 3,0 a 3,5
- De 3,5 a 4,0
- De 4,0 a 4,5
- De 4,5 a 5,0
- De 5,0 a 5,5
- De 5,5 a 6,0
- De 6,0 a 6,5
- De 6,5 a 7,0
- De 7,0 a 7,5
- De 7,5 a 8,0
- 8 ou mais
- Sem dados

Fonte: ONU. *World Population Prospects 2017*. Disponível em: <https://esa.un.org/unpd/wpp/Maps/>. Acesso em: 25 maio 2018.

a) De maneira geral, qual é a tendência da taxa de fecundidade no período de 1950 a 2055?

b) Quais países africanos apresentam queda mais rápida da taxa de fecundidade? Se necessário, consulte o mapa político da África na página 182.

c) Que países africanos apresentam queda da taxa de fecundidade mais lenta?

6. Leia o texto para responder ao que se pede.

"Um dos fatores que contribuem para que as cidades africanas estejam superpovoadas é a falta de investimento de capital, que se manteve relativamente baixo na região durante as quatro últimas décadas, em cerca de 20% do PIB. Em contrapartida, os países urbanizados da Ásia Oriental – China, Japão, República da Coreia – intensificaram o investimento de capital durante seus respectivos períodos de urbanização acelerada. Entre 1980 e 2011, o investimento de capital da China (em infraestrutura, habitação e edifícios comerciais) subiu de 35% do PIB para 48%, enquanto que a parcela urbana da população subiu de 18% para 52%, entre 1978 e 2012. Na Ásia Oriental como um todo, o investimento de capital manteve-se acima dos 40% do PIB, no final desse período.

O investimento em habitação na África também ficou aquém do realizado em outras economias de baixa renda e renda média. Entre 2001 e 2011, países africanos de baixa renda investiram 4,9% do PIB em habitação, em comparação com 5,5% em outros países, e os países africanos de renda média investiram em habitação 6,5% do PIB, em comparação com 9% em outros lugares (Dasgupta, Lall e Lozano-Gracia, 2014). Estes números salientam o fato de que a África está se urbanizando mesmo sendo pobre, e, na realidade, ainda se encontra visivelmente mais pobre do que outras regiões em desenvolvimento com níveis semelhantes de urbanização."

LALL, S. V.; HENDERSON, J. V.; VENABLES, A. J. *Cidades africanas*: abrindo as portas ao mundo. Visão geral. Washington, DC: Banco Mundial, 2017. p. 11. Disponível em: <https://openknowledge.worldbank.org/bitstream/handle/10986/25896/211044ovPT.pdf?sequence=14&isAllowed=y>. Acesso em: 25 maio 2018.

a) A que conclusão chega o autor do texto após a avaliação dos números sobre o crescimento da população urbana e investimento nas cidades?

b) Em um contexto de crescimento populacional das cidades africanas, qual é a importância dos investimentos em infraestrutura, habitação e edifícios comerciais? E quais são as consequências da falta destes investimentos?

7. Para compreender melhor a dinâmica populacional da África, elabore um mapa das taxas de crescimento da população urbana registradas recentemente pelos países do continente. Para isso, reúna-se em dupla e siga o passo a passo descrito.

a) Imprimam o mapa político da África, disponível em: <https://mapas.ibge.gov.br/escolares/mapas-mudos.html>.

b) Levantem os dados das taxas de crescimento da população urbana em *sites* especializados em divulgar indicadores sociais de diversos países do mundo, tais como o do Banco Mundial: <http://www.worldbank.org/>.

c) Com base nos dados levantados, crie cinco intervalos de taxas de crescimento da população urbana para compor a legenda do mapa.

d) Escolham uma cor para representar cada intervalo, de modo que as cores sigam uma variação gradual de tonalidade: as cores mais claras devem ser utilizadas para representar as taxas mais baixas e as cores mais escuras as taxas mais elevadas.

e) Elaborem a legenda na porção inferior do mapa. Consultem a taxa de cada país e pintem-no com a cor do intervalo de valores correspondente.

f) Criem um título, insiram a rosa dos ventos e escrevam a fonte dos dados.

g) Elaborem um texto analisando o comportamento das taxas de crescimento da população urbana dos países africanos.

DESAFIO DIGITAL

8. Acesse o objeto digital *As línguas africanas e o português do Brasil*, disponível em <http://mod.lk/desv8u7>, e responda às questões.

a) Qual é a relação entre a vinda de africanos escravizados para o Brasil e o português falado no país? Explique essa relação mencionando exemplos observados no objeto digital.

b) De que maneira o regime de escravidão no Brasil dificultou a transmissão dos idiomas africanos para a nossa língua?

c) Por que é importante valorizar os idiomas de matriz africana que influenciaram o português do Brasil?

Mais questões no livro digital

REPRESENTAÇÕES GRÁFICAS

Mapa histórico

O **mapa histórico** representa a organização do espaço no tempo histórico, assinalando as transformações que ocorreram ao longo das gerações e dos séculos. Essa representação cartográfica registra fatos históricos e apresenta a visão do passado como um processo contínuo.

Esse tipo de mapa pode representar acontecimentos políticos, movimentos sociais, culturais e artísticos, possibilitando a visão de conjunto e da dinâmica dos múltiplos aspectos das civilizações. Os mapas históricos podem se referir, por exemplo, a guerras ou à divisão política de uma época passada.

ATIVIDADES

1. Qual é o contexto representado no mapa?
2. Podemos afirmar que esse mapa mostra o traçado das fronteiras de uma época passada? Explique.
3. Como o mapa explica os laços culturais existentes atualmente entre Brasil e África?

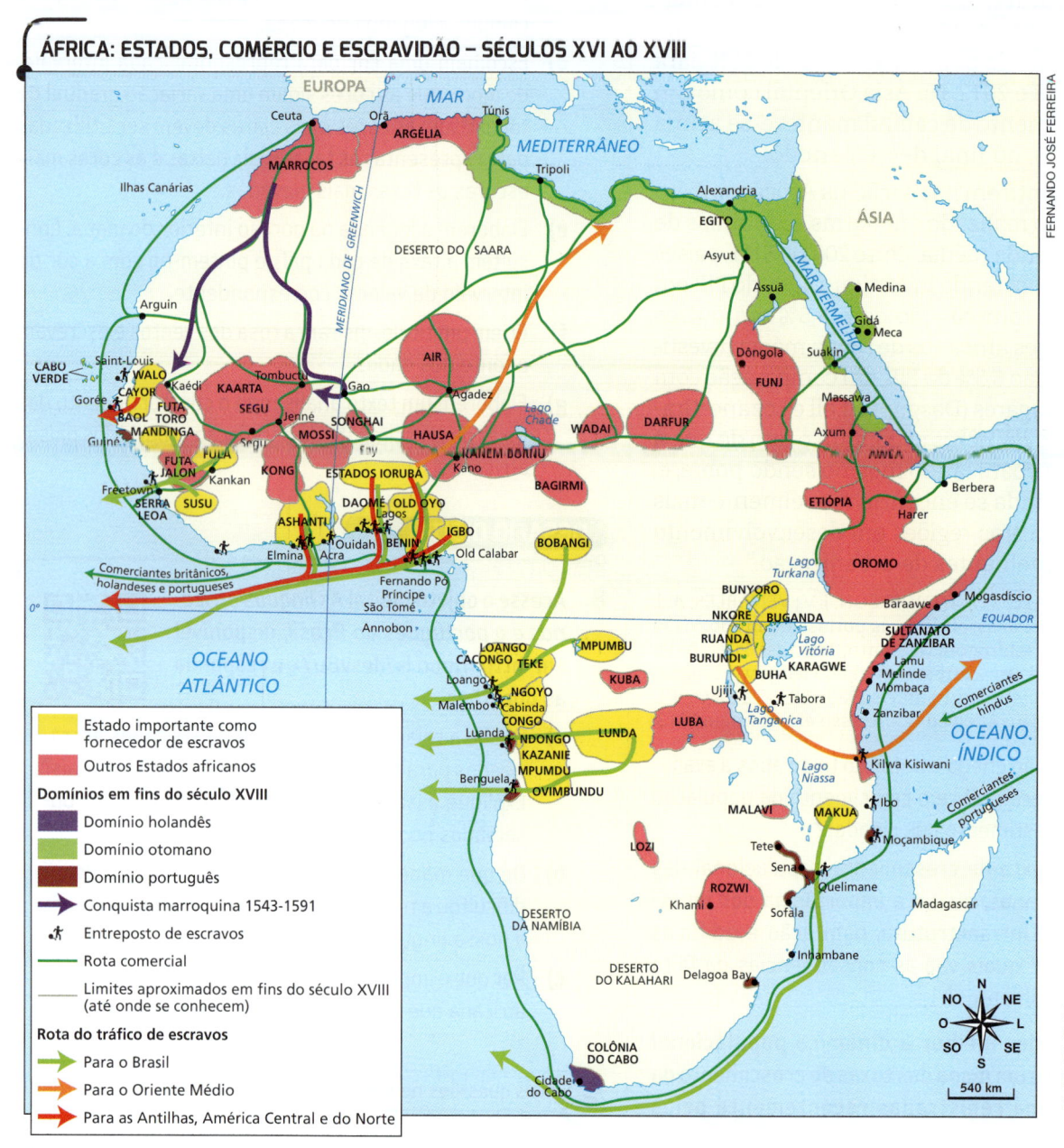

ÁFRICA: ESTADOS, COMÉRCIO E ESCRAVIDÃO – SÉCULOS XVI AO XVIII

Fonte: VICENTINO, Cláudio. *Atlas histórico geral e do Brasil*. São Paulo: Scipione, 2011. p. 93.

ATITUDES PARA A VIDA

Movimento do Cinturão Verde

Liderado pela ativista queniana Wangari Muta Maathai, o Movimento do Cinturão Verde foi um marco na luta pela preservação das florestas. Em 2004, ela foi a primeira mulher africana a ganhar o prêmio Nobel da Paz. Conheça como surgiu esse movimento.

"Era uma vez no Quênia uma mulher chamada Wangari. Quando no entorno de seu vilarejo os lagos começaram a secar e as correntezas a desaparecer, Wangari soube que tinha que fazer alguma coisa. Ela convocou uma reunião com algumas das outras mulheres.

'O governo cortou as árvores para abrir espaço para fazendas e agora precisamos caminhar quilômetros para conseguir lenha', uma delas disse.

'Vamos ter que trazer as árvores de volta', exclamou Wangari.

'Quantas?', perguntaram.

'Alguns milhões devem resolver', respondeu.

'Milhões? Você está louca? Nenhum viveiro é grande o suficiente para germinar tantas!'

'Não vamos comprá-las de um viveiro. Nós a cultivaremos nós mesmas nas nossas casas.'

Então Wangari e suas amigas coletaram sementes na floresta e as plantaram em latas. Regaram e cuidaram delas até as plantas terem trinta centímetros. Depois, plantaram as mudas nos quintais.

Começou com apenas algumas mulheres. Mas, assim como uma árvore que brota de uma semente minúscula, a ideia se espalhou e se transformou em um grande movimento.

O Movimento do Cinturão Verde se expandiu para além das fronteiras do Quênia. Quatro milhões de árvores foram plantadas e Wangari Maathai recebeu o prêmio Nobel da Paz por seu trabalho. Ela comemorou plantando uma árvore."

FAVILLI, Elena; CAVALLO, Francesca. *Histórias de ninar para garotas rebeldes*: cem fábulas sobre mulheres extraordinárias. São Paulo: Vergara & Riba Editoras, 2017. p. 188.

A professora e pesquisadora Wangari Maathai posa com muda de árvore do Movimento do Cinturão Verde em Muranga (Quênia, 2004).

ATIVIDADES

1. Assinale as atitudes que Wangari mais precisou ter para, respectivamente, convencer suas amigas a coletarem sementes na floresta para cultivá-las em seus quintais e manter o movimento por anos, até que desse resultado para a preservação das florestas.

    a) Questionar e levantar problemas e controlar a impulsividade.

    b) Pensar e comunicar-se com clareza e persistir.

    c) Esforçar-se por exatidão e precisão e pensar com flexibilidade.

2. Escolha uma das atitudes assinaladas na atividade anterior e explique como ela poderia contribuir para a resolução de um problema social ou ambiental do bairro, município ou estado onde você vive.

COMPREENDER UM TEXTO

O Deserto do Saara é conhecido pelas altas temperaturas e pela baixa umidade no ar que dificultam a ocupação, embora diversos grupos habitem a região. Entretanto, com o pôr do Sol, as temperaturas caem rapidamente.

Algumas vezes, a umidade que caracteriza o inverno europeu atravessa o Mar Mediterrâneo e chega até o continente africano. Quando as temperaturas são muito baixas, pode haver neve em áreas do Saara, especialmente naquelas próximas ao litoral. O texto a seguir explica como ocorre esse fenômeno.

Neve no deserto africano

"Dunas na cidade de Ain Sefra, na Argélia, conhecida como a 'porta de entrada para o deserto do Saara', foram encobertas por neve neste domingo (7/1/2018). As imagens da neve no deserto, um dos lugares mais quentes do mundo, foram divulgadas em diversos veículos de imprensa. Muitos meios de comunicação afirmaram que era a terceira vez em 40 anos que a neve caía no deserto. Mas, sem monitoramento extensivo no deserto, não é possível fazer essa afirmação. 'O Saara é tão grande quanto os Estados Unidos, e há poucas estações climáticas. Então é ridículo dizer que essa é a primeira, segunda ou terceira vez que nevou, já que ninguém saberia dizer quantas vezes nevou sem estar lá', disse ao jornal *The New York Times* o geólogo Stefan Kröpelin, da Universidade de Colônia, na Alemanha, especialista em clima de deserto.

Não é possível dizer, com absoluta precisão, o quão raro é nevar no Saara. Houve registro de neve na cidade de Ain Sefra em 2016 e em 2017. Antes disso, havia nevado em 1979. O Deserto do Saara registra algumas das temperaturas mais quentes do mundo, mas tem uma grande variação térmica, que leva a baixas temperaturas à noite. As temperaturas podem variar de 50 °C durante o dia para –10 °C à noite. O que explica a raridade da neve no deserto, então, não é o calor, mas a falta de umidade, de acordo com Kröpelin. Ao jornal britânico *The Independent*, um porta-voz do Serviço Nacional de Meteorologia do Reino Unido disse que o fenômeno 'não é comum, mas também não é sem precedentes'.

Neve sobre dunas do Deserto do Saara, próximas da localidade de Ain Sefra (Argélia, 2018).

Meteorologista: especialista em meteorologia, que analisa e estuda as condições climáticas.

Precedentes: algum fato ou situação que ocorreu antes do presente e geralmente é usado para justificar outra ação.

'Aparentemente as fotos com neve foram tiradas nas partes mais altas, então não surpreende que haja neve com as condições certas', afirma. A CNN diz que a cidade fica a 1.078 metros acima do nível do mar. Segundo o meteorologista, as condições climáticas na Europa, que causaram frio no fim de semana, permitiram a chegada de ar frio e umidade ao deserto, o que fez nevar. A neve no Saara também levou algumas pessoas a atribuir o fenômeno à mudança climática. Rein Haarsma, pesquisador do Real Instituto Meteorológico da Holanda, disse que a neve não pode ser atribuída à poluição. 'Há fenômenos climáticos excepcionais em alguns locais, e isso não ocorreu por causa da mudança climática', afirmou ao NYT. Ele classificou a neve do Saara de 'rara, mas não tão rara assim'."

BANDEIRA, Luiz. Nevou no deserto do Saara. Quão raro é este fenômeno. *Nexo*, 10 jan. 2018. Disponível em: <https://www.nexojornal.com.br/expresso/2018/01/10/Nevou-no-deserto-do-Saara.-Qu%C3%A3o-raro-%C3%A9-este-fen%C3%B4meno>. Acesso em: 25 maio 2018.

ATIVIDADES

OBTER INFORMAÇÕES

1. Identifique no texto a maior variação térmica registrada no Deserto do Saara.

2. Retire do texto o trecho que cita não ser possível afirmar que esta foi apenas a terceira vez em 40 anos que caiu neve no Deserto do Saara.

INTERPRETAR

3. Qual é a relação do inverno europeu com a neve no Deserto do Saara?

4. Por que não é possível relacionar a queda de neve no Deserto do Saara a uma mudança climática global?

PESQUISAR

5. Viver em condições climáticas desfavoráveis não é algo incomum para muitos seres humanos, seja no frio ou no calor. Inúmeros grupos sociais superam as dificuldades impostas e se organizam para conseguir viver em suas regiões de origem. Organizados em duplas, façam uma pesquisa sobre as regiões mais frias e quentes do planeta. Identifiquem a localização, o tipo de clima, as temperaturas mais altas ou baixas já registradas e os grupos sociais que habitam essas regiões. Escrevam os resultados numa folha de papel, levem para a sala de aula e entreguem ao professor.

REFLETIR

6. Reúnam-se em sala de aula e discutam como os fenômenos e as características climáticas podem interferir na forma de ocupação humana nas diferentes regiões e áreas do planeta. Qual relação pode ser estabelecida entre a ocupação e a permanência da população em áreas como o Deserto do Saara ou as regiões polares do planeta e o desenvolvimento da tecnologia?

UNIDADE 8

ÁFRICA: DESENVOLVIMENTO REGIONAL

As economias africanas têm apresentado mais dinamismo nos últimos anos. Contudo, o crescimento econômico ainda é bastante dependente de investimentos estrangeiros e da exportação de *commodities*.

Promover um desenvolvimento sustentável, que permita enfrentar os problemas relacionados à pobreza extrema e a questões étnicas e religiosas, é o desafio que se apresenta às nações africanas atualmente.

Após o estudo desta Unidade, você será capaz de:

- identificar as principais atividades econômicas desenvolvidas na África;
- diferenciar características dos espaços urbano e rural do continente;
- interpretar as questões que ainda geram conflitos em países da África;
- contextualizar as economias africanas nas escalas regional e global.

ATITUDES PARA A VIDA

- Questionar e levantar problemas.
- Aplicar conhecimentos prévios a novas situações.
- Imaginar, criar e inovar.

Vista de porto com intensa movimentação de mercadorias na Cidade do Cabo (África do Sul, 2016).

Mineiros preparam equipamento de perfuração de rochas no interior de uma mina de ouro, em Westonaria (África do Sul, 2017).

Plantação de chá em Gisenyi (Ruanda, 2016).

COMEÇANDO A UNIDADE

1. Observe as imagens e descreva as atividades econômicas que estão sendo representadas.

2. Em sua opinião, a dependência da África em relação à exportação de *commodities* tem relação com seu passado colonial?

3. Com base em seus conhecimentos, cite alguns problemas que dificultam o desenvolvimento econômico da África na atualidade.

TEMA 1: ATIVIDADES ECONÔMICAS

Qual é a principal atividade econômica do continente africano?

A ÁFRICA NA ECONOMIA MUNDIAL

Apesar de enfrentar dificuldades econômicas históricas e ser o continente com maior número de países em desenvolvimento e menos desenvolvidos, a África registrou crescimento nos últimos anos. Segundo o Banco Africano de Desenvolvimento, estima-se que o Produto Interno Bruto da África tenha aumentado 3,6% em 2017 (figura 1).

Esse crescimento está relacionado à redução de conflitos armados e às atuais políticas das classes dirigentes, que buscam mais investimentos externos para os países africanos. Contudo, os desafios econômicos do continente são muitos, principalmente para a geração de empregos, redução da pobreza e dos deslocamentos populacionais e capacitação de mão de obra para atividades com produtividade mais elevada, como as dos setores modernos da agricultura, da indústria e dos serviços. Melhorar a infraestrutura e diminuir a dívida externa dos países também são medidas necessárias para impulsionar a economia africana.

AS MAIORES ECONOMIAS

As três maiores economias africanas são Egito, Nigéria e África do Sul. Egito e África do Sul são os dois países mais industrializados do continente, enquanto a Nigéria tem no petróleo 95% de suas receitas. Os países africanos apresentam diferenças nos níveis de rendimento, na dependência de exportações de *commodities* e na estabilidade política e social, o que resulta em um desigual crescimento econômico entre eles. Observe a tabela abaixo.

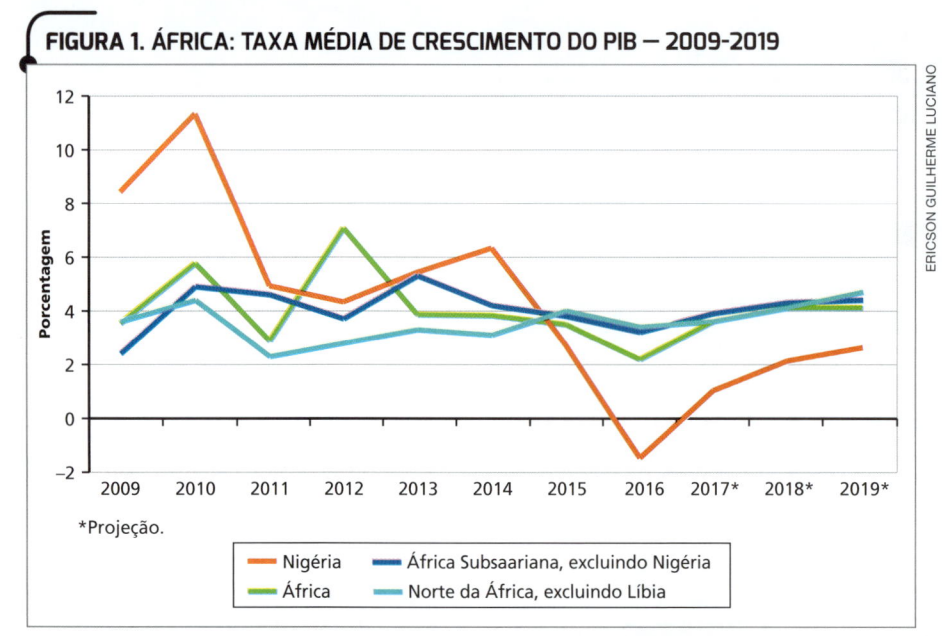

FIGURA 1. ÁFRICA: TAXA MÉDIA DE CRESCIMENTO DO PIB — 2009-2019

*Projeção.

Legenda: Nigéria; África Subsaariana, excluindo Nigéria; África; Norte da África, excluindo Líbia.

Fonte: Banco Africano de Desenvolvimento. *Perspetivas Econômicas em África 2018.* p. 5. Disponível em: <https://www.afdb.org/fileadmin/uploads/afdb/Documents/Publications/Perspectivas_Economicas_em_Africa_2018.pdf>. Acesso em: 29 maio 2018.

TABELA. ÁFRICA: MAIORES PIBs — 2017

Posição	País	PIB
1º	Egito	1.199 trilhão
2º	Nigéria	1.118 trilhão
3º	África do Sul	757 bilhões
4º	Argélia	629 bilhões
5º	Marrocos	300 bilhões
6º	Etiópia	196 bilhões
7º	Angola	192 bilhões
8º	Sudão	187 bilhões
9º	Quênia	163 bilhões

Fonte: CIA World Factbook. Disponível em: <https://www.cia.gov/library/publications/the-world-factbook/geos/jo.html>. Acesso em: 24 maio 2018.

MODELO AGRÁRIO-EXPORTADOR

Uma característica comum aos países do continente africano, sobretudo os da África Subsaariana, é o papel preponderante que desempenham na economia mundial como exportadores de produtos primários de baixo valor agregado, como gêneros agrícolas tropicais e recursos minerais ou energéticos (figura 2).

AS *PLANTATIONS* E A EXTRAÇÃO MINERAL

Na porção ocidental da África encontram-se as principais *plantations*, nas quais se cultivam cacau, amendoim, óleo-de-palma e algodão. Costa do Marfim, Gana, Nigéria e Camarões são os maiores produtores de cacau do mundo, respondendo por 70% do total desse cultivo. Esses países abastecem as grandes indústrias de chocolate da Europa e dos Estados Unidos, com distribuição global.

Em países como Mauritânia, Líbia, África do Sul, República Democrática do Congo, Zâmbia e Angola, a produção mineral chega a mais de 50%, metade das exportações. Apesar disso, sua exploração ocupa uma parcela muito pequena da População Economicamente Ativa (PEA). A maior parte da produção é encaminhada sob a forma de minério bruto para a Europa, os Estados Unidos, o Japão e a China (figura 3).

Na África, grande parte desses recursos minerais são explorados por transnacionais, já que, em geral, os países africanos não têm capital e tecnologia para realizar a extração.

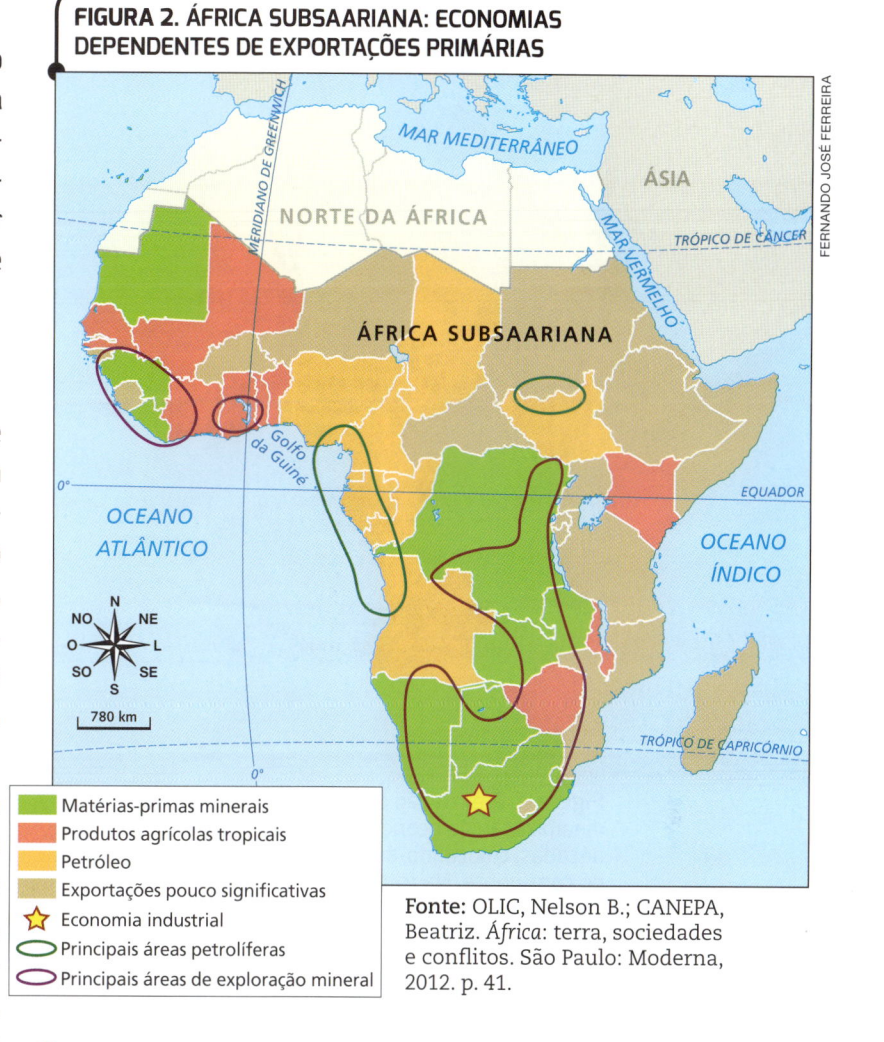

FIGURA 2. ÁFRICA SUBSAARIANA: ECONOMIAS DEPENDENTES DE EXPORTAÇÕES PRIMÁRIAS

Legenda:
- Matérias-primas minerais
- Produtos agrícolas tropicais
- Petróleo
- Exportações pouco significativas
- ★ Economia industrial
- Principais áreas petrolíferas
- Principais áreas de exploração mineral

Fonte: OLIC, Nelson B.; CANEPA, Beatriz. *África*: terra, sociedades e conflitos. São Paulo: Moderna, 2012. p. 41.

De olho no mapa

1. Onde estão concentradas as áreas fornecedoras de matérias-primas minerais?

2. Alguns países africanos são produtores de um recurso mineral muito importante, utilizado em diversas atividades no mundo todo. Qual é esse mineral e onde ele é produzido na África Subsaariana?

Figura 3. Mina de cobre e cobalto, em Coluezi (República Democrática do Congo, 2016).

Figura 4. A extração de petróleo foi essencial para a dinamização da economia angolana nas últimas duas décadas, colocando-a como uma das mais prósperas do continente. Na foto, plataforma petrolífera em Luanda (Angola, 2009).

O PETRÓLEO

A partir de meados do século XX, com o desenvolvimento das indústrias petroquímicas no continente, o petróleo ganhou destaque. Atualmente, esse recurso é bastante relevante na economia africana, sendo que as áreas mais exploradas estão no Golfo da Guiné (África Ocidental) e no litoral sudoeste do Atlântico.

Angola tornou-se a principal produtora de óleo no continente, seguida pela Nigéria. Essa fonte de energia também tem expressão na Argélia, Chade, Líbia, Guiné Equatorial, República Democrática do Congo e Sudão do Sul. Os maiores exportadores de petróleo são: Argélia, Angola (figura 4), Líbia e Nigéria. A China é a grande importadora do petróleo subsaariano, enquanto os países do Norte da África exportam óleo em grandes quantidades para a Europa.

INDÚSTRIA

Atualmente, a indústria ocupa pouca mão de obra (comparada com a dos setores primário e terciário) e é responsável por menos de 10% das exportações na maioria dos países africanos.

A indústria africana é dominada basicamente por transnacionais e por empresas ligadas a grupos tradicionais da elite africana. Entre os principais problemas para o aumento da industrialização na África estão a falta de infraestrutura urbana, incipiente mercado consumidor, carência de energia e conflitos civis.

A África do Sul é o país mais industrializado do continente, possuindo indústrias químicas, mecânicas, de papel, aeronáuticas, automobilísticas, têxteis, alimentícias, entre outras (figura 5). O Egito é o segundo país mais industrializado do continente.

Figura 5. Trabalhadores em uma linha de montagem de caminhões, em Johanesburgo (África do Sul, 2014).

JOHANESBURGO E O CONTEXTO DA ÁFRICA DO SUL

País mais industrializado do continente, a África do Sul vem recebendo grandes investimentos externos, principalmente da China.

Em Johanesburgo, principal centro econômico da África do Sul, encontram-se as multinacionais que atuam no território e um diversificado parque industrial que atende o mercado interno e o restante do continente nos setores de metalurgia, siderurgia, automobilístico, químico, têxtil e alimentício, entre outros.

Embora a área já fosse habitada há milhares de anos, a cidade foi oficialmente fundada no final do século IX e viveu intenso crescimento populacional devido à descoberta de reservas de ouro na região, o que gerou acúmulo de riquezas, reinvestidas em construções nas áreas centrais – como edifícios públicos, museus e teatros – e na promoção de uma intensa vida cultural.

COMÉRCIO E SERVIÇOS

Em alguns países, como Tunísia, Mauritânia, Cabo Verde e Senegal, as atividades de comércio e serviços representam mais de 50% de seus PIB.

Geralmente, essas atividades absorvem grande quantidade de trabalhadores nas cidades africanas, onde parte do comércio (feiras, mercados populares e vendedores ambulantes) e dos transportes ocorre na informalidade, ou seja, sem pagamento de impostos e sem que os trabalhadores tenham acesso aos seus direitos. Em alguns desses países, mais de 90% da população trabalha na informalidade (figuras 6 e 7).

De olho na imagem

Observe a figura 6 e reflita sobre as condições do transporte de passageiros no município onde você vive. De que maneira é possível melhorá-las?

Figura 6. Motociclistas em uma avenida movimentada de Kampala (Uganda, 2016). Nas cidades de Uganda, é comum o serviço de mototáxi, chamado localmente de boda-boda, utilizado como uma alternativa à falta de transporte.

Figura 7. Mercado de rua em Ghardaia (Argélia, 2018).

TEMA 2

ESPAÇO RURAL E ESPAÇO URBANO

Que atividades econômicas se destacam no campo e nas cidades africanas?

O ESPAÇO RURAL

O espaço rural é central na vida de grande parte das pessoas que vivem na África, já que mais de 60% da população do continente vive no campo e depende de atividades agropecuárias para sobreviver. A contribuição do **setor primário** no PIB da África é superior a 25% e, em alguns países, como República Democrática do Congo, Etiópia e Togo, ultrapassa 40%.

No entanto, em razão do predomínio dos climas árido e semiárido em algumas áreas do continente, grandes extensões de terra são inadequadas para as práticas agrícolas.

Além disso, a distribuição desigual de terras é um grave problema na maior parte dos países africanos: os terrenos mais férteis se concentram nas mãos de uma elite minoritária, que produz para o mercado externo em grandes propriedades, enquanto o mercado interno de alimentos é abastecido por pequenos agricultores, que cultivam as terras menos produtivas. Nessas propriedades são produzidos diversos tipos de frutas e legumes, como pimenta, banana, abacaxi e inhame (figura 8).

Geralmente, os pequenos produtores utilizam técnicas rudimentares que, além de serem pouco produtivas e apresentarem baixo desempenho econômico, aceleram os processos de erosão e desgaste do solo.

Nas áreas de clima mais seco, onde predominam as estepes rasteiras e a vegetação desértica, desenvolve-se a criação de animais (figura 9).

Figura 8. Feira de pequenos agricultores rurais em Casamance (Senegal, 2017).

Figura 9. Pastoreio de cabras na região do *Rift Valley*, em Kajiado (Quênia, 2015).

A AGRICULTURA COMERCIAL

No final do século XIX, as metrópoles europeias instalaram nas colônias africanas um sistema de produção de gêneros tropicais voltados à exportação. A principal demanda do mercado externo era por espécies vegetais oleaginosas (como o dendê e o amendoim, muito utilizados nas fábricas europeias e na iluminação pública das cidades), além do chá e do algodão (para a indústria têxtil). Nas áreas onde não havia recursos minerais, lançou-se mão da produção agrícola estabelecida em latifúndios monocultores.

Os gêneros agrícolas tropicais ainda representam importantes fontes de riqueza para muitos países do continente, sobretudo na África Ocidental: o cacau, o amendoim, a palma (da qual se produz óleo), o algodão e, mais recentemente, a cana-de-açúcar são alguns dos produtos cultivados em larga escala na África (figura 10).

O PROBLEMA DA FOME NA ÁFRICA

Apesar de movimentar a economia, a agricultura comercial não contribui para diminuir o problema da fome que atinge diversos países africanos. Além de ser voltado ao mercado externo, esse tipo de agricultura limita o acesso à terra, principalmente às mais produtivas.

A falta de investimento nos modos de produção familiar e de subsistência agrava o problema, pois as terras ocupadas por pequenos produtores apresentam infraestrutura precária, solos pouco férteis e baixa produtividade.

O intenso crescimento da população, associado a conflitos étnicos e religiosos, contribui para intensificar a fome no continente. Atualmente, a insegurança alimentar assola diversos países, que podem ser classificados de acordo com o **Índice Global da Fome**, calculado com base em três indicadores: proporção de pessoas desnutridas, proporção de crianças abaixo do peso e mortalidade infantil (figura 11).

Figura 10. Trabalhadores colhendo algodão em Man (Costa do Marfim, 2018). O algodão é um dos principais itens de exportação do país.

De olho no mapa

Como você caracterizaria o problema da fome entre os países africanos?

Insegurança alimentar: situação na qual as pessoas não têm acesso a alimentação suficiente para garantir uma vida saudável.

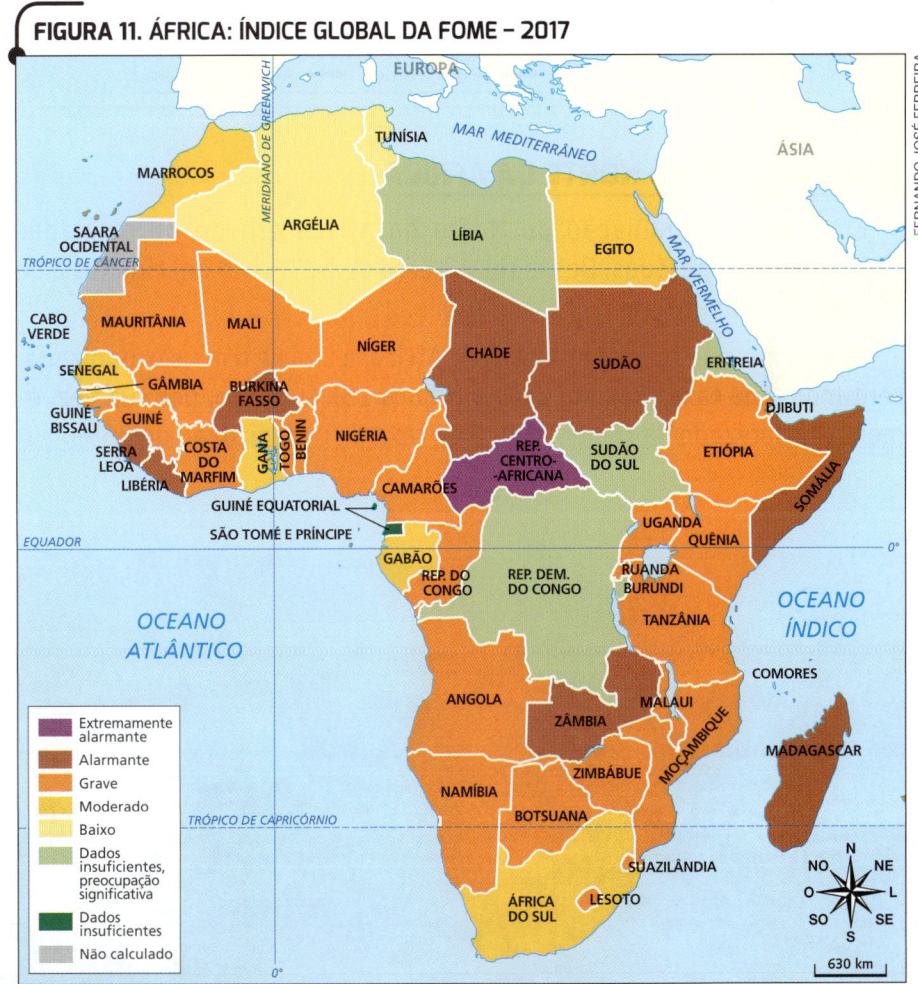

FIGURA 11. ÁFRICA: ÍNDICE GLOBAL DA FOME – 2017

Fonte: GLOBAL HUNGER INDEX. *The Inequalities of Hunger*. Disponível em: <http://ghi.ifpri.org/>. Acesso em: 28 maio 2018.

CRESCIMENTO URBANO

Em 2018, pouco mais de 40% da população africana vivia no espaço urbano, mas projeções indicam que esse número subirá para aproximadamente 60% em 2050, o que fará da África um continente urbano (figura 12).

O crescimento acelerado das cidades, porém, não significa desenvolvimento econômico. As áreas urbanas não têm capacidade para acolher a todos, o que eleva o desemprego e obriga grande parte da população a se fixar em locais onde as condições de vida são precárias.

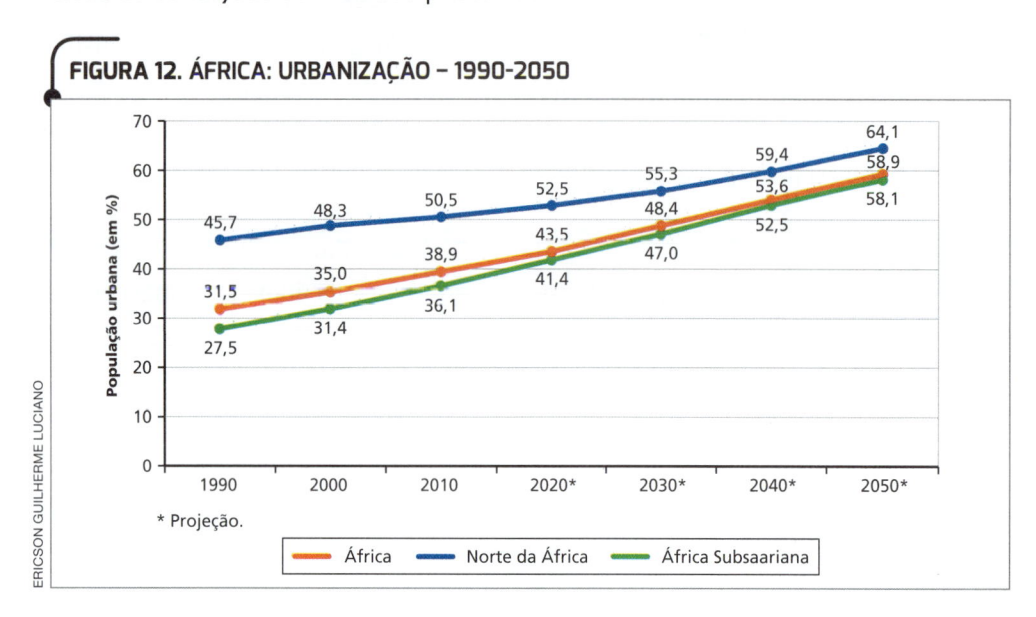

FIGURA 12. ÁFRICA: URBANIZAÇÃO – 1990-2050

Ano	África	Norte da África	África Subsaariana
1990	31,5	45,7	27,5
2000	35,0	48,3	31,4
2010	38,9	50,5	36,1
2020*	43,5	52,5	41,4
2030*	48,4	55,3	47,0
2040*	53,6	59,4	52,5
2050*	58,9	64,1	58,1

* Projeção.

De olho no gráfico
Compare a evolução das projeções de urbanização do Norte da África e da África Subsaariana.

Fonte: ONU. *Department of Economic and Social Affairs - Population division*. Disponível em: <https://esa.un.org/unpd/wup/DataQuery/>. Acesso em: 29 abr. 2018.

URBANIZAÇÃO NO NORTE DA ÁFRICA

Em 2018, a população do Norte da África era de aproximadamente 240 milhões de pessoas. Desse total, cerca de 52% vivia em cidades à beira do Mar Mediterrâneo e no delta do Rio Nilo.

Dos países que formam o Norte da África, a Líbia é o mais urbanizado, apresentando uma taxa próxima a 80% (figura 13). O Sudão, por sua vez, é o país menos urbanizado da região, com uma taxa de urbanização de 35%.

Figura 13. Vista de Trípoli, capital da Líbia, e do Mar Mediterrâneo (foto de 2016).

CIDADES NORTE-AFRICANAS

Cairo, capital do Egito, é a maior cidade do Norte da África. Localizada no delta do Rio Nilo, forma com a Alexandria, outra cidade egípcia, a maior concentração populacional da região. Em 2018, conforme dados da ONU, essas duas cidades somavam mais de 25 milhões de habitantes.

Nesse mesmo ano, a Líbia, país com a maior taxa de urbanização do Norte da África, contava uma população superior a 6,4 milhões de habitantes, a maior parte concentrada em Trípoli.

DESIGUALDADE

Nas áreas urbanas do Norte da África, uma considerável parcela da população não tem acesso a saneamento básico, escolas, hospitais, transportes e áreas de lazer. Além disso, os empregos formais são escassos e, mesmo nas principais cidades, uma parte dos habitantes vive com renda inferior a dois dólares por dia.

Embora haja esforços para reduzir a população das favelas, e resultados satisfatórios já tenham sido obtidos, a questão não foi solucionada. Um exemplo dessa realidade é a do Egito: de acordo com o Banco Mundial, em 1990, cerca de 50% da população egípcia vivia em favelas; em 2014, 11% da população ainda vivia em favelas (figura 14).

PARA LER

- **A África explicada aos meus filhos.** Alberto da Costa e Silva. Rio de Janeiro: Agir, 2008.

  Respondendo às perguntas dos filhos, o historiador Alberto da Costa e Silva explica o que é o continente africano e mostra quais são suas maiores belezas e seus maiores problemas.

URBANIZAÇÃO NA ÁFRICA SUBSAARIANA

Na África Subsaariana, o percentual da população urbana era de aproximadamente 40% do total de habitantes em 2018. Historicamente, as cidades dessa região desempenharam importante papel econômico e político.

Nos séculos XIX e XX, com a colonização europeia, desenvolveram-se algumas cidades litorâneas, cujas funções portuárias e administrativas garantiam as exportações de produtos vindos das áreas rurais do continente africano.

Atualmente, os portos e as estradas para acessá-los dispõem de moderna infraestrutura para garantir a entrada de mercadorias industrializadas e as exportações de produtos agrícolas e minerais. Esse aspecto pode ser observado nas principais cidades da região, a maioria delas localizada nas zonas costeiras: Lagos, Acra, Dacar, Cidade do Cabo, Dar-es-Salaam e Johanesburgo.

Amplia-se na África Subsaariana a quantidade de pessoas empregadas em atividades mais comumente desenvolvidas em áreas urbanas, sobretudo no setor de serviços, que emprega a maior parte da população.

Figura 14. Vista de favela no Cairo, capital do Egito (foto de 2015).

> **Cidade de Lagos**
> O vídeo apresenta a precariedade no acesso à habitação e ao saneamento básico na cidade de Lagos, na Nigéria.

PERIFERIAS

O espaço urbano dos países subsaarianos é marcado pela precariedade no acesso a habitação, emprego, infraestrutura e serviços públicos, sobretudo nas áreas mais distantes dos centros. Segundo dados da ONU, menos de 40% da população urbana subsaariana é servida por rede de saneamento básico, o que sobrecarrega o sistema público de saúde, já que esgoto a céu aberto e água não tratada são vetores na transmissão de muitas doenças, como cólera, tifo e diarreia.

Assim como ocorre na porção norte do continente, a população que migra do campo para a cidade, ao encontrar dificuldades e escassez de infraestrutura nos centros urbanos, acaba se instalando em habitações precárias. Na maioria dos países africanos, é grande a proporção de habitantes em favelas, comparada à população urbana total (figura 15).

A África Subsaariana é menos urbanizada que o Norte da África, e sua população urbana é mais marcada pela pobreza. Na Etiópia e no Chade, a população urbana em *taudis* (assentamentos miseráveis) ultrapassa 90%; em Serra Leoa, os que vivem em bairros precários compõem 97% da população do país. As populações urbanas mais carentes estão em Maputo (Moçambique) e Kinshasa (República Democrática do Congo), onde o rendimento de dois terços dos habitantes é inferior a um dólar por dia.

Vetor: que traz como consequência, acarreta; veículo, condutor.

> **De olho no mapa**
> Cite ao menos três países da África Subsaariana em que mais da metade da população urbana vive em favelas e três em que menos da metade da população urbana vive em favelas.

FIGURA 15. ÁFRICA: POPULAÇÃO URBANA EM FAVELAS

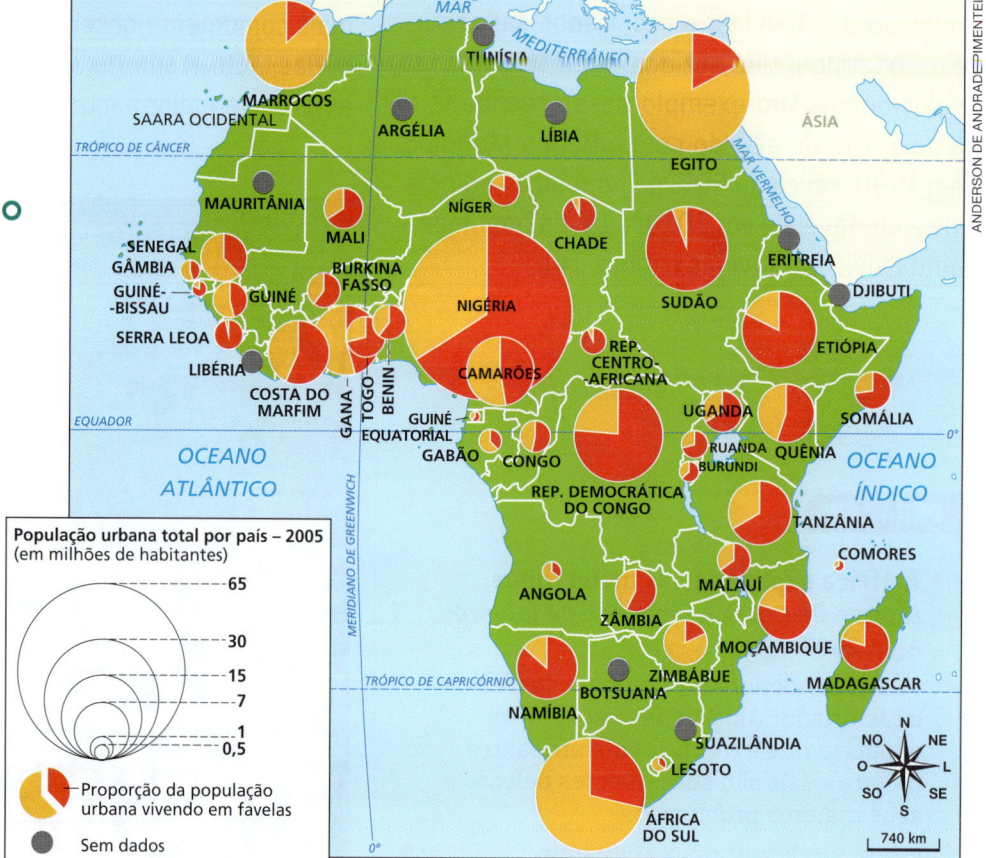

Fonte: MAFUTA, C.; FORMO, R. K.; NELLEMANN, C.; LI, F. (Eds.). *Green hills, blue cities*: an ecosystems approach to water resources management for African cities. A rapid response assessment. United Nations Environment Programme, GRID-Arendal, 2011. p. 14.

TECNOLOGIA E GEOGRAFIA

Vista do bairro de Upper Hill, em Nairóbi (Quênia, 2015). Esse bairro tem passado por transformação nos últimos anos, com a construção de novos edifícios comerciais que acomodam escritórios de companhias estrangeiras, investidores e empresas da área de tecnologia.

Países africanos veem na inovação um meio de crescer

"Os clichês a respeito da África são muitos. No melhor dos casos, mostram um continente exótico, onde se pode fazer safáris e encontrar tribos exóticas; uma visão mais pessimista mostra um lugar desolado, tomado por doenças, pobreza e guerras civis. Talvez por isso seja tão difícil enxergar a nova onda de inovação que toma conta do continente, especialmente na Nigéria e no Quênia. [...]

A rede AfriLabs, por exemplo, está em 18 países do continente, conectando 36 centros focados na inovação tecnológica. Fundado em 2011, o objetivo da organização é aproveitar o conhecimento local para incentivar os empreendedores a refinar seus produtos. [...]

As estimativas quanto ao número de novas empresas não são claras, mas algumas evidências mostram que o mercado africano é bastante sedutor. Existem mais de 100 hubs de inovação espalhados por toda a África. Em 2012, foram investidos mais de US$ 40 milhões em capital de risco. Esse valor aumentou dez vezes em 2014: US$ 414 milhões. A projeção para 2018 é que chegue a US$ 608 milhões. 'A África é um berço para inovação e uma importante fonte de soluções para mudar o mundo. Com uma população de um bilhão de pessoas, uma classe média em ascensão, uma alta penetração de aparelhos móveis, acesso melhor à internet e um clima político que está melhorando, existem muitas possibilidades', afirma Miguel Heilbron, diretor do fundo de investimento VC4Africa (Venture Capital for Africa), que tem mais de 20 mil empreendedores, mentores, investidores e outros profissionais da área de negócios. 'Para concretizar o potencial dos empreendedores mais promissores do continente', afirma, 'recursos vitais têm de ser liberados, como redes, conhecimento e capital'."

Países africanos veem na inovação um meio de crescer. *O Estado de S. Paulo*, 30 ago. 2015. Disponível em: <https://link.estadao.com.br/noticias/inovacao,paises-africanos-veem-na-inovacao-um-meio-de-crescer,10000029071>. Acesso em: 30 maio 2018.

ATIVIDADES

1. Considerando as informações do texto, que fatores locais permitem afirmar que a África é um território propício a investimentos em inovação?

2. Outro sinal de que existem muitas oportunidades a serem exploradas na África são os investimentos de grandes companhias globais de tecnologia. Faça uma pesquisa na internet e identifique algumas dessas empresas e exemplos de investimentos realizados por elas no continente.

Hub de inovação: espaço destinado à reunião de empresas, profissionais e consumidores com o objetivo de gerar novas ideias e soluções que podem se tornar produtos.

ATIVIDADES

ORGANIZAR O CONHECIMENTO

1. Assinale a alternativa correta sobre o continente africano.
   a) Predomina o clima desértico.
   b) É o mais populoso do planeta.
   c) Apresenta grandes áreas reflorestadas.
   d) As desigualdades sociais são quase inexistentes.
   e) A maioria da população vive em condições precárias.

2. Assinale verdadeiro (V) ou falso (F) nas afirmações a seguir.
   ( ) A África é rica em minérios.
   ( ) Angola, Nigéria, Líbia e Argélia são importantes exportadores de petróleo.
   ( ) A maior parte dos africanos sobrevive praticando uma agricultura moderna.
   ( ) O Norte da África é a região mais urbanizada da África.
   ( ) Na África Subsaariana o setor de serviços emprega a menor parcela da população urbana.

3. Responda às questões sobre a economia africana.
   a) Quais são os principais fatores que motivaram o crescimento dos últimos anos?
   b) Que desafios precisam ser enfrentados para que a África continue a crescer economicamente?

4. Qual dos países mencionados abaixo é o mais industrializado da África?
   a) Nigéria.
   b) Níger.
   c) África do Sul.
   d) Egito.
   e) Angola.

5. Qual é a importância do setor primário para a economia dos países africanos?

APLICAR SEUS CONHECIMENTOS

6. Observe a imagem e responda às questões.

   Extração de petróleo em Soyo (Angola, 2014).

   a) Que atividade está representada na imagem? A que setor da economia ela pertence?
   b) Como a atividade representada na foto é realizada, majoritariamente, no continente africano?

7. Observe a foto e faça o que se pede.

   Trabalhador arando a terra (Uganda, 2016).

   a) Qual é o sistema agrícola representado na foto?
   b) Pense sobre a realidade da produção agrícola e o problema da fome na África. Formule hipóteses sobre como o sistema representado na imagem pode reduzir a fome no continente.

8. Observe o mapa abaixo e faça o que se pede.

ÁFRICA: FERROVIAS E PORTOS

Fonte: OLIEVSCHI. V. N. *Railway Transport*: Framework for improving railway sector performance in Sub-Saharan Africa. SSATP, n. 94, 2013, p. 8. Disponível em: <https://www.icafrica.org/fileadmin/documents/Publications/Railway%20Performance_English.pdf>. Acesso em: 30 maio 2018.

a) Relacione a localização e o traçado das ferrovias no continente africano ao processo de colonização.

b) Por que motivo a rede de transportes apresenta essa configuração no continente africano?

9. Leia o texto a seguir e responda às questões.

China aumenta importação de petróleo angolano

"De acordo com a agência Bloomberg, com base nos números da alfândega chinesa, Angola foi o segundo maior vendedor de petróleo à China no primeiro semestre, tendo começado o ano a vender mais petróleo que a Rússia, tradicionalmente o maior fornecedor.

Em janeiro deste ano, Angola vendeu à China 4,9 mil toneladas métricas, o único mês do semestre em que superou as vendas da Rússia para a China.

Rússia, Angola e Arábia Saudita respondem por cerca da metade das importações chinesas de petróleo."

ÁFRICA 21 DIGITAL. *China aumenta importação de petróleo angolano*. Disponível em: <https://africa21digital.com/2017/08/14/china-aumenta-importacao-de-petroleo-angolano/>. Acesso em: 27 jul. 2018.

a) Qual dado sobre o crescimento econômico de Angola o texto apresenta?

b) Quais são os outros países africanos que se destacam na produção petrolífera?

c) Os principais países que importam o petróleo africano estão em qual continente?

TEMA 3 — QUESTÕES ATUAIS

Quais são os principais motivos dos conflitos que acontecem hoje em dia na África?

UMA ÁFRICA CONFLITUOSA

Até hoje, a população africana convive com as consequências do imperialismo europeu do século XIX, que partilhou o continente conforme seus interesses, sem considerar as especificidades étnicas e culturais dos africanos. Com as independências, no século XX, foram mantidas as fronteiras coloniais estabelecidas. Na maior parte dos territórios africanos, os novos governantes eram membros da elite que haviam se destacado na luta pela independência.

Diferenças e rivalidades étnicas perduram até hoje e são as principais causas de conflitos e guerras na África Subsaariana. Apesar desse cenário, e de décadas de governos autoritários e ditatoriais no continente, nos últimos anos vêm crescendo os regimes democráticos nos países africanos.

CONFLITOS ÉTNICO-RELIGIOSOS

Há diversos conflitos na África por questões étnico-religiosas, entre eles os da República Centro-Africana, da República Democrática do Congo, da Somália, do Sudão, do Sudão do Sul e da Nigéria. Trata-se de confrontos longos e duradouros e, para escapar da miséria e dos embates, grandes contingentes populacionais deslocam-se para países fronteiriços, na grande maioria das vezes sem condições de receber essas pessoas. Outras vezes, o deslocamento é interno ou para outros continentes.

Segundo a ONU, na África vivem 4 milhões de refugiados e 13 milhões de deslocados internos (figura 16).

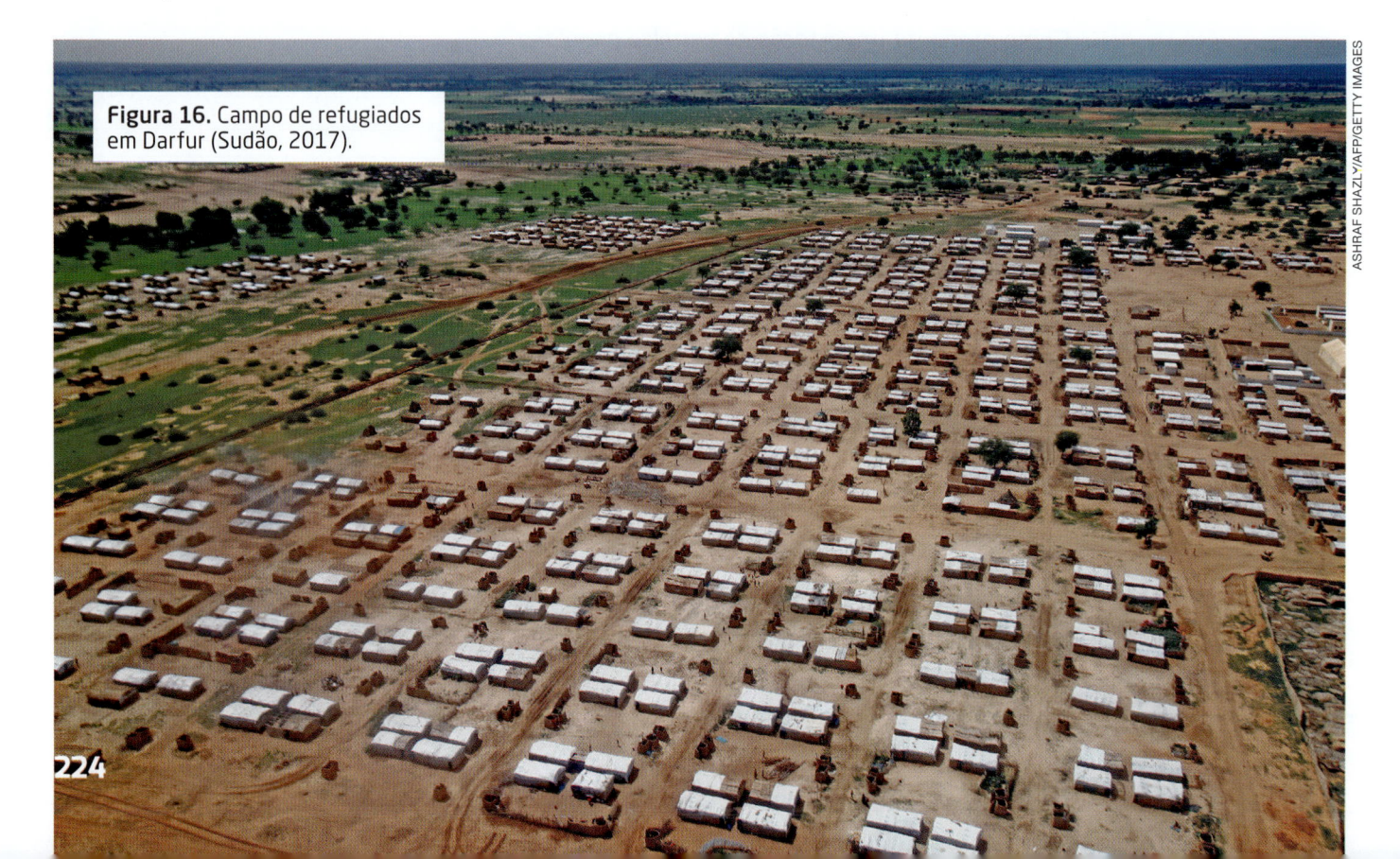

Figura 16. Campo de refugiados em Darfur (Sudão, 2017).

GENOCÍDIO EM RUANDA

Antes da colonização belga, o território de Ruanda era habitado por duas etnias rivais, os tútsis e os hutus, que constituíam a maioria da população. Após décadas de disputa pelo poder, em 1994 teve início uma guerra civil no país. Em decorrência, os hutus, que estavam no poder, promoveram um genocídio que resultou na morte de mais de um milhão de tútsis e na fuga de dois milhões de pessoas, além de disseminar a rivalidade entre essas etnias para o Burundi e a República Democrática do Congo.

Hoje, Ruanda percorre um longo caminho de reconciliação entre as etnias. Com esse objetivo, uma das medidas tomadas pelo atual governo do país foi retirar a identificação de etnia dos documentos de identidade de seus cidadãos.

A SEPARAÇÃO DO SUDÃO

Em 2011, houve a separação do Sudão em dois países: o **Sudão** e o **Sudão do Sul**. O norte do Estado sudanês era formado por uma população majoritariamente muçulmana de origem árabe, enquanto o sul era constituído de uma população negra e praticante do animismo e do cristianismo.

A separação foi resultado de décadas de insatisfações da população da porção sul do território, pois a riqueza gerada pela exploração do petróleo no país ficava concentrada nas mãos da população do norte (figura 17).

Entre 1956 e 2005, a guerra civil entre essas duas regiões resultou em dois milhões de mortos e quatro milhões de refugiados.

CONFLITOS NO SUDÃO DO SUL

No final de 2013, iniciou-se no Sudão do Sul um conflito entre duas facções do exército, representando duas etnias rivais (dunkas e nuer). O fato de a economia do país estar em crise também contribuiu para o início dos embates. A guerra impediu colheitas e o plantio, agravando ainda mais a situação. Segundo a ONU, a fome pode atingir mais de 5,5 milhões de pessoas no Sudão do Sul, contribuindo para o aumento do número de deslocados: mais de dois milhões de refugiados se dirigem para Quênia, Uganda, Etiópia e Sudão.

PARA ASSISTIR

- **Hotel Ruanda**
  Direção: Terry George.
  África do Sul/EUA/Itália, 2004.

  O filme conta a história de um gerente de hotel em Kigali (capital de Ruanda), que salvou milhares de pessoas durante a guerra civil entre tútsis e hutus em 1994.

Animismo: religião de acordo com a qual todos os elementos da natureza possuem uma alma e agem com alguma intenção.

De olho no mapa

Qual dos dois territórios apresenta melhor infraestrutura para o processamento do petróleo e para seu transporte?

FIGURA 17. SUDÃO E SUDÃO DO SUL: INFRAESTRUTURA DE EXPLORAÇÃO DE PETRÓLEO

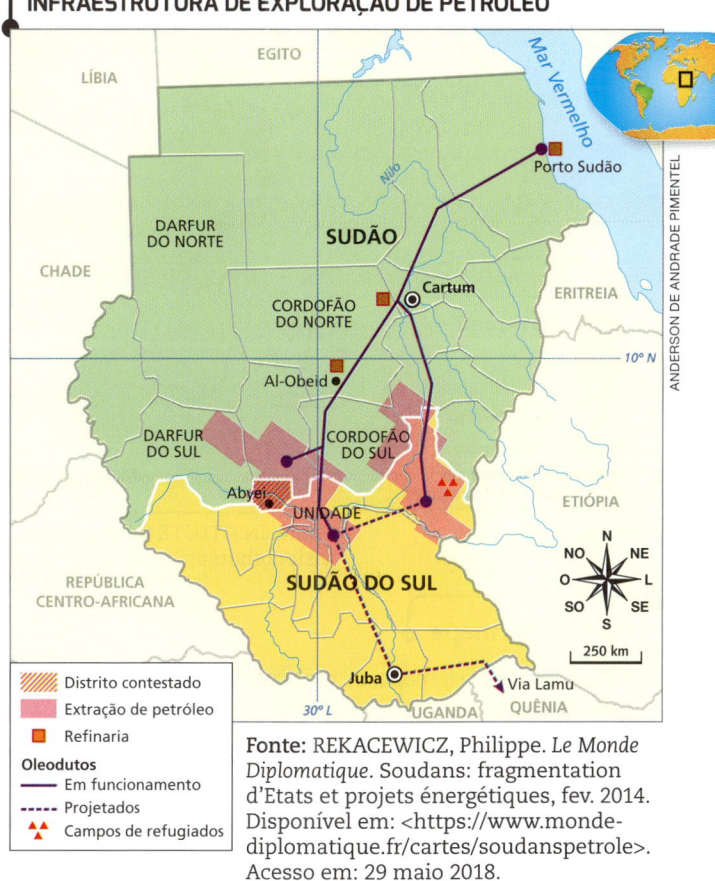

Legenda:
- Distrito contestado
- Extração de petróleo
- Refinaria
- Oleodutos
  - Em funcionamento
  - Projetados
- Campos de refugiados

Fonte: REKACEWICZ, Philippe. *Le Monde Diplomatique*. Soudans: fragmentation d'Etats et projets énergétiques, fev. 2014. Disponível em: <https://www.monde-diplomatique.fr/cartes/soudanspetrole>. Acesso em: 29 maio 2018.

TERRORISMO NA ÁFRICA

De maneira bastante genérica, pode-se afirmar que o terrorismo é um tipo de ação caracterizado pelo emprego sistemático de métodos violentos para criar situações de medo, visando algum objetivo político.

No decorrer da História, as ações terroristas apresentaram motivações de vários tipos, de acordo com o contexto da época.

Na atualidade, muitos dos países que mais sofrem com atividades terroristas no mundo estão na África (figura 18). Os grupos terroristas que atuam nesse continente visam principalmente a criação de um Estado Islâmico, baseado no Corão (o livro sagrado dos muçulmanos) e na *sharia*, a lei tradicional islâmica, sendo os mais expressivos desses grupos o Boko Haram, na Nigéria, e o al-Shabaab, na Somália.

Em diferentes níveis, esses grupos extremistas encontram terreno fértil para crescer em países onde a miséria é uma realidade quase intransponível para milhões de pessoas.

PARA PESQUISAR

- **A ONU e a África**
<http://nacoesunidas.org/acao/africa>

A página da ONU no Brasil apresenta uma série de informações e notícias sobre o continente africano.

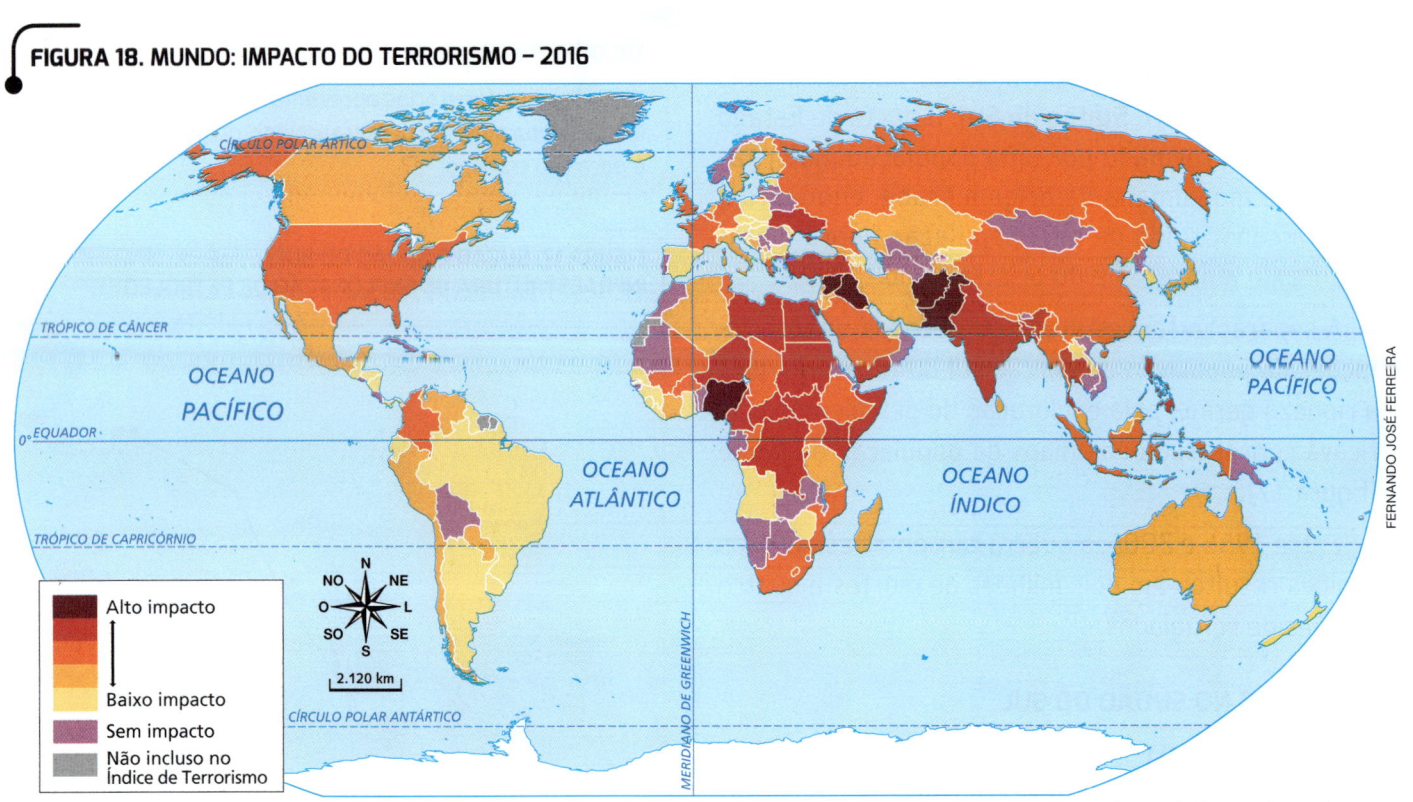

FIGURA 18. MUNDO: IMPACTO DO TERRORISMO – 2016

Fonte: INSTITUTE for Economics & Peace. *Global terrorism index 2017.* p. 10-11. Disponível em: <http://visionofhumanity.org/app/uploads/2017/11/Global-Terrorism-Index-2017.pdf>. Acesso em: 28 maio 2018.

De olho no mapa

1. De acordo com o mapa, as práticas terroristas estão mais presentes em quais continentes?
2. Qual é o país africano representado em um tom de vermelho mais escuro? Interprete o uso dessa cor no contexto do continente.
3. Identifique em um mapa político da África os países em que o terrorismo apresenta mais ameaças.

Figura 19. Grupo de crianças em um campo para refugiados criado pela ONU, em Niffa (Nigéria, 2015). Os nigerianos que se abrigam nesse campo fogem do grupo islâmico Boko Haram.

CONFLITO NA NIGÉRIA

Na Nigéria, as regiões norte e sul apresentam importantes diferenças étnico-religiosas. A população do norte é composta por etnias que seguem o islamismo (como os hauçás), enquanto a população do sul é predominantemente animista ou cristã.

No norte da Nigéria, o grupo extremista Boko Haram (que quer dizer "a educação ocidental é um pecado") tem forte atuação. Seu objetivo é criar um Estado Islâmico no país e seus métodos vão de atentados ao sequestro de mulheres. Chade e Camarões também vêm combatendo os militantes do Boko Haram, com medo de que as ações do grupo atinjam territórios e que o movimento ganhe adeptos em seus países (figura 19).

O *APARTHEID* NA ÁFRICA DO SUL

Em 1948, a elite branca da África do Sul instituiu uma política de segregação racial, chamada de *apartheid*. Além de determinar os espaços públicos que os negros poderiam frequentar (como parques, praças, ruas e escolas), o *apartheid* criou a separação de bairros, concentrando a população negra em locais com más condições de acesso a infraestrutura e serviços públicos. Durante a política do *apartheid*, a desigualdade econômica entre brancos e negros se acentuou. A população branca, que detinha representação política, se beneficiava de suas condições para obter os melhores empregos, em detrimento da população negra.

Esse regime chegou ao fim na década de 1990, com a transformação do sistema político do país, o estabelecimento de uma nova constituição e a libertação e posterior eleição de Nelson Mandela para presidente. Mandela ingressou na vida política ainda jovem. Mantido preso por 27 anos em virtude de sua oposição ao sistema de segregação racial na África do Sul, tornou-se a principal referência da luta antiapartheid.

O fim desse regime, no entanto, não solucionou os problemas sociais do país. Ainda hoje, a África do Sul apresenta uma elevada concentração de renda.

DEMOCRATIZAÇÃO DO CONTINENTE

Apesar do histórico de conflitos e de governos autoritários, a democracia e a liberdade têm sido demandas da população africana. Cabo Verde, Gana, Angola (figura 20) e África do Sul são países onde a democracia está consolidada.

O mapa da figura 21 representa a classificação do grau de democracia existente em cada país africano; essa classificação baseia-se na legitimidade e no pluralismo das eleições, no respeito às liberdades civis, no funcionamento do regime político e no envolvimento político da população.

A democracia também figura como condição para que muitos países obtenham empréstimos de organizações multilaterais, como o Fundo Monetário Internacional (FMI) e o Banco Mundial, que investem no desenvolvimento de infraestrutura nos países (como construção de portos, rodovias, ferrovias e aeroportos) e financiam a produção agrícola e a extração de recursos naturais.

Figura 20. Eleitor deposita o seu voto em uma urna, durante as eleições em Luanda (Angola, 2017).

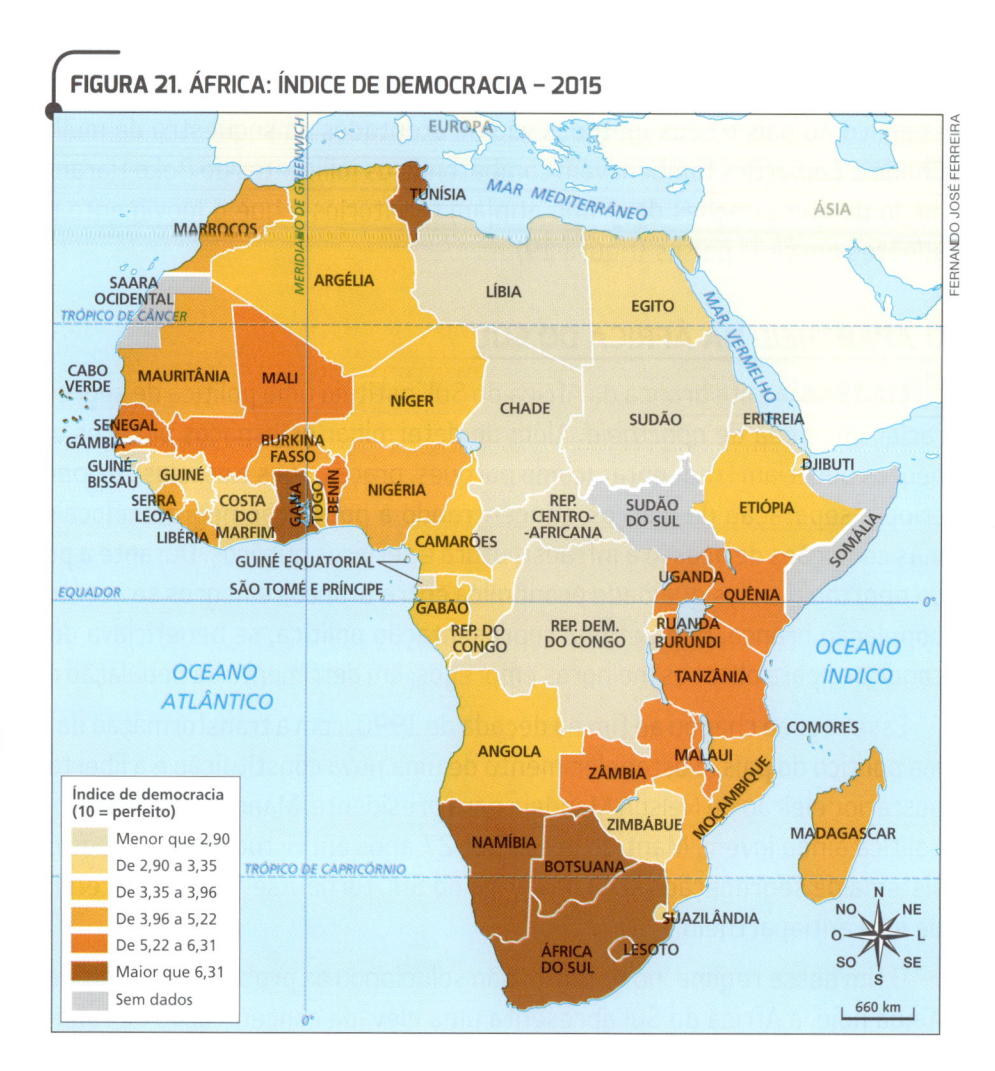

De olho no mapa

Quais países africanos apresentam os melhores índices de consolidação da democracia? E quais são os menos democráticos?

FIGURA 21. ÁFRICA: ÍNDICE DE DEMOCRACIA – 2015

Índice de democracia (10 = perfeito):
- Menor que 2,90
- De 2,90 a 3,35
- De 3,35 a 3,96
- De 3,96 a 5,22
- De 5,22 a 6,31
- Maior que 6,31
- Sem dados

Fonte: THE ECONOMIST. Disponível em: <https://pt.actualitix.com/pais/afri/africa-indice-de-democracia.php>. Acesso em: 29 maio 2018.

PRIMAVERA ÁRABE

A **Primavera Árabe** foi uma sequência de manifestações populares que se iniciaram no final de 2010 e derrubaram governos autoritários que se encontravam há décadas no poder em alguns países do Norte da África, como Egito, Tunísia, Argélia, Líbia, e no Oriente Médio, Síria, Bahrein e Iêmen.

No Egito, as manifestações populares se iniciaram em 2011, no Cairo, e se disseminaram para outras cidades. Esse movimento foi responsável pela queda de Hosni Mubarak, ditador que estava no poder havia 30 anos. As manifestações reuniram pessoas de diferentes religiões e posicionamentos políticos, que tinham por objetivos aumentar a liberdade e instaurar a democracia no país (figura 22).

ALGUMAS CONSEQUÊNCIAS DA PRIMAVERA ÁRABE

Os movimentos da Primavera Árabe, a onda revolucionária que varreu o mundo islâmico, não trouxe mudanças efetivas nos países atingidos por ela. A Tunísia foi a exceção nesse cenário, pois consolidou seu processo democrático (figura 23).

No Egito, o exército deu um golpe de Estado em 2013, acabando com as possibilidades de dissidência e promovendo a prisão de mais de 60 mil pessoas, instaurando uma ditadura. A situação econômica do país também se deteriorou.

Na Líbia, a derrubada do ditador Muamar Gadhafi, com auxílio das forças ocidentais, criou um vazio no poder, ocupado hoje em dia por milícias.

O pior dos resultados veio da Síria, onde as manifestações de 2011 foram reprimidas, dando início a uma guerra civil que perdura até hoje e que envolve também interesses das potências regionais, dos Estados Unidos e da Rússia. De 2011 a 2018, morreram cerca de 400 mil sírios e mais de 6,5 milhões de pessoas foram deslocadas (figura 24).

A Primavera Árabe chegou, no início de 2011, ao Bahrein e ao Iêmen e teve resultados diferentes. No Iêmen, as manifestações levaram a uma guerra civil que se arrasta até hoje, e no Bahrein, com a ajuda de tropas sauditas e dos Emirados Árabes Unidos, o governo reprimiu de maneira violenta as manifestações e a oposição.

Figura 22. População reunida na comemoração da queda do ditador Hosni Mubarak na Praça Tahrir, no Cairo (Egito, 2011).

Figura 23. Apesar dos avanços democráticos na Tunísia, desde a Primavera Árabe o país enfrenta alto desemprego e problemas econômicos. Na foto, manifestantes exibem um cartaz escrito: "A Constituição é igual para todos", em Túnis (Tunísia, 2018).

Figura 24. Destruição causada por ataques aéreos em Zardana, na província síria de Idlibo (Síria, 2018).

TEMA 4 — INTEGRAÇÃO REGIONAL E MUNDIAL

De que forma países como Estados Unidos, China, Inglaterra e França atuam na África?

INTEGRAÇÃO ECONÔMICA NO CONTEXTO GLOBAL

Durante a Guerra Fria, os Estados Unidos se firmaram como o principal parceiro econômico da África, estabelecendo acordos inclusive com os países menos desenvolvidos, localizados, em sua maioria, ao sul do Deserto do Saara.

Nos últimos anos, os Estados Unidos exportaram maquinários, veículos, platina, aviões e cereais (milho e trigo) para o continente africano, sobretudo para África do Sul, Egito, Argélia, Marrocos, Nigéria, Angola, Gana e Etiópia. Em contrapartida, o país importou produtos como petróleo bruto e diamantes, fornecidos principalmente por África do Sul, Nigéria, Argélia, Angola e Egito.

Na África atual, existem ainda intensas relações entre os países ex-colonizadores e suas ex-colônias no continente. O Reino Unido, por exemplo, mantém influência política e econômica em diversos países africanos por meio da **Commonwealth,** organização intergovernamental formada por ex-colônias do Império Britânico no mundo e alguns outros países. No continente africano, os membros da Commonwealth são Serra Leoa, Gana, Nigéria, Camarões, Quênia, Uganda, Tanzânia, Malawi, Zâmbia, Moçambique, Botswana, Namíbia e África do Sul.

A Commonwealth tem como objetivo sobretudo a promoção da democracia e dos direitos humanos nos países em que atua. Além disso, garante o escoamento dos produtos ingleses para as ex-colônias que são dependentes da importação de bens industrializados.

A França também mantém com suas ex-colônias africanas fortes relações econômicas e militares (figura 25). É comum que o Estado francês envie tropas para interferir em conflitos civis no continente, como ocorreu em Ruanda (1994), em Mali (2013) e na Costa do Marfim (2002, 2004).

Figura 25. Soldados da missão francesa Barkhane ao lado de crianças enquanto patrulham a cidade de In-Tillit (Mali, 2017).

RELAÇÕES COM A CHINA

A partir de 2009, a China passou a ser o principal parceiro econômico e comercial dos países africanos. Empresários chineses investem na exploração de recursos naturais no continente, como petróleo, minério e solos agricultáveis, visando o abastecimento alimentar da população chinesa e a obtenção de matéria-prima para o setor industrial (figura 26). O governo chinês investe na construção de obras de infraestrutura na África, com o objetivo de contribuir para a atuação das empresas chinesas nos países.

O aporte de capital chinês na África tem promovido crescimento econômico em alguns países, mas empresas chinesas não transferem tecnologia para as empresas locais, empregando a mão de obra local apenas para os postos de trabalho menos qualificados. Hoje em dia, é cada vez maior o número de chineses que migram para trabalhar e fixar residência nos países africanos — em todos eles há empresas chinesas em atuação (figura 27).

> **De olho no gráfico**
> Quais são os setores da economia africana que mais recebem investimento chinês?

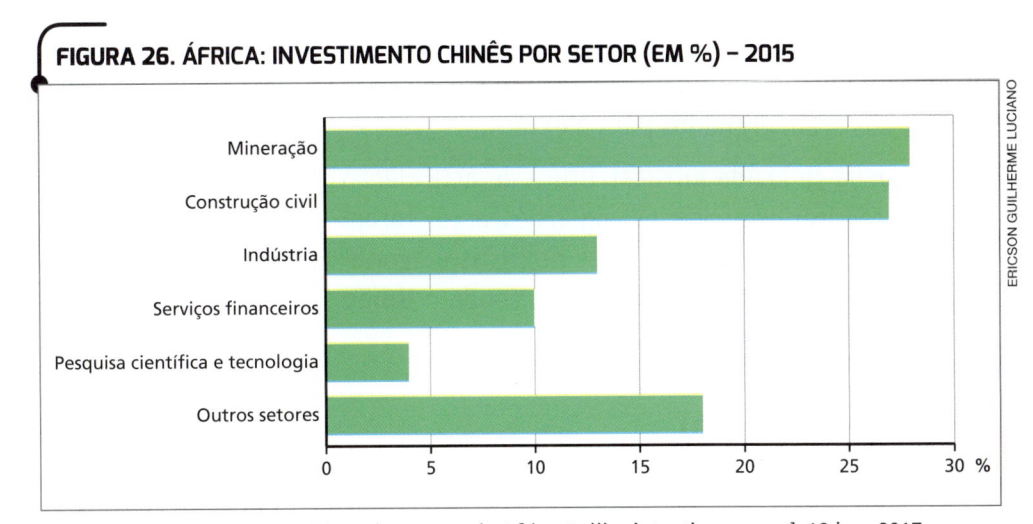

FIGURA 26. ÁFRICA: INVESTIMENTO CHINÊS POR SETOR (EM %) – 2015

Setores (aprox.):
- Mineração: ~28%
- Construção civil: ~27%
- Indústria: ~13%
- Serviços financeiros: ~10%
- Pesquisa científica e tecnologia: ~4%
- Outros setores: ~18%

Fonte: FINANCIAL TIMES. *Chinese investment in Africa*: Beijing's testing ground, 13 jun. 2017. Disponível em: <https://www.ft.com/content/0f534aa4-4549-11e7-8519-9f94ee97d996>. Acesso em: 29 maio 2018.

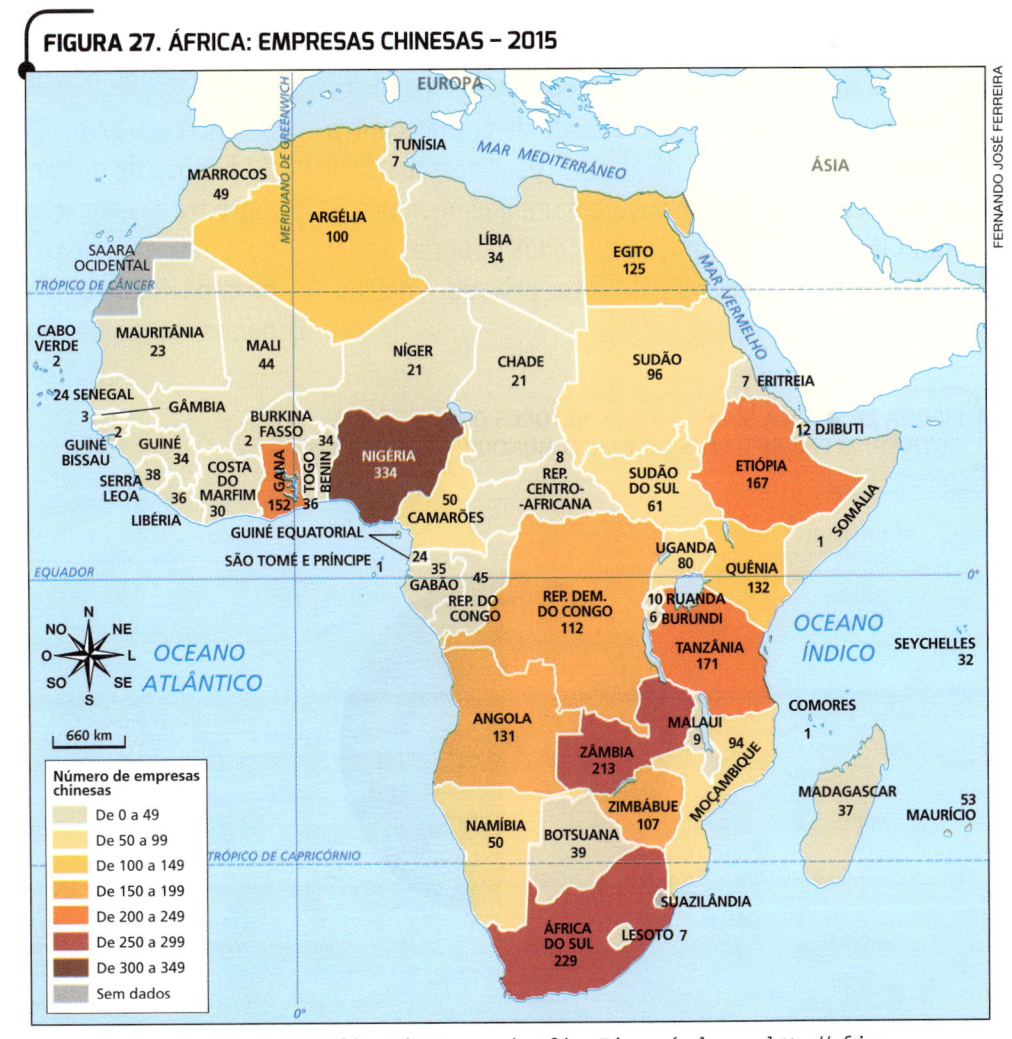

FIGURA 27. ÁFRICA: EMPRESAS CHINESAS – 2015

Número de empresas chinesas por país:
- Marrocos 49
- Argélia 100
- Tunísia 7
- Líbia 34
- Egito 125
- Saara Ocidental (sem dados)
- Cabo Verde 2
- Mauritânia 23
- Mali 44
- Níger 21
- Chade 21
- Sudão 96
- Eritreia 7
- Senegal 24
- Gâmbia 3
- Guiné Bissau 2
- Guiné 34
- Serra Leoa 38
- Libéria (sem dados)
- Costa do Marfim 36
- Burkina Fasso 2
- Gana 152
- Togo 34
- Benin 36
- Nigéria 334
- Camarões 50
- Rep. Centro-Africana 8
- Sudão do Sul 61
- Djibuti 12
- Etiópia 167
- Somália 1
- Guiné Equatorial 24
- São Tomé e Príncipe 1
- Gabão 35
- Rep. do Congo 45
- Rep. Dem. do Congo 112
- Uganda 80
- Quênia 132
- Ruanda 10
- Burundi 6
- Tanzânia 171
- Seychelles 32
- Angola 131
- Zâmbia 213
- Malaui 9
- Moçambique 94
- Comores 1
- Madagascar 37
- Maurício 53
- Namíbia 50
- Botsuana 39
- Zimbábue 107
- Suazilândia (sem dados)
- África do Sul 229
- Lesoto 7

Número de empresas chinesas: De 0 a 49; De 50 a 99; De 100 a 149; De 150 a 199; De 200 a 249; De 250 a 299; De 300 a 349; Sem dados.

Fonte: CHINA DAILY AFRICA. *Chinese investment in Africa*. Disponível em: <http://africa.chinadaily.com.cn/weekly/2015-11/27/content_22522846.htm>. Acesso em: 29 maio 2018.

> **De olho no mapa**
> Quais são os países africanos onde há maior número de empresas chinesas?

INTEGRAÇÃO REGIONAL

A integração dos países africanos permanece pouco articulada. Durante a colonização foram construídas ferrovias e estradas que conectavam o interior (áreas produtoras de gêneros de exportação) aos portos. Esse processo foi denominado **sangria do território**, já que os recursos eram drenados para o exterior.

Apesar da reduzida infraestrutura de articulação entre os territórios africanos, alguns esforços foram feitos para aumentar as relações políticas e econômicas entre os países do continente, sendo a **União Africana (UA)** a principal delas.

UNIÃO AFRICANA (UA)

A UA foi criada em 2001, a partir da Organização da Unidade Africana (OUA), com o objetivo de integrar a economia e unir os povos africanos. A UA é formada por 54 países-membros – todos os Estados africanos, com exceção do Marrocos. Influenciados pela União Europeia, os princípios da UA são uma política comum de defesa, o direito de intervenção dos países-membros em determinado país da UA acusado de crimes contra a humanidade; o direito de intervir para restabelecer e manter a paz e a segurança em um país-membro, a pedido deste; a participação de todos – em especial das mulheres, dos jovens e do setor privado – nos assuntos da UA.

Assim, os Estados deveriam transferir para a União Africana algumas de suas competências nos domínios prioritários, como: paz e segurança continentais; segurança alimentar e erradicação da pobreza; proteção ao ambiente; luta contra epidemias e pandemias.

BANCO MUNDIAL

Diversas organizações mundiais atuam no continente africano com os objetivos de garantir o desenvolvimento econômico e social, facilitar o comércio internacional, ampliar o diálogo entre os governos locais e o setor privado, entre outros.

No continente africano, o Banco Mundial marca presença fornecendo empréstimos e financiando alguns programas governamentais com o objetivo de contribuir para melhorias em áreas como gestão pública, infraestrutura, educação, saúde e meio ambiente. Em geral, o Banco Mundial cobra taxas de juros sobre os empréstimos concedidos ao governo dos países e dá o prazo de algumas décadas para o pagamento.

Entre 2017 e 2020, a África Subsaariana recebeu 57 bilhões de dólares em empréstimos do Banco Mundial para a realização de melhorias nos serviços de saúde e nutrição, distribuição de água potável e aumento da capacidade de geração de energias renováveis nos países da região (figura 28).

FIGURA 28. ÁFRICA SUBSAARIANA: SETORES QUE OBTIVERAM EMPRÉSTIMOS DO BANCO MUNDIAL – 2017

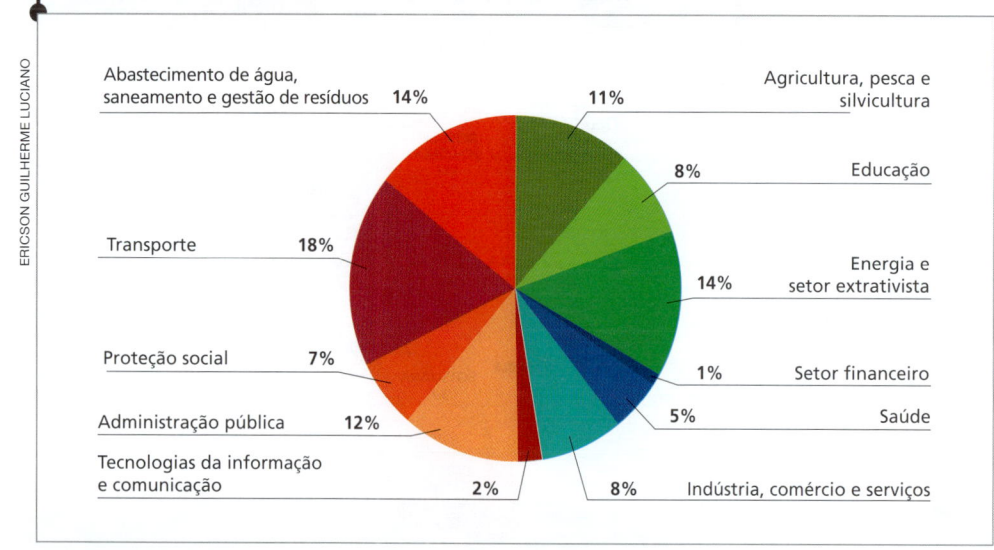

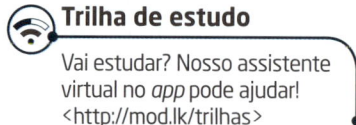

- Abastecimento de água, saneamento e gestão de resíduos: 14%
- Agricultura, pesca e silvicultura: 11%
- Educação: 8%
- Transporte: 18%
- Energia e setor extrativista: 14%
- Proteção social: 7%
- Setor financeiro: 1%
- Administração pública: 12%
- Saúde: 5%
- Tecnologias da informação e comunicação: 2%
- Indústria, comércio e serviços: 8%

Fonte: BANCO MUNDIAL. *Relatório Anual 2017*. p. 38. Disponível em: <https://openknowledge.worldbank.org/bitstream/handle/10986/27986/211119PT.pdf?sequence=9&isAllowed=y>. Acesso em: 29 maio 2018.

Trilha de estudo

Vai estudar? Nosso assistente virtual no *app* pode ajudar! <http://mod.lk/trilhas>

ORGANIZAÇÃO MUNDIAL DO COMÉRCIO

A Organização Mundial do Comércio (OMC) desenvolve ações para favorecer o livre-comércio entre os países do continente. A organização tem sido responsável pela gestão de acordos entre países e por dar assistência técnica comercial aos governos locais. Em 2018, por exemplo, auxiliou na criação da Área de Livre-Comércio da África (AfCFTA – sigla em inglês), uma área de mercado comum entre 54 países africanos (figura 29).

FUNDO MONETÁRIO INTERNACIONAL

Por meio de assistência técnica e financeira, o Fundo Monetário Internacional (FMI) visa promover a estabilidade financeira dos países africanos, garantir o nível de emprego e o crescimento econômico sustentável. Alguns países africanos, como o Quênia e a Nigéria, vêm recentemente se destacando no setor de inovação tecnológica. Para desenvolver melhor o setor, o órgão tem auxiliado os governos locais a adotarem leis mais simples, a fim de aumentar as oportunidades econômicas.

Figura 29. Em 2018, a Área de Livre-Comércio da África englobava um mercado com mais de 1 bilhão de pessoas e com um Produto Interno Bruto (PIB) de cerca de 3,4 trilhões de dólares. Na foto, líderes de países do continente africano durante o fechamento de acordo de comércio da Área de Livre-Comércio da África, em Kigali (Ruanda, 2018).

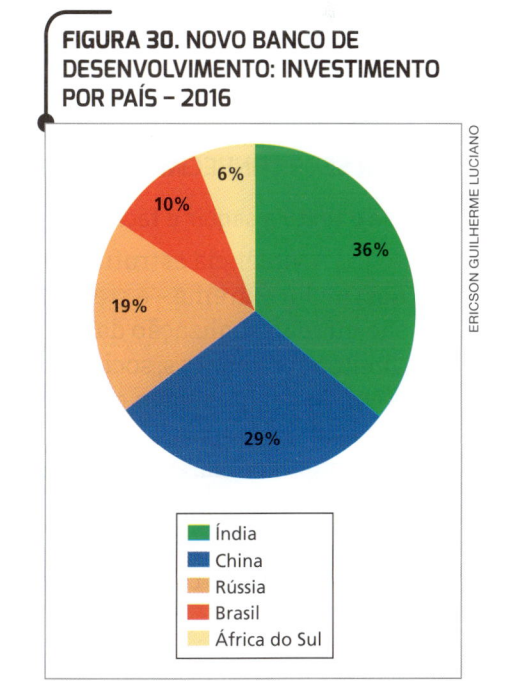

BRICS E O NOVO BANCO DE DESENVOLVIMENTO

Um dos países mais industrializados do continente, a África do Sul integra o Brics com Brasil, Rússia, Índia e China. Apesar de esses países terem situações econômicas um pouco diferentes e a China apresentar um desenvolvimento econômico maior, as trocas comerciais realizadas entre esses países vêm estimulando o crescimento da África do Sul, permitindo que o país dispute com a Nigéria a posição de liderança na economia do continente africano.

O Novo Banco de Desenvolvimento, instituição financeira do Brics criada em 2014, pretende ser uma alternativa ao Banco Mundial e ao Fundo Monetário Internacional, tendo o objetivo de atender aos interesses dos países do Brics (figura 30).

Além das organizações mundiais econômicas, a Organização das Nações Unidas (ONU) tem um papel importante na coordenação de diversos tipos de assistência ao continente africano, como ações de fortalecimento da democracia, integração cultural, ajuda humanitária, estabelecimento da paz entre nações em guerra, combate à violação dos direitos humanos, entre outros. Em 2018, o Programa das Nações Unidas para o Desenvolvimento (PNUD) da ONU implementou mais de 900 projetos em diversas áreas, como crescimento sustentável e inclusivo, mudanças climáticas, igualdade de gênero etc.

FIGURA 30. NOVO BANCO DE DESENVOLVIMENTO: INVESTIMENTO POR PAÍS – 2016

- Índia: 36%
- China: 29%
- Rússia: 19%
- Brasil: 10%
- África do Sul: 6%

Fonte: *BRICS Policy Center*. Disponível em: <http://bricspolicycenter.org/homolog/publicacoes/interna/7258?tipo=Fact%20Sheets>. Acesso em: 31 maio 2018.

ATIVIDADES

ORGANIZAR O CONHECIMENTO

1. Os conflitos étnicos-religiosos na África estão relacionados principalmente:

   a) ao passado imperialista e colonial europeu no continente.

   b) às constantes mudanças de fronteiras entre países.

   c) à expansão da religião muçulmana na África Subsaariana.

   d) a problemas como a seca ou grandes inundações, que obrigam o deslocamento de pessoas por países vizinhos.

   e) à busca de petróleo e de diamantes.

2. Em relação à Primavera Árabe, podemos dizer que foi um movimento:

   a) que mudou as estruturas de governo nos países onde aconteceu, havendo uma verdadeira "onda de democracia".

   b) que teve força basicamente nos países do Oriente Médio, como Iêmen e Síria.

   c) embora tenha se espalhado por vários países, teve mais sucesso na Tunísia.

   d) que teve início no norte da África e se espalhou pela África Subsaariana.

   e) foi um movimento democrático que levou os militares ao poder, na maioria dos países onde ocorreu.

3. O que motivou o genocídio ocorrido em Ruanda? Qual foi o número de vítimas e de refugiados nesse evento?

4. Relacione a Primavera Árabe à Guerra da Síria.

APLICAR SEUS CONHECIMENTOS

5. Leia o texto a seguir e faça o que se pede.

   > [...] A violência estrutural [nos conflitos africanos] inclui extrema – e crescente – pobreza, exclusão ou marginalização da maioria em relação aos direitos econômicos, sociais, humanos e culturais, além da desigualdade em todos os aspectos. [...]
   >
   > UNESPCIÊNCIA. *Relações Internacionais*, Edição 93. 1º fev. 2018. Disponível em: <http://unespciencia.com.br/category/humanidades/relacoes-internacionais/>. Acesso em: 29 maio 2018.

   Reescreva o texto com suas palavras e explique o seu significado.

6. Analise o mapa a seguir e responda às questões.

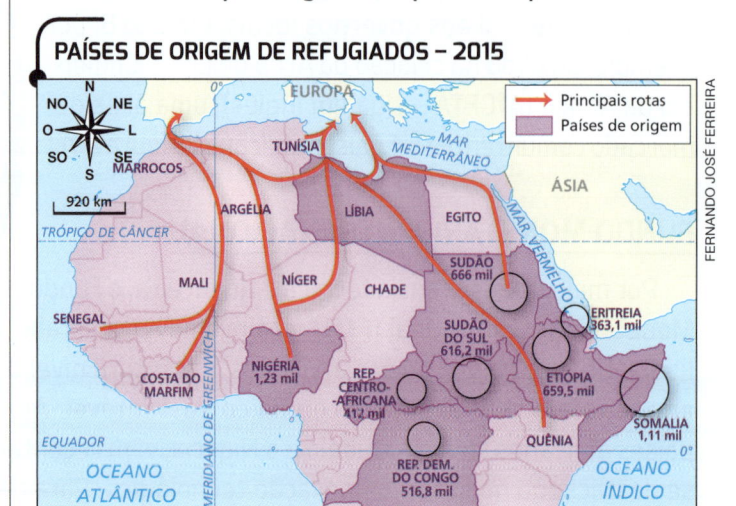

   PAÍSES DE ORIGEM DE REFUGIADOS – 2015

   Fonte: COCKBURN, Patrick. De onde vêm os refugiados e por quê. *O Globo*, 14 set. 2016. Disponível em: <https://oglobo.globo.com/mundo/de-onde-vem-os-refugiados-por-que-17480704>. Acesso em: 30 maio 2018.

   a) Quais países são os maiores emissores de refugiados?

   b) Quais são os motivos do grande fluxo de deslocamento africano em direção à Europa?

7. O gráfico abaixo representa os percentuais de assistência técnica proporcionada pelo Fundo Monetário Internacional (FMI) em diversas regiões do mundo. Observe os dados e responda.

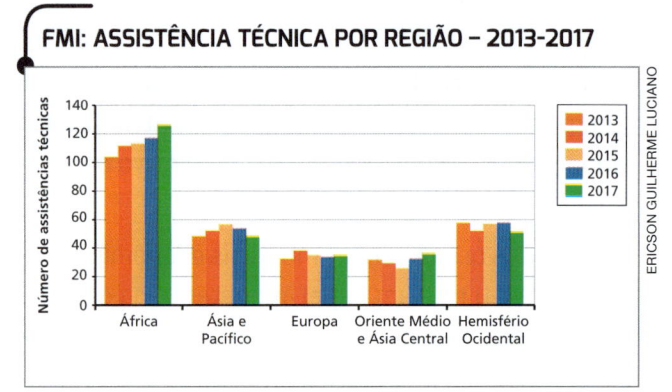

   FMI: ASSISTÊNCIA TÉCNICA POR REGIÃO – 2013-2017

   Fonte: FUNDO MONETÁRIO INTERNACIONAL. *Imf annual report 2017*. Disponível em: <https://www.imf.org/external/pubs/ft/ar/2017/eng/capacity-development.htm#numbers>. Acesso em: 29 maio 2018.

   a) Qual é o papel do FMI?

   b) Qual é a região do mundo que recebeu a maior quantidade de assistência financeira do FMI entre 2013 e 2017? Durante esse período, o que ocorreu nessa região?

8. Leia o trecho da reportagem e responda às questões.

"[...] Embora seja verdade que países como Uganda, Camarões e Guiné Equatorial ainda sejam trincheiras de velhos dinossauros, e que no Egito e Burundi acampam tiranos recém-saídos do forno, a democracia, ao menos formalmente, avança pelo continente, e os golpes de Estado são cada vez menos tolerados.

Esse avanço político está intimamente ligado à emergência de uma classe média que precisa de paz e estabilidade e ao avanço da educação, com passo firme, apesar de alguns tropeços, em todos os países do continente. Embora os desafios sejam enormes e haja 33 milhões de crianças sem acesso à educação primária na África Subsaariana, a reunião da Aliança Mundial pela Educação realizada em fevereiro deste ano em Dacar serviu como estímulo aos Governos para incrementar os orçamentos nessa rubrica (chegando a 20% de seus PIBs). [...]"

NARANJO, José. A hora da metamorfose africana. *El País*, 25 maio 2018. Disponível em: <https://brasil.elpais.com/brasil/2018/05/23/actualidad/1527080406_444155.html>. Acesso em: 27 maio 2018.

a) A reportagem faz referência a qual processo político em curso no continente africano?

b) De acordo com a reportagem, esse processo político está relacionado a quê?

9. "Pelo menos mil crianças foram sequestradas pelo grupo terrorista Boko Haram no nordeste da Nigéria desde 2013. [...] Desde o início do conflito no país africano, há quase nove anos, pelo menos 2.295 professores foram mortos e mais de 1,4 mil escolas foram destruídas. A maioria desses colégios não reabriu suas portas em consequência dos danos extremos ou da insegurança constante."

ONU BRASIL. *Boko Haram sequestrou mais de mil crianças na Nigéria desde 2013, revela UNICEF*. Disponível em: <https://nacoesunidas.org/boko-haram-sequestrou-mais-de-mil-criancas-na-nigeria-desde-2013-revela-unicef/>. Acesso em: 27 jul. 2018.

Explique o que é o Boko Haram e qual é o objetivo da atuação desse grupo.

10. (Uema-2017) Contemporaneamente, na África, há 'povos' que estão em territórios de países com grande efervescência de lutas internas, rivalidades tribais, variados conflitos causados pelo estabelecimento de um modelo de divisão política em Estado-Nação.

O quadro descrito é resultado de um processo histórico construído a partir da expansão marítimo-comercial, iniciado no século XV e que hoje traduz um cenário de conflitos, de pobreza e de dependência.

Os motivos geradores do quadro de conflitos vivenciados na África são

a) a colonização europeia e, posteriormente, a descolonização, após a Segunda Guerra, que deixou dentro de um Estado-Nação uma diversidade de povos, outrora livres, com idiomas e costumes muito diferentes, mas que agora estão em um mesmo país.

b) a interferência da Europa e dos E.U.A. na economia de mineração, que gera lutas entre grupos que desejam assumir o poder nacional e a diminuição de espaços voltados à agricultura de subsistência, substituídos pela agricultura mecanizada.

c) a luta pelas riquezas minerais entre os povos de diferentes culturas e religiões que se pretendem sobrepor aos demais e a colonização estadunidense na porção sul-africana na primeira metade do século XX.

d) a colonização europeia que escravizou a maior parte da população do centro-norte africano, submetendo os povos à fuga para o sul, gerando conflitos entre esses povos e o advento do islamismo a partir dos sunitas que pregam a guerra pela fé.

e) a colonização e a neocolonização do continente africano pelos estadunidenses e europeus, respectivamente, que impuseram o modelo de divisão política em países, sem considerar as diferenças entre os brancos, do norte, os pardos do Saara e os negros do sul.

DESAFIO DIGITAL

11. Acesse o objeto digital *Apartheid*, disponível em <http://mod.lk/desv8u8>, e faça o que se pede.

a) Quais exemplos do vídeo demonstram que o *apartheid* foi uma política de segregação racial?

b) Por que o fim do regime de *apartheid* não foi suficiente para solucionar os problemas da África do Sul?

c) De acordo com os seus conhecimentos, comente o desenvolvimento industrial da África do Sul.

Mais questões no livro digital

REPRESENTAÇÕES GRÁFICAS

Mapas quantitativos: pontos de contagem

Os **mapas quantitativos** evidenciam a relação de proporcionalidade entre os objetos. Fenômenos quantitativos no mapa podem ter implantação pontual, zonal (por meio de pontos agregados) ou linear, com variação da espessura das linhas.

O mapa quantitativo abaixo foi construído pelo **método dos pontos de contagem**. Esse método estabelece pontos que representam determinada quantidade e são distribuídos à medida que o fenômeno ocorre no espaço.

Ao mesmo tempo que permite demonstrar a magnitude total do fenômeno em uma área (contando os pontos e multiplicando o número deles pelo valor que cada um representa), esse tipo de mapa possibilita descrever a densidade do fenômeno (observando onde há maior ou menor concentração de pontos).

Observe o mapa.

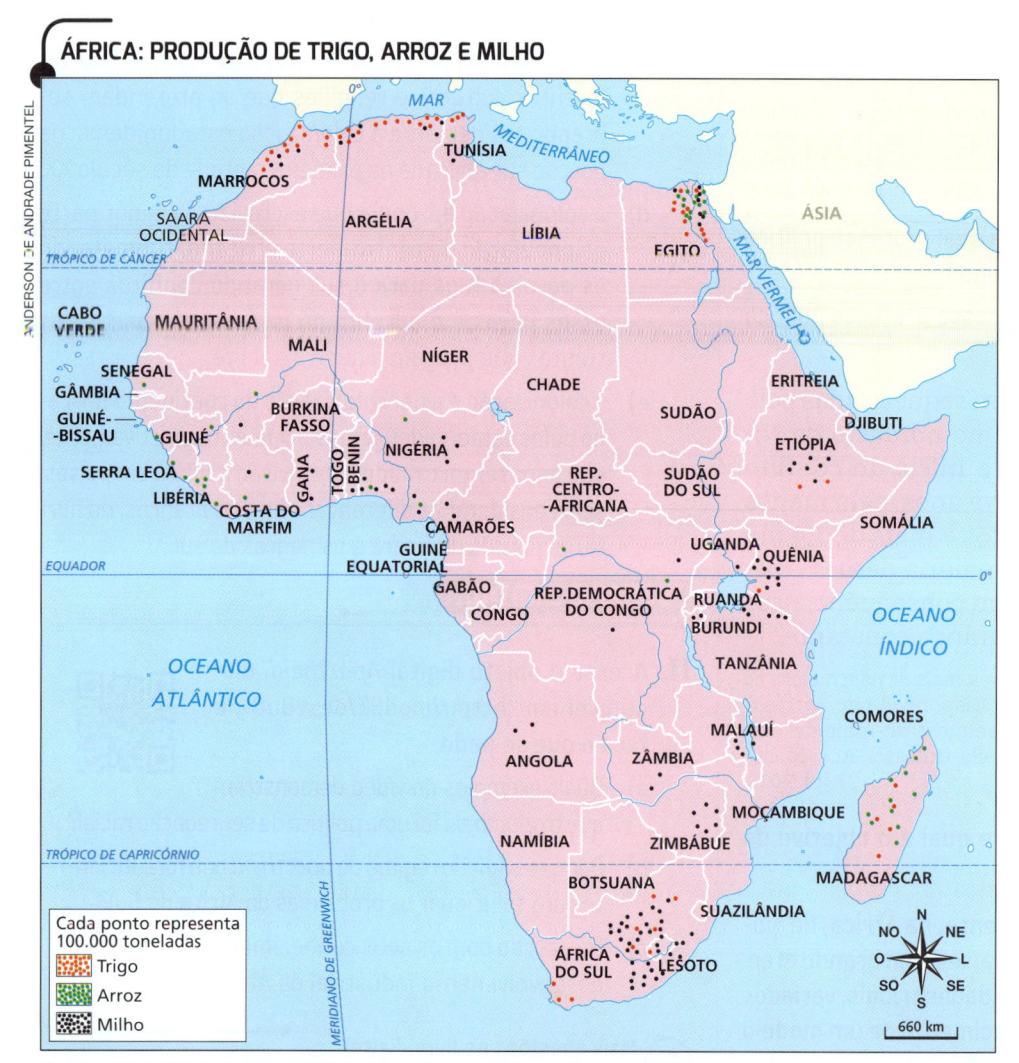

ÁFRICA: PRODUÇÃO DE TRIGO, ARROZ E MILHO

Cada ponto representa 100.000 toneladas
- Trigo
- Arroz
- Milho

Fonte: CHARLIER, Jacques (Dir.). *Atlas du 21ᵉ siècle*. Paris: Nathan, 2013. p. 187.

ATIVIDADES

1. A que corresponde cada ponto no mapa?

2. Que outros fenômenos podem ser representados em um mapa elaborado pelo método dos pontos de contagem?

3. Onde se localizam as maiores concentrações de produção de milho, arroz e trigo na África? Explique como você chegou a essa resposta.

ATITUDES PARA A VIDA

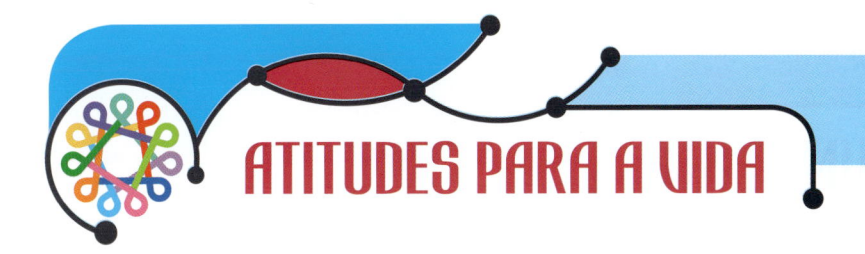

Fonio contra a fome

A África tem a maior proporção de população rural do mundo. A distribuição de terras é desigual em parte significativa dos países africanos e o campo apresenta baixa produtividade, o que gera fome, desnutrição, entre outros problemas. Leia o relato de uma experiência que vem sendo realizada em Gana e que visa combater essas questões.

> "Combater a fome no mundo poderia até ser um desejo clichê, se não fosse o trabalho da africana Salma Abdulai. Natural de Gana, onde mais de 50% das crianças sofrem de desnutrição e a fome faz 3,5 milhões de vítimas fatais todos os anos, ela decidiu reverter as estatísticas com esforço próprio.
>
> [...] Formada em Tecnologia Agrícola e pós-graduada em Economia Agrícola, ela tem promovido uma verdadeira revolução agrícola e social em seu país. [...]
>
> Depois de anos de estudo, Salma redescobriu o potencial do fonio, um cereal indígena altamente nutritivo, que estava em desuso há seis décadas por conta da introdução do arroz e de outros tipos de grãos. Feito isso, concentrou esforços para abrir seu próprio negócio, dedicado a produzir e comercializar o produto de um jeito um tanto quanto poderoso.
>
> Durante as pesquisas, ela identificou a possibilidade de cultivar o fonio em qualquer tipo de solo, do mais seco ao mais úmido. E bastavam oito semanas para que ele amadurecesse. Nascida e criada em Tamale, no norte de Gana, onde mulheres não podem ser donas de terra, ela forneceu terrenos – até então inférteis – a centenas de moradoras sem terra e as capacitou para o cultivo do cereal [...]".

CARASCO, Daniela. Contra desnutrição e machismo, africana cria negócio com mulheres sem terra. *Universa Uol*, 26 mar. 2018. Disponível em: <https://universa.uol.com.br/noticias/redacao/2018/03/26/salma-abdulai-combate-a-desnutricao-em-gana-e-capacita-mulheres-produtoras.htm?utm_source=facebook.com&utm_medium=social&utm_campaign=fb-estilo&utm_content=geral>. Acesso em: 19 mar. 2018.

O fonio é um cereal rico em ferro, carboidratos e proteínas, por isso possui alto valor nutritivo. Além de saudável, a produção de fonio é ambientalmente adequada, já que controla a erosão e não demanda grande quantidade de água. Na foto, homem colhendo fonio na aldeia de Tumania (Senegal, 2017).

ATIVIDADES

1. Cite duas atitudes que Salma Abdulai teve ao estudar o valor nutritivo do fonio e pesquisar os impactos ambientais de sua produção. Justifique sua resposta.

2. O trecho "onde mulheres não podem ser donas de terra, ela forneceu terrenos" pode ser associado a que atitude abaixo:
   a) Controlar a impulsividade.
   b) Persistir.
   c) Imaginar, criar e inovar.

COMPREENDER UM TEXTO

A desigualdade no acesso à tecnologia é um dos grandes problemas do mundo atual e um importante desafio para as próximas décadas. Alguns países do continente africano – muitos marcados pela desigualdade social – têm vivenciado situações nas quais o uso de tecnologias tem ajudado a promover a justiça social e o desenvolvimento, mesmo em locais onde predominam os modos de vida tradicionais. Leia sobre um desses exemplos no texto a seguir.

Tecnologia digital e educação no continente africano

"A poucas horas de carro ao norte da capital queniana de Nairobi, [...] a escola primária de Kiltamany era só um esqueleto: um punhado de longas carteiras de madeira e um pedaço de quadro-negro tentando servir a centenas de estudantes das aldeias vizinhas. Agora, a Escola Primária de Kiltamany tornou-se um exemplo de sucesso de uma sala de aula sem fio e habilitada para tecnologia, graças às mentes emergentes da comunidade tecnológica em expansão do Quênia.

Usando *tablets* [...] meninos e meninas estão aprendendo a ler e a desenvolver habilidades matemáticas básicas, entre outros objetivos educacionais, enfatizando a ideia de que o conhecimento é poder e ampliando seu crescimento futuro. Além disso, as mulheres Samburu, cujas tradições e costumes costumam mantê-las em casa, também estão indo à escola, dando um exemplo para seus filhos, fazendo algo que nunca antes conseguiram fazer. [...]

Para o Quênia e muitos dos países vizinhos, essa jornada começou com a internet de banda larga. Uma década atrás, a África Oriental – e a África em geral – ficava à margem do resto do mundo, desconectada da internet de alta velocidade que atravessava oceanos, países e continentes para construir uma comunidade global em rede. A região obteve seus primeiros cabos de fibra óptica em 2010, semeando o florescimento das comunidades tecnológicas. [...]

Para as mulheres da tribo Samburu, os avanços tecnológicos permitiram que elas usassem *tablets* para ampliar suas habilidades e conhecimentos, aumentando o valor da educação nessa tribo tradicionalmente nômade. 'Elas querem inspirar seus filhos a levar a educação a sério', diz o fotógrafo esloveno Ciril Jazbec. [...]

Jazbec diz que seu tempo com os Samburu lhe apresentou contrastes interessantes: uma hora ele fotografava uma sala de aula digital. Na próxima, ele estava de volta à aldeia Samburu, onde eles vivem um estilo de vida tribal tradicional. [...]

Jornada: esforço realizado para conseguir algo.
Florescimento: que floresce, nasce e se expande.
Nômade: aquele que não tem residência fixa, sem habitação permanente.

Por um lado, as telas estão tomando conta de nossas vidas. Por outro lado, a tecnologia pode ser usada como solução, inspirando e preparando a próxima geração do Quênia a fazer parte da paisagem competitiva global."

PETRI, Alexandre. Como a tecnologia está revolucionando as salas de aula na África rural. *National Geographic Brasil*, 10 jan. 2018. Disponível em: <https://www.nationalgeographicbrasil.com/fotografia/2018/01/como-tecnologia-esta-revolucionando-salas-de-aula-na-africa-rural>. Acesso em: 30 maio 2018.

ATIVIDADES

OBTER INFORMAÇÕES

1. Identifique no texto o nome e a respectiva capital do país abordado na reportagem.

2. De acordo com o texto, qual fator tem permitido que o Quênia e seus países vizinhos melhorem seus índices educacionais?

INTERPRETAR

3. Segundo o texto, qual é a importância que o acesso à tecnologia e à internet tem para as mulheres da tribo Samburu?

4. Qual é o contraste que o fotógrafo esloveno Ciril Jazbec observou no processo de introdução da tecnologia na vida dos membros da tribo Samburu?

REFLETIR

5. Em sua opinião, existe alguma desvantagem no uso de tecnologia por sociedades organizadas a partir de modos de vida tradicionais? Justifique sua resposta.

PESQUISAR

6. Atualmente, o uso de tecnologias tem sido um elemento determinante no desenvolvimento econômico dos países: de maneira geral, os países mais desenvolvidos são os que mais investem em inovação tecnológica. Selecione dois países do continente africano e pesquise sobre o uso de uma tecnologia que tenha tido um papel importante na melhoria de vida de suas populações. No caderno, escreva o nome do país, sua capital, sua população, o recurso tecnológico utilizado e por que foi utilizado. Em sala de aula, compartilhe as informações com os demais alunos.

239

JOVEM EM FOCO

Bullying

Uma das maneiras em que a intolerância se manifesta entre estudantes é na prática do *bullying*. Essa palavra, de origem inglesa, qualifica comportamentos agressivos em âmbito escolar, intencionais e repetitivos, contra colegas que não se encontram em condições de contestar.

Esses comportamentos são injustificáveis e podem ter diferentes motivações e formas. Por isso, é necessário que todos da comunidade escolar fiquem atentos e colaborem no sentido de coibir essa prática. As formas de *bullying* são:

- "**Verbal** (insultar, ofender, falar mal, colocar apelidos pejorativos, "zoar").
- **Física e material** (bater, empurrar, beliscar, roubar, furtar ou destruir pertences da vítima).
- **Psicológica e moral** (humilhar, excluir, discriminar, chantagear, intimidar, difamar).
- **Sexual** (abusar, violentar, assediar, insinuar).
- **Virtual** ou **Cyberbullying** (*bullying* realizado por meio de ferramentas tecnológicas: celulares, filmadoras, internet etc.)."

SILVA, Ana Beatriz Barbosa. *Bullying*. Projeto Justiça nas Escolas. 2. ed. Brasília: CNJ, 2015. p. 7.

Veja a seguir dados de uma pesquisa que revelam a percepção de estudantes do 9º ano sobre o comportamento dos colegas.

Brasil: comportamento de alunos do 9º ano – 2015		
Frequência	Alunos cujos colegas de escola os trataram bem e/ou foram prestativos com eles nos 30 dias anteriores à pesquisa	Alunos que se sentiram humilhados por provocações de colegas da escola nos 30 dias anteriores à pesquisa
Nenhuma vez	7,8%	53,4%
Raramente ou às vezes	30,4%	39,2%
Na maior parte do tempo ou sempre	61,9%	7,4%

Fonte: IBGE. *Pesquisa nacional de saúde escolar 2015*. Tabelas 1.1.9.6 e 1.1.9.7. Disponível em: <www.ibge.gov.br/home/estatistica/populacao/pense/2015/default_xls.shtm>. Acesso em: 29 maio 2018.

Com a ajuda do professor, elaborem na lousa uma tabela com as 5 formas de *bullying* apontadas no texto e uma célula vazia ao lado de cada uma. Em seguida, contem quantos colegas da sala de aula presenciaram ou tiveram notícia de cada forma de *bullying* nos últimos 30 dias e completem a tabela.

Organizem uma roda de conversa para discutir o tema procurando responder à sequência de perguntas. Quanto mais pessoas participarem, mais rica será a discussão.

1. Que formas de *bullying* foram mais mencionadas pela turma? Em sua opinião, o que justifica esse resultado?

2. É fácil notar quando um jovem está sofrendo *bullying*? Quem passa por essa dificuldade tem um comportamento típico?

3. Os praticantes de *bullying* agem de que modo? Como reconhecer um agressor?

4. Os agressores têm noção do sofrimento que causam às suas vítimas? Por que motivos jovens passam a ter esse comportamento?

5. Você conversa sobre *bullying* com membros de sua família e da comunidade escolar com regularidade? A discussão sobre o tema no dia a dia é suficiente para conscientizar os jovens sobre a dimensão desse problema?

Depois de ouvirem as opiniões, os argumentos e os depoimentos dos colegas, construam uma resposta coletiva da turma para a seguinte pergunta: *De que maneira alunos, pais e professores podem prevenir a ocorrência de bullying e, se necessário, ajudar as vítimas a superar a situação?*

REFERÊNCIAS BIBLIOGRÁFICAS

ACHENBACH, Joel. Quando Yellowstone explode. *National Geographic Brasil*, São Paulo, ano 10, n. 113, p. 99-100, ago. 2009.

ALBERT, Aguinaldo Záckia. *O admirável novo mundo do vinho e as regiões emergentes*. São Paulo: Senac, 2006.

ALBUQUERQUE, José Augusto Guilhon. *Relações internacionais contemporâneas*: a ordem mundial depois da Guerra Fria. Petrópolis: Vozes, 2005.

ALBUQUERQUE, Manoel Maurício de et al. *Atlas histórico escolar*. 8. ed. Rio de Janeiro: FAE, 1991.

AMADO, Janaína; GARCIA, Ledonias Franco. *Navegar é preciso*: grandes descobrimentos marítimos europeus. São Paulo: Atual, 1989.

ANDRADE, M. C. *A questão do território no Brasil*. São Paulo; Recife: Hucitec/Ipespe, 1995.

_____. *O Brasil e a América Latina*. São Paulo: Contexto, 1989.

ANEQUIN, Guy. *Grandes civilizações desaparecidas*: a civilização dos maias. Rio de Janeiro: Famot, 1977.

Atlas du Monde Diplomatique. Paris: Armand Colin, 2011.

Atlas histórico. São Paulo: Encyclopaedia Britannica do Brasil, 1997.

Atlas histórico escolar. Rio de Janeiro: FAE, 1991.

AZEVEDO, Aroldo de. *O mundo antigo, expansão geográfica e evolução da Geografia*. São Paulo: Edusp/Desa, 1965.

BARRET-BRIGNON. *Géographie*: classe de terminale. Paris: Hartier, 1989.

BARSOTTI, Paulo; PERICÁS, Luiz B. (Org.). *América Latina*: história, ideias e revolução. São Paulo: Xamã, 1998.

BENKO, Georges. *Economia, espaço e globalização na aurora do século XXI*. São Paulo: Hucitec, 1996.

BERTIN, Jacques; VIDAL-NAQUET, Pierre. *Atlas histórico*. Lisboa: Círculo de Leitores, 1990.

BETANCOURT, Ingrid; DELLOYE-BETANCOURT, Mélanie e Lorenzo. *Cartas à mãe*: direto do inferno. Rio de Janeiro: Agir, 2008.

BOAHEN, Albert Adu (Org.). *História geral da África VII*: África sob dominação colonial, 1880-1935. Brasília: Unesco, 2010.

BOCHICCHIO, Vincenzo R. *Atlas mundo atual*. São Paulo: Atual, 2003.

BONIFACE, Pascal; VÉDRINE, Hubert. *Atlas do mundo global*. São Paulo: Estação Liberdade, 2009.

BOST, François (Org.). *Images économiques du monde 2014*: géoéconomie-géopolitique. Paris: Armand Colin, 2013.

BRIGAGÃO, C. E.; RODRIGUES, G. A. *A globalização a olho nu*: o mundo conectado. São Paulo: Moderna, 1998.

BROWN, Dee. *Enterrem meu coração na curva do rio*: a dramática história dos índios norte-americanos. Porto Alegre: L&PM, 2003.

BULLOCK, Richard. *Off track*: Sub-Saharan African railways. Washington: The International Bank for Reconstruction and Development/The World Bank, 2009.

CALDERONI, Sabetai. *Os bilhões perdidos no lixo*. 2. ed. São Paulo: Humanitas, 1998.

CARDOSO, R. C. L. Movimentos sociais urbanos: balanço crítico. In: SORJ, B. & ALMEIDA, M. H. T. (Org.). *Sociedade e Política no Brasil Pós-64*. São Paulo: Brasiliense, 1983.

CARLOS, Ana Fani A. (Org.). *A Geografia na sala de aula*. São Paulo: Contexto, 1999.

CASTRO, I. E. *Geografia*: conceitos e temas. Rio de Janeiro: Bertrand Brasil, 1997.

CHALIAND, Gérard; RAGEAU, Jean-Pierre. *Atlas estratégico e político*. Madri: Alianza, 1984.

CHARLIER, Jacques (Org.). *Atlas du 21e siècle*. Paris: Nathan, 2011.

CHIAVENATO, Júlio José. *Ética globalizada & sociedade de consumo*. São Paulo: Moderna, 2004.

CHOSSUDOVSKY, Michel. *A globalização da pobreza*. São Paulo: Moderna, 1999.

COMMAGER, Henry S. *O espírito norte-americano*. São Paulo: Cultrix, 1969.

COSTA E SILVA, Alberto da. *A África explicada aos meus filhos*. Rio de Janeiro: Agir, 2008.

COSTA, Wanderley M. da. *Geografia política e geopolítica*. São Paulo: Edusp, 1992.

DABÉNE, Olivier. *Atlas de l'Amérique latine*: le continente de toutes les révolutions. Nouvelle édition augmentée. Paris: Autrement, 2012.

DAMIANI, A. *População e Geografia*. São Paulo: Contexto, 2002.

DE AGOSTINI. *Calendario Atlante De Agostini 2015*. Novara: Istituto Geografico De Agostini, 2014.

DOWBOR, Ladislau. *Formação do Terceiro Mundo*. São Paulo: Brasiliense, 1982.

DOZER, Donald M. *América Latina*: uma perspectiva histórica. Porto Alegre: Globo, 1966.

DUBY, Georges. *Atlas histórico mundial*. Barcelona: Larousse, 2010.

DURAND, Marie-Françoise et al. *Atlas da mundialização*: compreender o espaço mundial contemporâneo. São Paulo: Saraiva, 2009.

ELIAS, D. *Globalização e agricultura*. São Paulo: Edusp, 2003.

FAO. *Agricultura familiar en América Latina y el Caribe*: recomendaciones políticas. Santiago: FAO, 2014.

FARIAS, A. A.; ANDRADE, F.; RANGEL Jr., M. J. Origem e dispersão dos humanos modernos. In: NEVES, W.; RANGEL Jr., M.; MURRIETA, R. (Org.). *Assim caminhou a humanidade*. 1. ed. São Paulo: Palas Athena, 2015, v. 1, p. 242-280.

FERREIRA, Graça M. L. *Atlas geográfico*: espaço mundial. 4. ed. São Paulo: Moderna, 2013.

_____. *Geografia em mapas*: países do Sul. 2. ed. São Paulo: Moderna, 2005.

_____. *Moderno atlas geográfico*. 5. ed. São Paulo: Moderna, 2011.

FURTADO, Celso. *A economia latino-americana*. São Paulo: Companhia Editora Nacional, 1976.

_____. *Formação econômica da América Latina*. 2. ed. Rio de Janeiro: Lia, 1970.

GALEANO, Eduardo. *As veias abertas da América Latina*. São Paulo: Paz e Terra, 1996.

GEERTZ, Clifford. In: Unesco. *Informe mundial sobre a cultura 2000*: diversidade cultural, conflito e pluralismo. São Paulo: Moderna, 2003.

GRESH, A. et al. *L'atlas 2010 du Monde Diplomatique*. Paris: Armand Colin, 2009.

HARVEY, D. *A condição pós-moderna*. São Paulo: Loyola, 1993.

HERNANDEZ, Leila Leite. *A África na sala de aula*: visita à história contemporânea. 4. ed. São Paulo: Selo Negro, 2008.

HILGEMANN, Werner; KINDER, Hermann. *Atlas historique*: des origines de l'humanité à nos jours. Paris: Perrin, 1992.

HUBERMAN, Leo. *História da riqueza dos Estados Unidos (Nós, o povo)*. São Paulo: Brasiliense, 1987.

IANNI, Octavio. *Imperialismo na América Latina*. Rio de Janeiro: Civilização Brasileira, 1974.

REFERÊNCIAS BIBLIOGRÁFICAS

IBAZEBO, Isimene. *Explorando a África*. São Paulo: Ática, 1999.

IBGE. *Atlas geográfico escolar*. 6. ed. Rio de Janeiro: IBGE, 2012.

JAMES, P. et al. *Geografia humana nos Estados Unidos*. Rio de Janeiro: Fórum, 1970.

LACOSTE, Yves. *Atlas géopolitique*. Paris: Larousse, 2007.

L'atlas Gallimard Jeunesse. Paris: Gallimard, 2002.

LE BILLON, Phillipe. Diamont Wars? Conflict Diamonds and Geographics of Resource Wars. In: *Annals of the Association of American Geographics*. Washington: Taylor & Francis, 2008.

LE MONDE DIPLOMATIQUE. *Atlas histórico de Le Monde Diplomatique*. Valência: Cybermonde, 2011.

_____. *El atlas geopolítico 2010*. Le Monde Diplomatique en español. Valência: Cybermonde, 2009.

_____. *L'atlas du Monde Diplomatique 2012*. Paris: Armand Colin, 2011.

LESSER, J. *A invenção da brasilidade*: identidade nacional, etnicidade e políticas de imigração. São Paulo: Editora Unesp, 2015.

LOBATO, Djalma Sayão. *Civilização asteca*: a conquista de um povo. São Paulo: Hemus, s/d.

LONGHENA, Maria; ALVA, Walter. *Grandes civilizações do passado*: Peru antigo. Barcelona: Folio, 2006.

LOPEZ, Luiz R. *História da América Latina*. Porto Alegre: Mercado Aberto, 1986.

MAFUTA, C. et al. (Org.). *Green hills, blue cities*: an ecosystems approach to water resources management for African cities. A rapid response assessment. United Nations Environment Programme: Grid-Arendal, 2011.

MAGNOLI, Demétrio. *O novo mapa do mundo*. São Paulo: Moderna, 1999.

MARAFON, G. J. (Org.). *O desencanto da terra*: produção de alimentos, ambiente e sociedade. Rio de Janeiro: Garamond, 2011.

MARTINELLI, Marcello. *Atlas geográfico*: natureza e espaço da sociedade. São Paulo: Editora do Brasil, 2003.

MARTINS, D. et al. *Geografia*: Sociedade e cotidiano. v. 3. São Paulo: Educacional, 2010.

MEGGERS, Betty J. *América pré-histórica*. Rio de Janeiro: Paz e Terra, 1979.

MORAES, A. C. R. *A gênese da Geografia moderna*. São Paulo: Hucitec/Edusp, 1999.

MORTON, Desmond. *Breve história do Canadá*. São Paulo: Alfa-Omega, 1989.

MUNANGA, Kabenguele. *Origens africanas do Brasil contemporâneo*: histórias, línguas, culturas e civilizações. São Paulo: Global, 2009.

MURRAY, Jocelyn. *África*: o despertar de um continente. Barcelona: Ediciones Folio, 2007.

NARO, Nancy P. S. *A formação dos Estados Unidos*. 8. ed. São Paulo: Atual, 1994.

NATIONAL GEOGRAPHIC SOCIETY. *Atlas National Geographic*: Oceania, Polos e Oceanos. São Paulo: Abril, 2008.

OLIC, Nelson B.; CANEPA, Beatriz. *África*: terra, sociedades e conflitos. São Paulo: Moderna, 2012.

_____. *Conflitos do mundo*: um panorama das guerras atuais. São Paulo: Moderna, 2009.

_____. *Geopolítica da América Latina*. 2. ed. São Paulo: Moderna, 2004.

OMS; UNICEF. *Progress on sanitation and drinking-water*. Genebra: Who Press, 2013.

ONU. *World Urbanization Prospects the 2007 Revision*. New York: ONU, 2008.

ONU-HABITAT. *Estado de las ciudades de América Latina y el Caribe 2012*: rumbo a uma nueva transición urbana. Nairóbi: ONU Habitat, 2012.

PARKER, Geoffrey. *Atlas Verbo de história universal*. Lisboa: Verbo, 1997.

PENHA, E. A. Geografia política e geopolítica: os estudos e proposições de Delgado de Carvalho e Therezinha de Castro. In: IBGE. *Geografia e geopolítica*: a contribuição de Delgado de Carvalho e Therezinha de Castro. Documentos para disseminação. Memória institucional 16. Rio de Janeiro: IBGE, 2009.

PENNAFORTE, Charles. *África, horizontes e desafios no século XXI*. São Paulo: Atual, 2006.

PNUD. *Relatório de desenvolvimento humano 2013*. A ascensão do Sul: progresso humano num mundo diversificado. Nova York: ONU, 2013.

POMER, Leon. *As independências na América Latina*. 7. ed. São Paulo: Brasiliense, 1988.

PORTELA, Fernando; SILVA, José Herculano da. *Cuba*. São Paulo: Ática, 1998.

PRADO, Maria Lígia. *A formação das nações latino-americanas*. 15. ed. São Paulo: Atual, 1994.

RAGACHE, Gilles. *Em busca da América*. São Paulo: Ática, 1998.

RIBEIRO, D. *O povo brasileiro*. São Paulo: Cia. Das Letras, 1995.

SACKS, Oliver. *Diário de Oaxaca*. São Paulo: Companhia das Letras, 2012.

SADER, Emir et al. *Latinoamericana*: enciclopédia contemporânea da América Latina e do Caribe. São Paulo: Boitempo, 2006.

SANTOS, J. L. F.; LEVY, M. S. F.; SZMARECSÁNYI, T. (Org.). *Dinâmica da população*: teoria, métodos e técnicas de análise. São Paulo: T. A. Queiroz Editor, 1991.

SANTOS, M. *A natureza do espaço*. São Paulo: Edusp, 2002.

_____. *A urbanização brasileira*. São Paulo: Hucitec, 2003.

_____. *O espaço do cidadão*. 6. ed. São Paulo: Nobel, 2002.

_____. *Pensando o espaço do homem*. 5. ed. São Paulo: Edusp, 2004.

SCALZARETTO, Reinaldo; MAGNOLI, Demétrio. *Atlas geopolítico*. São Paulo: Scipione, 1996.

Scientific American Brasil. São Paulo: Duetto, jan. 2007.

SECO, Javier Fisac. *La caricatura política em la Guerra Fria (1946-1963)*. Valencia: Universidad de Valencia, 2003.

SILVA, Ana Beatriz Barbosa. *Bullying*. Projeto Justiça nas Escolas. 2. ed. Brasília: CNJ, 2015.

SMITH, Dan. *Atlas dos conflitos mundiais*. São Paulo: Nacional, 2007.

SNÉGAROFF, Thomas (Org.). *Atlas mondial*: 110 cartes pour comprendre le monde d'aujourd'hui. Paris: Ellipses, 2010.

SPOSITO, E. S. *Geografia e filosofia*: contribuição para o ensino do pensamento geográfico. São Paulo: Unesp, 2004.

STUEKEL, Oliver. *Brics e o futuro da ordem global*. São Paulo: Paz e Terra, 2017.

TÉTART, Frank (Org.). *Grand atlas 2015*: comprende le monde em 200 cartes. Paris: Éditions Autrement, 2014.

UNEP. *Livelihood security*: climate change, migration and conflict in the Sahel. Genebra: Unep, 2011.

UN-HABITAT. *The state of African cities report 2014*: re-imagining sustainable urban transitions. Nairóbi: UN-Habitat, 2014.

VICENTINO, Claudio. *Atlas histórico*: geral e do Brasil. São Paulo: Scipione, 2011.

REFERÊNCIAS BIBLIOGRÁFICAS

VIEIRA, F. B. O Tratado da Antártica: perspectivas territorialista e internacionalista. *Cadernos PROLAM/USP*, ano 5, v. 2, p. 49-82, 2006.

VILLEGAS, Daniel Cosío et al. *Historia mínima de México*. Ciudad del México: El Colégio de México, 1983.

VESENTINI, José William. *Nova ordem, imperialismo e geopolítica global*. Campinas: Papirus, 2003.

WORLD BANK. *Atlas of global development*: a visual guide to the world's greatest challenges. Glasgow: Collins Bartholomew for the World Bank, 2013.

YASBEK, Mustafá. *A conquista do México*. São Paulo: Ática, 1991.

YOUSAFZAI, Malala; LAMB, Christina. *Eu sou Malala*. São Paulo: Cia. das Letras, 2013.

BASE ELETRÔNICA DE DADOS

- African Development Bank Group (AFDB): <www.afdb.org/en>
- Africa Progress Panel: <www.africaprogresspanel.org>
- Afrographique: <http://afrographique.tumblr.com>
- Agência Nacional de Petróleo, Gás Natural e Biocombustíveis (ANP): <http://anp.gov.br>
- Associação Latino-americana de Sociologia Rural (Alasru): <www.alasru.org/>
- Atlas Caraïbe: <http://atlas-caraibe.certic.unicaen.fr>
- Banco Africano de Desenvolvimento: <www.afdb.org/en>
- BBC: <www.bbc.co.uk>
- BBC Brasil: <www.bbc.co.uk/portuguese>
- Banco Interamericano de Desenvolvimento (BID): <www.iadb.org>
- Banco Mundial: <data.worldbank.org>
- Biblioteca Digital Mexicana: <http://bdmx.mx>
- Brasil Export: <www.brasilexport.gov.br>
- British Petroleum (BP): <www.bp.com>
- Casa das Áfricas: <www.casadasafricas.org.br>
- Centro de Estudos sobre as Tecnologias da Informação e da Comunicação (Cetic): <www.cetic.br>
- Cia World Factbook: <www.cia.gov/library/publications/resources/the-world-factbook/index.html>
- Conselho de Gerentes de Programas Antárticos Nacionais (Comnap): <https://www.comnap.aq>
- Domínio Público: <www.dominiopublico.gov.br>
- El País: <https://brasil.elpais.com/>
- Embaixada do Canadá: <www.canadainternational.gc.ca>
- Embaixada dos Estados Unidos: <www.embaixada-americana.org.br>
- EnerGeoPolitics: <www.energeopolitics.com>
- Escritório das Nações Unidas para a Coordenação de Assuntos Humanitários: <http://unocha.org>
- Estadão: <www.estadao.com.br>
- Europa: <http://europa.eu>.
- Eurostat: <http://ec.europa.eu/eurostat>

- Fideicomisos Instituidos en Relación con la Agricultura (Fira): <www.fira.gob.mx>
- Financial Time: <www.ft.com>
- Folha de S.Paulo: <www.folha.com.br>
- Fortune: <http://fortune.com/>
- Fundo das Nações Unidas para a Infância (Unicef): <www.unicef.org>
- Fundo de População das Nações Unidas (Unfpa): <www.unfpa.org>
- Fundo Monetário Internacional (FMI): <www.imf.org>
- G1: <http://g1.globo.com>
- Gobierno Regional Arica y Parinacota: <www.gorearicayparinacota.cl>
- Governo do Canadá: <www.investcanada.gc.ca>
- Guia de Comércio Exterior e Investimento: <www.investexportbrasil.gov.br>
- Human Development Reports: <http://undp.org/en/statistics>
- IBGE Países: <www.ibge.gov.br/paisesat/main_frameset.php>
- Índice Global da Fome (IFPRI): <http://www.ifpri.org>
- Institut d'Etudes Politiques de Paris: <www.sciences-po.fr>
- Instituto de Estudos Pecuários (Iepec): <www.iepec.com>
- Instituto Internacional de Estudos Estratégicos (IISS): <www.iiss.org>
- Instituto Nacional de Meteorologia: <www.inmet.gov.br/portal/>
- Instituto para Economia e Paz: <http://economicsandpeace.org/>
- Inter-Parliamentary Union (IPU): <www.ipu.org/english/home.htm>
- Le Monde Diplomatique: <www.monde-diplomatique.fr>
- Le Monde Diplomatique: Cartes & Graphiques: <www.monde-diplomatique.fr/cartes>
- Migration Data Portal: <www.migrationdataportal.org>
- Ministério da Justiça: <www.justica.gov.br>
- Ministério das Relações Exteriores: <www.itamaraty.gov.br>
- Museu Afro Brasil: <www.museuafrobrasil.org.br>
- Nasa: <www.nasa.gov>
- National Corn Growers Association: <http://ncga.com>
- Observatório da Complexidade Econômica (OEC): <https://atlas.media.mit.edu/en/>
- Oficina Nacional de Estadísticas (ONE): <www.one.cu>
- O Globo: <www.oglobo.com>
- Organização das Nações Unidas (ONU): <www.onu.org.br>
- Organização das Nações Unidas para Alimentação e Agricultura (FAO): <www.fao.org>
- Organização de Países Exportadores de Petróleo (Opec): <www.opec.org>
- Organização dos Estados Americanos: <http://www.oas.org/pt/>
- Organização do Tratado de Cooperação Amazônica (Otca): <www.otca.info>
- Organização Internacional para as Migrações (OIM): <http://www.iom.int/>
- Organização Internacional do Trabalho (OIT): <www.ilo.org>
- Organização Mundial da Saúde (OMS): <www.who.int>
- Organização Mundial do Comércio (OMC): <www.wto.org>

REFERÊNCIAS BIBLIOGRÁFICAS

- Petrobras: <www.petrobras.com.br>
- Programa das Nações Unidas para o Desenvolvimento (Pnud): <www.pnud.org.br>
- Programa das Nações Unidas para o Meio Ambiente (Unep): <www.unep.org>
- Público: <www.publico.pt>
- R7 Notícias: <http://noticias.r7.com>
- Revista Nova Escola: <http://revistaescola.abril.com.br>
- Revista Superinteressante: <http://super.abril.com.br>
- SciencesPo: <http://cartographie.sciences-po.fr>
- Scientific American Brasil: <www.uol.com.br/sciam>
- Secretaria de Direitos Humanos: <www.sdh.gov.br>
- The Economist: <www.economist.com>
- The New York Times: <www.nytimes.com>
- Trata Brasil: <www.tratabrasil.org.br>
- Unaids: <www.unaids.org>
- UN-Habitat: <http://unhabitat.org>
- UOL: <www.uol.com.br>
- U.S. Census Bureau: <www.census.gov>
- U.S. Energy Information Administration: <www.eia.gov>
- Views of the World: <www.viewsoftheworld.net>
- World Mapper: <www.worldmapper.org>
- World Resources Institute: <www.wri.org>

ATITUDES PARA A VIDA

ATITUDES PARA A VIDA

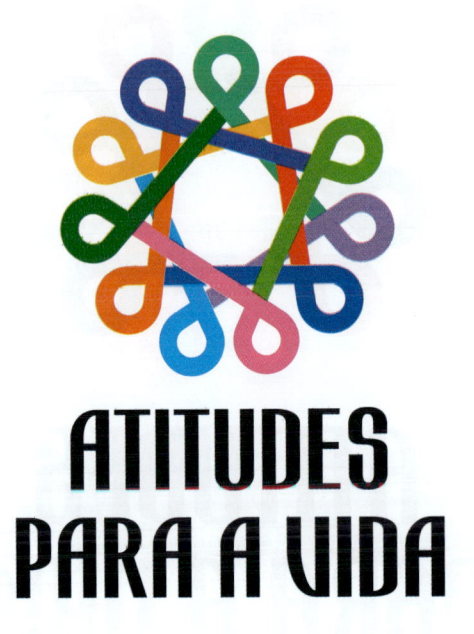

As *Atitudes para a vida* são comportamentos que nos ajudam a resolver as tarefas que surgem todos os dias, desde as mais simples até as mais desafiadoras. São comportamentos de pessoas capazes de resolver problemas, de tomar decisões conscientes, de fazer as perguntas certas, de se relacionar bem com os outros e de pensar de forma criativa e inovadora.

As atividades que apresentamos a seguir vão ajudá-lo a estudar os conteúdos e a resolver as atividades deste livro, incluindo as que parecem difíceis demais em um primeiro momento.

Toda tarefa pode ser uma grande aventura!

PERSISTIR

Muitas pessoas confundem persistência com insistência, que significa ficar tentando e tentando e tentando, sem desistir. Mas persistência não é isso! Persistir significa buscar estratégias diferentes para conquistar um objetivo.

Antes de desistir por achar que não consegue completar uma tarefa, que tal tentar outra alternativa?

Algumas pessoas acham que atletas, estudantes e profissionais bem-sucedidos nasceram com um talento natural ou com a habilidade necessária para vencer. Ora, ninguém nasce um craque no futebol ou fazendo cálculos ou sabendo tomar todas as decisões certas. O sucesso muitas vezes só vem depois de muitos erros e muitas derrotas. A maioria dos casos de sucesso é resultado de foco e esforço.

Se uma forma não funcionar, busque outro caminho. Você vai perceber que desenvolver estratégias diferentes para resolver um desafio vai ajudá-lo a atingir os seus objetivos.

CONTROLAR A IMPULSIVIDADE

Quando nos fazem uma pergunta ou colocam um problema para resolver, é comum darmos a primeira resposta que vem à cabeça. Comum, mas imprudente.

Para diminuir a chance de erros e de frustrações, antes de agir devemos considerar as alternativas e as consequências das diferentes formas de chegar à resposta. Devemos coletar informações, refletir sobre a resposta que queremos dar, entender bem as indicações de uma atividade e ouvir pontos de vista diferentes dos nossos.

Essas atitudes também nos ajudarão a controlar aquele impulso de desistir ou de fazer qualquer outra coisa para não termos que resolver o problema naquele momento. Controlar a impulsividade nos permite formar uma ideia do todo antes de começar, diminuindo os resultados inesperados ao longo do caminho.

ESCUTAR OS OUTROS COM ATENÇÃO E EMPATIA

Você já percebeu o quanto pode aprender quando presta atenção ao que uma pessoa diz? Às vezes recebemos importantes dicas para resolver alguma questão. Outras vezes, temos grandes ideias quando ouvimos alguém ou notamos uma atitude ou um aspecto do seu comportamento que não teríamos percebido se não estivéssemos atentos.

Escutar os outros com atenção significa manter-nos atentos ao que a pessoa está falando, sem estar apenas esperando que pare de falar para que possamos dar a nossa opinião. E empatia significa perceber o outro, colocar-nos no seu lugar, procurando entender de verdade o que está sentindo ou por que pensa de determinada maneira.

Podemos aprender muito quando realmente escutamos uma pessoa. Além do mais, para nos relacionar bem com os outros — e sabemos o quanto isso é importante —, precisamos prestar atenção aos seus sentimentos e às suas opiniões, como gostamos que façam conosco.

PENSAR COM FLEXIBILIDADE

Você conhece alguém que tem dificuldade de considerar diferentes pontos de vista? Ou alguém que acha que a própria forma de pensar é a melhor ou a única que existe? Essas pessoas têm dificuldade de pensar de maneira flexível, de se adaptar a novas situações e de aprender com os outros.

Quanto maior for a sua capacidade de ajustar o seu pensamento e mudar de opinião à medida que recebe uma nova informação, mais facilidade você terá para lidar com situações inesperadas ou problemas que poderiam ser, de outra forma, difíceis de resolver.

Pensadores flexíveis têm a capacidade de enxergar o todo, ou seja, têm uma visão ampla da situação e, por isso, não precisam ter todas as informações para entender ou solucionar uma questão. Pessoas que pensam com flexibilidade conhecem muitas formas diferentes de resolver problemas.

ESFORÇAR-SE POR EXATIDÃO E PRECISÃO

Para que o nosso trabalho seja respeitado, é importante demonstrar compromisso com a qualidade do que fazemos. Isso significa conhecer os pontos que devemos seguir, coletar os dados necessários para oferecer a informação correta, revisar o que fazemos e cuidar da aparência do que apresentamos.

Não basta responder corretamente; é preciso comunicar essa resposta de forma que quem vai receber e até avaliar o nosso trabalho não apenas seja capaz de entendê-lo, mas também que se sinta interessado em saber o que temos a dizer.

Quanto mais estudamos um tema e nos dedicamos a superar as nossas capacidades, mais dominamos o assunto e, consequentemente, mais seguros nos sentimos em relação ao que produzimos.

QUESTIONAR E LEVANTAR PROBLEMAS

Não são as respostas que movem o mundo, são as perguntas.

Só podemos inovar ou mudar o rumo da nossa vida quando percebemos os padrões, as incongruências, os fenômenos ao nosso redor e buscamos os seus porquês.

E não precisa ser um gênio para isso, não! As pequenas conquistas que levaram a grandes avanços foram — e continuam sendo — feitas por pessoas de todas as épocas, todos os lugares, todas as crenças, os gêneros, as cores e as culturas. Pessoas como você, que olharam para o lado ou para o céu, ouviram uma história ou prestaram atenção em alguém, perceberam algo diferente, ou sempre igual, na sua vida e fizeram perguntas do tipo "Por que será?" ou "E se fosse diferente?".

Como a vida começou? E se a Terra não fosse o centro do universo? E se houvesse outras terras do outro lado do oceano? Por que as mulheres não podiam votar? E se o petróleo acabasse? E se as pessoas pudessem voar? Como será a Lua?

E se...? (Olhe ao seu redor e termine a pergunta!)

APLICAR CONHECIMENTOS PRÉVIOS A NOVAS SITUAÇÕES

Esta é a grande função do estudo e da aprendizagem: sermos capazes de aplicar o que sabemos fora da sala de aula. E isso não depende apenas do seu livro, da sua escola ou do seu professor; depende da sua atitude também!

Você deve buscar relacionar o que vê, lê e ouve aos conhecimentos que já tem. Todos nós aprendemos com a experiência, mas nem todos percebem isso com tanta facilidade.

Devemos usar os conhecimentos e as experiências que vamos adquirindo dentro e fora da escola como fontes de dados para apoiar as nossas ideias, para prever, entender e explicar teorias ou etapas para resolver cada novo desafio.

PENSAR E COMUNICAR-SE COM CLAREZA

Pensamento e comunicação são inseparáveis. Quando as ideias estão claras em nossa mente, podemos nos comunicar com clareza, ou seja, as pessoas nos entendem melhor.

Por isso, é importante empregar os termos corretos e mais adequados sobre um assunto, evitando generalizações, omissões ou distorções de informação. Também devemos reforçar o que afirmamos com explicações, comparações, analogias e dados.

A preocupação com a comunicação clara, que começa na organização do nosso pensamento, aumenta a nossa habilidade de fazer críticas tanto sobre o que lemos, vemos ou ouvimos quanto em relação às falhas na nossa própria compreensão, e poder, assim, corrigi-las. Esse conhecimento é a base para uma ação segura e consciente.

IMAGINAR, CRIAR E INOVAR

Tente de outra maneira! Construa ideias com fluência e originalidade!

Todos nós temos a capacidade de criar novas e engenhosas soluções, técnicas e produtos. Basta desenvolver nossa capacidade criativa.

Pessoas criativas procuram soluções de maneiras distintas. Examinam possibilidades alternativas por todos os diferentes ângulos. Usam analogias e metáforas, se colocam em papéis diferentes.